高等职业教育计算机类课程改革创新教材

程序设计基础

（Java 语言）

刘志成　张　军　肖素华　冯向科　编著

科学出版社

北　京

内 容 简 介

　　编者在多年的程序设计语言教学与程序开发经验的基础上，根据软件行业程序员的岗位能力要求、Java 相关证书要求和高职学生的认知规律，按照任务驱动、模块化教学的思想精心组织了教材内容。全书分为走进 Java 编程世界、领略 Java 面向对象编程、开发 Java 桌面程序和探秘 Java 网络编程 4 个模块，共 29 个任务。通过与学生学习、生活相关的编程任务，将 Java 语言程序开发所需的知识和技能有机融合，实现"教、学、做"一体，满足"理论实践一体化"的教学需要。

　　本书可作为高等职业院校软件技术、移动应用开发、计算机信息管理和电子商务技术等专业的教材，也可作为 Java 语言程序设计培训教材，还可作为 Java 语言自学者的参考书。

图书在版编目（CIP）数据

程序设计基础：Java 语言/刘志成等编著. —北京：科学出版社，2023.3
ISBN 978-7-03-070257-9

Ⅰ. ①程… Ⅱ. ①刘… Ⅲ. ①JAVA 语言-程序设计 Ⅳ. ①TP312.8

中国版本图书馆 CIP 数据核字（2021）第 215720 号

责任编辑：孙露露　王会明 / 责任校对：马英菊
责任印制：吕春珉 / 封面设计：东方人华平面设计部

科 学 出 版 社 出版
北京东黄城根北街 16 号
邮政编码：100717
http://www.sciencep.com

三河市中晟雅豪印务有限公司印刷
科学出版社发行　各地新华书店经销
*

2023 年 3 月第 一 版　　开本：787×1092　1/16
2023 年 3 月第一次印刷　　印张：17 3/4
字数：420 000
定价：58.00 元
（如有印装质量问题，我社负责调换〈中晟雅豪〉）
销售部电话 010-62136230　编辑部电话 010-62138978-2010

前　言

Java 是当前流行的程序设计语言之一，它的出现大大地促进了软件产业和互联网的发展。从 1995 年 Java 诞生以来，它从一种编程语言发展为一个平台、一个社群、一个产业。Java 作为一种优秀的面向对象程序设计语言，已成为软件开发领域中的主流技术，从大型复杂的企业级应用开发到小型的移动设备开发，随处可以看到 Java 活跃的身影。

本书是编者在总结了多年开发经验与成果的基础上编写的。通过 29 个典型的任务，按照"语言基础""面向对象""桌面编程""网络编程" 4 个层次由浅入深、由易到难地介绍了 Java 语言的语法基础和编程技术。通过对本书的学习，读者可以快速、全面地掌握使用 Java SE 技术开发桌面应用程序的方法，作为"任务驱动、案例教学、理论实践一体化"教学的载体，本书主要具有以下特色。

（1）模块化的教学内容

根据 Java 程序开发所需技术，遵循学生的认知规律，合理设计了"语言基础""面向对象""桌面编程""网络编程"层次递进的内容模块。

（2）任务化的教学载体

针对 Java 桌面程序开发涉及的重点和难点精心选取 29 个与学生学习、生活密切相关的典型编程任务，按照"任务描述"→"知识准备"→"任务实施"→"任务评价和拓展" 4 个环节详细展开讲解，既强化了编程逻辑训练，又突出了价值引领目标。

（3）一体化的教学资源

配套提供课程相关的课程标准、授课计划、教学课件、微课视频、程序源代码、课程思政素材等各类资源，既方便实现线上线下混合式教学，也有利于实现知识传授、能力培养和价值引领三位一体目标。

（4）强化课程思政教育，践行职业道德规范

本书以习近平新时代中国特色社会主义思想为指导，坚持"为党育人、为国育才"的原则，精选思政案例，将家国情怀、责任担当、科学思维、职业素养等的培养融入教材，达到潜移默化的育人效果，培养德智体美劳全面发展的社会主义建设者和接班人。

本书是 2020 年湖南省职业教育教学改革研究项目"课程思政背景下高职院校 IT 专业新形态一体化教材建设模式探索与实践"（立项编号：ZJGB2020016）的实践成果，是湖南铁道职业技术学院中国特色高水平高职学校建设项目中"三教改革"的阶段性成果。本书的 4 个模块及 29 个教学任务的设计思维导图如下页图所示。

本书由湖南铁道职业技术学院刘志成、张军、肖素华、冯向科编著。湖南铁道职业技术学院王咏梅、宁云智、颜谦和、林东升等参与编写，在此表示感谢。

由于编者水平有限，书中难免存在疏漏之处，欢迎广大读者提出宝贵的意见和建议。E-mail：liuzc518@vip.163.com。

程序设计基础（Java语言）

模块1 走进Java编程世界

Java符号和注释、常量与变量

- **任务1.1：编写"Hello World"程序**
  Java语言简介、JDK和Java开发环境、Java工作原理、下载和安装JDK、设置环境变量、使用记事本编写Java程序、编译生成字节码文件、运行Java程序
- **任务1.2：编写计算两数和程序**
  数据类型、下载和安装Eclipse、使用Eclipse编写程序、使用Eclipse调试程序、编译并运行程序
- **任务1.3：编写计算圆面积程序**
  数据类型转换、运算符、键盘输入、编写程序、编译并运行程序
- **任务1.4：编写求BMI程序**
  简单语句、多重语句、绘制程序流程图、编写程序、编译并运行程序
- **任务1.5：编写百分制到五级制成绩转换程序**
  switch语句、switch语句与else if比较、绘制程序流程图、编写程序、编译并运行程序
- **任务1.6：编写猜数字游戏程序**
  while语句、do-while语句、跳转语句、绘制程序流程图、编写程序、编译并运行程序
- **任务1.7：编写图形打印程序**
  for语句、循环语句的嵌套、绘制程序流程图、编写程序、编译并运行程序
- **任务1.8：编写国际象棋程序**
  数组的定义、数组的常用操作、任务分析、绘制程序流程图、编写程序、编译并运行程序

模块2 领略Java面向对象编程

面向对象的基本概念、面向对象的基本特性、Java中的类、学生对象的基本特性

- **任务2.1：编写描述"学生"的Java类**
- **任务2.2：封装描述"学生"的Java类**
  类的封装、构造方法与垃圾回收、this关键字、编写程序、编译并运行程序
- **任务2.3：编写描述"大学生"的Java类**
  类的继承、super关键字、方法重载与方法重写、大学生对象分析、编写程序、编译并运行程序
- **任务2.4：编写描述"形状"的Java类**
  static关键字、final修饰符、抽象类与抽象方法、任务分析、编写程序、编译并运行程序
- **任务2.5：编写描述电视机遥控器的Java类**
  接口、多态、包与Java类库、自定义异常、编写程序、编译并运行程序
- **任务2.6：实现Java程序的异常处理**
  异常概述、Java中的异常处理、自定义异常、任务分析、编写程序、编译并运行程序
- **任务2.7：编写回文字母判断程序**
  String类、StringBuffer类、任务分析、绘制程序流程图、编写程序、编译并运行程序

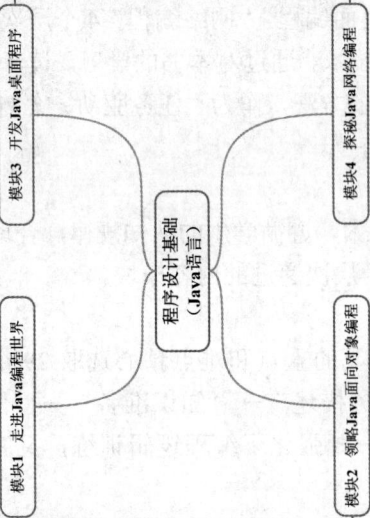

模块3 开发Java桌面程序

- **任务3.1：创建应用程序主窗口**
  AWT概述、Swing简介、Swing常用容器、编写程序、编译并运行程序
- **任务3.2：创建应用程序登录窗口**
  标签和按钮、文本框、编写程序、编译并运行程序
- **任务3.3：实现应用程序登录功能**
  布局管理、事件处理、编写程序、编译并运行程序
- **任务3.4：完善应用程序主界面**
  菜单和工具栏、对话框、表格（JTable）、编写程序、编译并运行程序
- **任务3.5：编写"字体设置"程序**
  单选按钮和复选框、列表框和组合框、编写程序、编译并运行程序
- **任务3.6：编写"查看文件属性"程序**
  Java输入输出概述、File类、编写程序、编译并运行程序
- **任务3.7：编写"文件读写"（RandomAccessFile）程序**
  标准输入输出、随机读写文件（RandomAccessFile）、字节流类、编写程序、编译并运行程序
- **任务3.8：编写"简易写字板"程序**
  字符流类、其他I/O流、对象的序列化、编写程序、编译并运行程序

模块4 探秘Java网络编程

- **任务4.1：编写连接MySQL数据库程序**
  JDBC概述、JDBC数据库连接、环境搭建、编写程序、编译并运行程序
- **任务4.2：编写用户信息管理程序**
  数据库操作、数据库元数据操作、编写程序、编译并运行程序
- **任务4.3：编写模拟车站售票程序**
  线程概述、实现多线程、编写程序、编译并运行程序
- **任务4.4：编写模拟银行取款程序**
  线程控制、线程同步、线程死锁、编写程序、编译并运行程序
- **任务4.5：编写简单聊天室程序**
  网络编程概述、URL编程、数据报编程、编写程序、编译并运行程序
- **任务4.6：编写图片上传程序**
  Socket编程、多线程的TCP程序、编写程序、编译并运行程序

目　　录

走进Java编程世界

任务 1.1 | 编写 "Hello World" 程序

任务描述

作为高等职业院校互联网技术（Internet technology）类专业的学生，需要具备基本的编程逻辑并能够利用主流的编程语言编写程序解决生活、工作中遇到的问题。假定选择 Java 作为程序设计语言，现在需要编写第一个 Java 程序，实现在控制台上输出 "Hello World"。本任务将带领你选择并下载需要的 Java 开发工具包（Java development kit，JDK）、配置基本的 Java 开发环境、编写第一个经典的程序等。通过本任务的学习，你将：

- 理解 Java 语言的特点及 Java 运行机制；
- 掌握 Java 开发环境的搭建与环境变量的配置；
- 掌握 Java 程序的编写、编译和运行过程；
- 能够在记事本中编写 Java 应用程序；
- 能够在命令行提示符下编译并运行 Java 应用程序；
- 进一步养成严谨细致的工作作风；
- 增强自主开发、科技报国的意识。

微课：编写 "Hello World" 程序

知识准备

1.1.1 Java 语言简介

Java 是 Sun 公司推出的面向对象程序设计语言，它的面向对象、跨平台和分布式应用等特点给编程人员带来了一种崭新的计算机概念，使万维网（world wide web，WWW）由最初的单纯提供静态信息发展到现在的提供各种各样的动态服务。Java 不仅能够编写嵌入网页中具有声音和动画功能的小应用程序，而且还能够编写大中型企业级的应用程序，其强大的网络功能可以把整个互联网作为一个统一的运行平台，极大地拓展了传统单机模式和客户/服务器模式应用程序的外延和内涵。自 1995 年正式问世以来，Java 逐步从一种单纯的高级编程语言发展为一种重要的基于 Internet 的开发平台，并进而带动了 Java 产业的发展和壮大，成为当今计算机业界不可忽视的力量和重要的发展潮流。

1. Java 发展历程

1991 年，美国 Sun 公司的某个研究小组为了能够在消费电子产品上开发应用程序，积极寻找合适的编程语言。消费电子产品种类繁多，包括 PDA（掌上电脑）、机顶盒、手机等，即使是同一类消费电子产品所采用的处理芯片和操作系统也不相同，而且还存在着跨平台的问题。当时最流行的编程语言是 C 和 C++语言，Sun 公司的研究人员就考虑是否可以采用 C++语言来编写消费电子产品的应用程序。但是研究表明，对于消费电子产品而言 C++语言过于复杂和庞大，并不适用，安全性也并不令人满意。于是，美国计算机科学家比尔·乔伊（Bill Joy）先生领导的研究小组就着手设计和开发出一种新的语言，他们将 C++语言进行简化，去掉指针操作，去掉运算符重载，去掉多重继承等，从而得到了 Java 语言，并将其变为一种解释执行的语言，在每个芯片上装上一个 Java 语言虚拟机器。刚开始 Java 语言被称为 Oak 语言。

Java 语言的发展得益于 WWW 的发展。在 Java 出现以前，Internet 上的信息内容都是一些乏味死板的超文本标记语言（hyper text markup language，HTML）文档，这对于那些迷恋于 Web 浏览的人们来说简直不可容忍。他们迫切希望能在 Web 中看到一些交互式的内容，开发人员也极希望能够在 Web 上创建一类无须考虑软硬件平台就可以执行的应用程序，当然这些程序还要有极大的安全保障。对于用户的这种要求，传统的编程语言显得无能为力。Sun 公司的工程师们敏锐地察觉到了这一点，他们将 Oak 技术应用于 Web，Oak 语言发展起来后改名为 Java 语言。1995 年，Sun 公司正式对外公布了 Java，此后，Java 就随着 Internet 的发展而快速发展起来。Java 从一种编程语言发展为一个平台、一个社群、一个产业，Java 语言的版本也经过了一系列的发展与更新。Java 主要版本的发布时间见表 1-1。

表 1-1 Java 主要版本的发布时间

版本号	名称	中文名	发布日期
JDK 1.1.4	Sparkler	宝石	1997-09-12
JDK 1.1.5	Pumpkin	南瓜	1997-12-13
JDK 1.1.6	Abigail	阿比盖尔（女子名）	1998-04-24
JDK 1.1.7	Brutus	布鲁图（古罗马政治家和将军）	1998-09-28
JDK 1.1.8	Chelsea	切尔西（城市名）	1999-04-08
J2SE 1.2.0	Playground	运动场	1998-12-04
J2SE 1.2.1	none	无	1999-03-30
J2SE 1.2.2	Cricket	蟋蟀	1999-07-08
J2SE 1.3.0	Kestrel	美洲红隼	2000-05-08

续表

版本号	名称	中文名	发布日期
J2SE 1.3.1	Ladybird	瓢虫	2001-05-17
J2SE 1.4.0	Merlin	灰背隼	2002-02-13
J2SE 1.4.1	grasshopper	蚱蜢	2002-09-16
J2SE 1.4.2	Mantis	螳螂	2003-06-26
Java SE 5.0 (1.5.0)	Tiger	老虎	2004-09-30
Java SE 6.0 (Beta)	Mustang	野马	2006-04
Java SE 7.0 (1.7.0)	Dolphin	海豚	2011-07-28
Java SE 8.0 (1.8.0)	Spider	蜘蛛	2014-03-18
Java SE 9.0	none	无	2017-09-21
Java SE 10.0	none	无	2018-03-21
Java SE 11.0	none	无	2018-09-25
Java SE 12.0	none	无	2019-03-20
Java SE 13.0	none	无	2019-09-17
Java SE 14.0	none	无	2020-03-17

从表中可以看出一个非常有意思的现象，就是 JDK 的每一个版本号都使用一个开发代号表示（即表中的中文名）。而且从 JDK1.2.2 开始，主要版本（如 1.3.0、1.4.0、5.0）都是以鸟类或哺乳动物来命名的，而它们的 bug 修正版本（如 1.2.2、1.3.1、1.4.2）都是以昆虫命名的。

说　明

- J2SE 1.5.0 发布，为了表示该版本的重要性，J2SE 1.5.0 更名为 Java SE 5.0。
- 2005 年 6 月，JavaOne 大会召开，取消了原有版本中的数字"2"，J2SE 更名为 Java SE（Java standard edition，Java 标准版），J2EE 更名为 Java EE（Java enterprise edition，Java 企业版），J2ME 更名为 Java ME（Java micro edition，Java 微型版）。

2. 几个重要的名词

（1）Java SE

Java SE 是 Java 各应用平台的基础，主要用于桌面开发和低端商务应用开发。它也是本书主要介绍的内容，可分为 4 个主要的部分，即 Java 虚拟机（Java virtual machine，JVM）、Java 运行环境（Java runtime environment，JRE）、开发工具及其 API、Java 语言。

JVM 向 Java 程序提供运行环境，JVM 包括在 JRE 中，所以要运行 Java 程序，必须先取得 JRE 并安装。JDK 除包含 JRE 的所有内容外，还提供了 Java 运用程序的开发工具，如 javac、java、appletviewer 等工具程序。因此，开发 Java 运用程序，必须先安装 JDK。由以上可知，Java 语言只是 Java SE 的一部分。除此之外，Java 最重要的特点就是提供了功能强大的应用程序接口（application program interface，API）类库，如字符串处理、数据输入/输出、网络组件、图形用户界面等功能。可以使用这些 API 作为基础进行程序开发，而无须重复开发功能相同的组件。事实上，在 Java 的学习过程中，更多的是要学习 Java

提供了哪些 API，以及如何使用这些 API 构造的程序。

（2）Java EE

Java EE 以 Java SE 为基础，主要用于企业级应用开发。它能提供面向分布式、多层式、组件式的 Web 应用程序的开发。整个 Java EE 的体系是相当庞大的，其中比较重要的技术有 JSP、Servlet、Enterprise JavaBeans（EJB）、Remote Method Invocation（RMI）等。

（3）Java ME

Java ME 是面向小型数字设备（如手机、PDA、股票机等）的移动应用程序开发及部署的。目前，越来越多的手持设备，支持 Java ME 程序，如 Java 游戏、股票相关程序、记事程序、月历程序等。

随着 Java 技术的不断进步，Java 已由一个程序设计语言变成了一种开发软件的平台，成为一种开发软件的标准与架构的统称。事实上，语言在整个 Java 的蓝图中只是极小的一部分，学习 Java 本身也不仅仅在于学习如何使用 Java 语言的语法，更多的是学习如何应用 Java 所提供的资源与各种标准开发出架构更好、更容易维护的软件。

3. Java 的特点

Sun 公司对 Java 语言的描述为：

Java 是一种简单、面向对象、分布式、解释执行、健壮、安全、结构中立、可移植、高性能、多线程和动态的语言。下面对 Java 语言的这些特点进行简单说明，更多具体内容可以查阅 Sun 公司关于 Java 的白皮书（http://java.sun.com/docs/white/langenv/）。

（1）简单

Java 语言略去了运算符重载、多重继承等模糊的概念，并且通过实现自动垃圾收集大大简化了程序设计者的内存管理工作。另外，Java 语言的简单性还体现在它也适合在小型设备上运行，它的基本解释器及类的支持只有 40KB 左右，加上标准类库和线程的支持也只有 215KB 左右。

（2）面向对象

Java 语言的设计集中于对象及其接口，它提供了简单的类机制以及动态的接口模型。对象中封装了它的状态变量以及相应的方法，实现了模块化和信息隐藏；而类则提供了一类对象的原型，并且通过继承机制，子类可以使用父类提供的方法，实现了代码的复用。

（3）分布式

Java 是面向网络的语言，通过它提供的类库可以处理传输控制协议/网际协议（transmission control protocol/Internet protocol，TCP/IP），用户可以通过统一资源定位器（uniform resource locator，URL）地址在网络上很方便地访问其他对象。

（4）解释执行

Java 解释器直接对 Java 字节码进行解释执行。字节码本身携带了许多编译信息，使目标文件的连接过程更加简单。

（5）健壮

Java 在编译和运行程序时，都要对可能出现的问题进行检查，以消除错误。它提供自动垃圾收集来进行内存管理，防止程序员在管理内存时产生错误。通过集成的面向对象的异常处理机制，帮助程序员正确处理编译时可能出现的异常，以防止系统崩溃。另外，Java

在编译时还可捕获类型声明中的许多常见错误，防止动态运行时不匹配问题的出现。

（6）安全

用于网络、分布环境下的 Java 必须要防止病毒的入侵。Java 语言不支持指针，一切对内存的访问都必须通过对象的实例变量来实现，这样就防止程序员使用"特洛伊"木马等欺骗手段访问对象的私有成员，同时也避免了指针操作中容易产生的错误。

（7）结构中立

Java 解释器生成与体系结构无关的字节码指令，只要安装了 JRE，Java 程序就可在不同类型的处理器上运行。这些字节码指令对应于 Java JVM 中的表示，Java 解释器得到字节码后，对其进行转换，使之能够在不同的平台运行。

（8）可移植

与平台无关的特性使 Java 程序可以方便地被移植到网络中的不同机器中。同时，通过Java 的类库也可以实现与不同平台的接口，使这些类库可以移植。另外，Java 编译器是由 Java语言实现的，Java 运行时系统由标准 C 语言实现，这使得 Java 系统本身也具有可移植性。

（9）高性能

与其他解释执行的语言（如 BASIC）不同，Java 字节码的设计使之能很容易直接转换成对应于特定处理器的机器码，从而得到较高的性能。

（10）多线程

多线程机制使应用程序能够并行执行，而且同步机制保证了对共享数据的正确操作。通过使用多线程，程序设计者可以分别用不同的线程完成特定的行为，而不需要采用全局的事件循环机制，这样就很容易实现网络上的实时交互行为。

（11）动态

Java 的设计使它适合不断发展的环境，它允许程序动态地装入运行过程中所需要的类。在类中可以自由地加入新的方法和实例变量而不会影响用户程序的执行，并且 Java 通过接口支持多重继承，使之比严格的类继承具有更灵活的方式和扩展性。

知识链接：国产编程语言

众所周知，现在有越来越多的国产编程语言出现，下面列出几种，供大家参考学习。

（1）易语言：http://www.dywt.com.cn/

易语言是一个自主开发的，适合不同层次、不同专业的人员易学易用的汉语编程语言。易语言降低了广大计算机用户编程的门槛。易语言汉语编程环境是一个支持基于汉语字和词编程的、全可视化的、跨主流操作系统平台的编程工具环境；拥有简、繁体中文以及英文、日文等多文种版本；能与常用的编程语言互相调用；具有充分利用 API、组件对象模型（componet object model，COM）[如动态链接库（dynamic link library，DLL）组件、对象类别扩充（OLE control extension，OCX）组件]，各种主流数据库，各种实用程序等多种资源的接口和支撑工具。

（2）Koodoo 语言：http://www.bluespace.com.cn/koodoo/index.htm

Koodoo 语言是一种简单高效的脚本语言，具有现代脚本语言动态变量、动态数组等容易上手的特点，同时又适应电信行业高性能的要求。它主要应用于语音相关系统的开发，即计算机电话集成（computer telecommunication integration，CTI）领域，如 IVR（交互式语音应答，即电话自动语音应答，如电话银行、证券电话委托、声讯系统等）、CallCenter（呼叫中心、客服中心）等。

（3）Nuva 语言：http://www.macrobject.com

Nuva 语言是一种面向对象的动态脚本语言（scripting language），它的设计目的是用于基于模板的代码生成。除了用于代码生成领域外，Nuva 语言也能用于开发应用程序，如文本和数据处理、图形用户界面（graphical user interface，GUI）应用程序等。

1.1.2 JDK 和 Java 开发环境

JDK 是许多 Java 初学者使用的开发环境，由一个标准类库和一组测试及建立文档的 Java 实用程序组成。Java 实用程序见表 1-2。

表 1-2 Java 实用程序

程序名称	程序功能
javac	Java 编译器，将 Java 源程序转换成字节码
java	Java 解释器，将 Java 字节码文件（类文件）解释为二进制代码执行
appletviewer	小程序浏览器，一种执行 HTML 文件上的 Java 小程序的 Java 浏览器
javadoc	根据 Java 源程序及说明语句生成 HTML 格式的标准帮助文档
jdb	Java 调试器，可以逐行执行程序，设置断点和检查变量
javah	产生可以调用 Java 程序的 C 程序，或建立能被 Java 程序调用的 C 程序的头文件
javap	Java 反汇编器，显示编译类文件中的可访问功能和数据，同时显示字节码含义

Java 桌面程序的开发，可以基于各种环境完成。在 Java 语言学习的初期，可以在普通的文本编辑器（如记事本）编写 Java 源程序，利用 javac 命令完成 Java 程序的编译，利用 java 命令完成 Java 程序的解释运行，这种编程方式可以帮助掌握 Java 语言的基础语法和 Java 程序运行的基本原理。在具备一定的 Java 程序开发基础之后，可以选择一些集成的开发环境（如 Eclipse、JCreator 和 NetBeans 等），以提高开发效率。

1.1.3 Java 工作原理

使用 Java 语言进行程序设计时，不仅要了解 Java 语言的显著特点，还需要了解 Java 程序的运行机制。Java 程序运行时，必须经过编译和运行两个步骤，首先需要将 Java 源文件进行编译，生成扩展名为.class 的字节码文件，然后，由 Java JVM 将字节码文件进行解释执行，并将结果显示出来。

JVM 是软件模拟的计算机，可以在任何处理器上（无论是在计算机中还是在其他电子设备中）安全、兼容地执行.class 文件中的字节码。Java JVM 的"机器码"保存在.class 文件中，也可以称之为字节码文件。Java 程序的跨平台主要是指字节码文件可以在任何具有 Java JVM 的计算机或者电子设备上运行，Java JVM 中的 Java 解释器负责将字节码文件解释成特定的机器码运行。Java 的基本工作原理如图 1-1 所示。

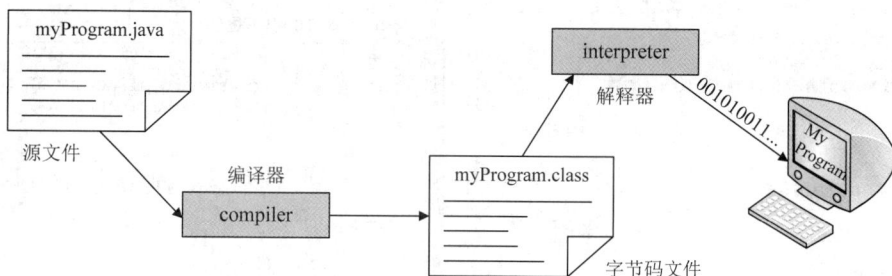

图 1-1 Java 的基本工作原理

说　明

- Java 程序经过编译器编译后，得到字节码文件，字节码文件是与平台无关的二进制码。
- Java 程序运行时由解释器解释成本地机器码，解释一句，执行一句。

任务实施

1.1.4 下载和安装 JDK

因为 Java 程序必须运行在 JVM 上，第一步就是要下载安装 JDK，JDK 可以到 Oracle 公司网站上提供的下载地址进行免费下载，本书使用的 Java SE 14.0.2 的下载地址是：https://www.oracle.com/java/technologies/javase-jdk14-downloads.html。

JDK 下载完毕后，直接运行 jdk-14.0.2_windows-x64_bin.exe，按照提示进行安装，安装过程中可以更改默认的安装路径。

1.1.5 设置环境变量

安装完 JDK 后，需要设置一个 JAVA_HOME 的环境变量，它指向 JDK 的安装目录。以 Windows 操作系统为例，操作步骤如下。

1）在 Windows 的桌面上右击"我的电脑"，在弹出的快捷菜单中选择"属性"打开"系统属性"对话框，选择"高级"选项卡，单击"环境变量"按钮，如图 1-2 所示。

2）打开"环境变量"对话框，如图 1-3 所示，在"系统变量"栏中，设置两项属性，JAVA_HOME 和 Path（大小写无关）。如果这些属性变量已经存在，则单击"编辑"按钮可以进行重新设置。如果这些属性变量不存在，则单击"新建"按钮。

环境变量中各属性设置方式如下。

JAVA_HOME 属性用于指定 JDK 的位置。在"系统变量"栏中，单击"新建"按钮，打开"编辑系统变量"对话框，在"变量名"文本框中输入"JAVA_HOME"，在"变量值"文本框中输入"C:\Program Files\Java\jdk14.0.2"。

Path 属性用于在安装路径下识别 Java 命令，即在"变量值"文本框的最前面输入"C:\Program Files\Java\jdk14.0.2\bin"或"%Java_HOME%\bin"。

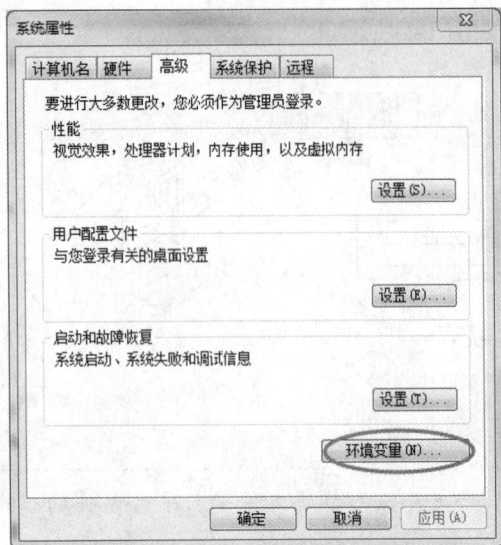

图 1-2　"系统属性"对话框　　　　　　　图 1-3　"环境变量"对话框

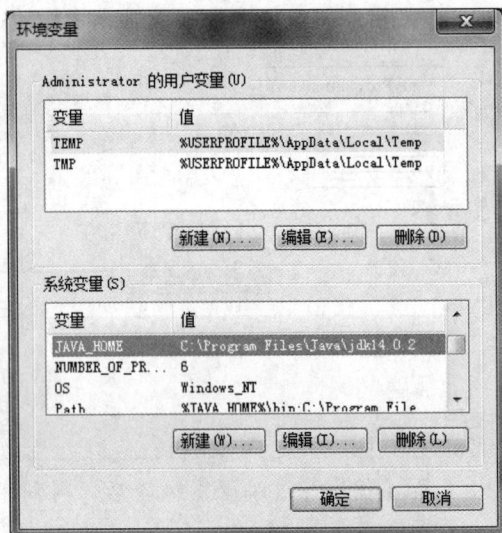

3）测试 JDK。在 Windows "运行"文本框中输入命令 "cmd"，打开命令提示符窗口，在当前光标处输入命令 "java -version"，如果出现如图 1-4 所示的版本信息，说明环境变量配置成功，即 JDK 已经成功安装到当前计算机中。

图 1-4　命令提示符窗口

说　明

- 如果 Path 变量存在，双击该变量名，在"变量值"文本框中按 Home 键将光标定位到最前面，将 "C:\Program Files\Java\jdk14.0.2\bin" 添加到 Path 的最前面，以保证使用该路径下的 JDK。
- 同一机器中可以存在多个 JDK，具体使用哪一个由 Path 中的先后顺序决定。
- "C:\Program Files\Java\jdk14.0.2\bin" 添加到 Path 中除非是在最后，否则必须在后面加上 ";" 号。

1.1.6　使用记事本编写 Java 程序

Java 源程序是以 ".java" 为扩展名的文本文件，可以用各种 Java 集成开发环境中的源代码编辑器来编写，也可以用其他文本编辑工具。下面采用 Windows 操作系统自带的"记事本"程序进行编写。

1）在计算机的 D 盘中创建名为 javademo 的工作目录用来保存本书所有的案例程序。然后在 javademo 文件夹中创建 chap01 文件夹，本章的 Java 源程序和编译后的字节码都放在这个目录中。启动"记事本"，编写一个简单的程序，代码如图 1-5 所示。

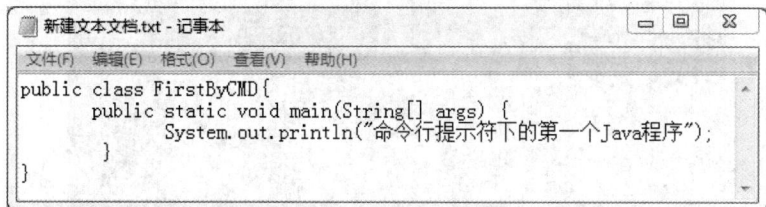

图 1-5　记事本编写 Java 程序

【图 1-5 程序说明】

- 第 1 行：创建公共类 FirstByCMD，class 是定义类的关键字，该类名（FirstByCMD）应与 Java 源文件名保持一致，严格区分大小写。
- 第 2 行：创建 main 方法，作为 Java 应用程序的入口，任何一个 Java 应用程序有且只有一个 main 方法。
- 第 3 行：通过调用 System.out.println()方法在控制台输出提示信息。

2）在工作目录（D:\javademo\chap01）下保存该文件，命名为 FirstByCMD.java。

说　明

- 在用记事本保存 Java 程序时，默认的文件类型为.txt 文件，因此需要指定文件类型为.java 文件。

1.1.7　编译生成字节码文件

高级语言程序从源代码到目标代码的生成过程称为编译。Java 程序的编译程序是 javac.exe。javac 命令将 Java 程序编译成字节码（扩展名为.class）。在命令行下编译 FirstByCMD.java 的界面如图 1-6 所示，如果编译后，正常返回到命令提示符状态，表示编译成功。

说　明

- 在命令行编译 Java 源程序时，需要进入源文件所在的工作目录。
- 编译命令的格式为"javac 源文件名.java"，一定要注意严格区分文件名的大小写，而且扩展名.java 不能省略。
- 编译完成后，如果正确返回到命令提示符状态，工作目录下将生成一个与源文件同名的.class 文件（可以使用 DOS 命令 dir 查看）。

图 1-6　编译 FirstByCMD.java

1.1.8　运行 Java 程序

Java 应用程序是由独立的解释器程序来运行的。在 JDK 软件包中，用来解释执行 Java 应用程序字节码的解释器程序称为 java.exe。图 1-7 所示为 Java 程序执行过程。在命令提示符下执行已编译好的 FirstByCMD.class 的界面如图 1-8 所示。

图 1-7　Java 程序执行过程

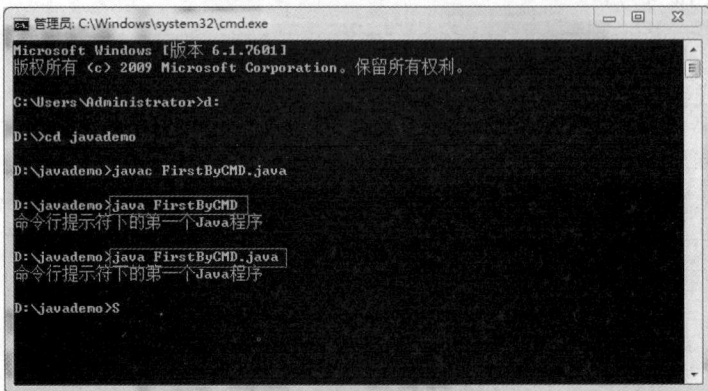

图 1-8　执行 FirstByCMD.class 的界面

说　明

- 在编译 Java 源文件时必须加上扩展名.java，而在运行字节码文件时扩展名.class 不能加。
- Java SE 14.0.2 可以直接使用 java 命令运行单文件源代码，如 java FirstByCMD.java。

但需要注意的是，在实际项目中，因为需要依赖其他库，所以无法直接运行 Java 源代码文件。

任务评价和拓展

【测一测】

1．Java 语言与 C++ 语言相比，最突出的特点是（　　）。
　　A．面向对象　　　　B．高性能　　　　C．跨平台　　　　D．有类库
2．下列叙述中，错误的是（　　）。
　　A．Java 提供了丰富的类库　　　　　　B．Java 最大限度地利用网络资源
　　C．Java 支持多线程　　　　　　　　　D．Java 不支持 TCP/IP
3．在 JDK 目录中，Java 程序运行环境的根目录是（　　）。
　　A．bin　　　　　　B．demo　　　　　　C．lib　　　　　　D．jre
4．Java 虚拟机（JVM）运行 Java 代码时，不会进行的操作是（　　）。
　　A．加载代码　　　B．校验代码　　　　C．编译代码　　　D．执行代码
5．下列叙述中，错误的是（　　）。
　　A．javac.exe 是 Java 的编译器
　　B．javadoc.exe 是 Java 的文档生成器
　　C．javaprof.exe 是 Java 解释器的剖析工具
　　D．javap.exe 是 Java 的解释器
6．Java 源程序文件的扩展名是（　　）。
　　A．.java　　　　　B．.class　　　　　C．.cpp　　　　　D．.exe

【练一练】

参照本任务，用记事本程序创建一个名称为 Hello.java 的应用程序，在屏幕上简单地显示一行文本"欢迎使用 Java"，并在命令提示符下编译运行该程序。

任务 1.2 ┃ 编写计算两数和程序

任务描述

在小学期间学习数学时，学习过加、减、乘、除四则运算，现在学习了利用 Java 语言来编写计算机程序，本任务将编写一个简单的 Java 程序实现以下功能：①在程序中给需要计算的两个数直接赋值；②计算指定的两个数的和；③在屏幕上显示计算后的两个数的和。本任务将带领你认识 Java 里的标识符，理解 Java 里变量与常量的概念，了解 Java 中常用的数据类型。通过本任务的学习，你将：

- 理解 Java 符号的使用规则；
- 掌握常量与变量的基本概念；
- 熟悉 Java 基本数据类型；
- 进一步熟悉 Java 程序的基本结构；
- 能根据需要在程序中引入常量和变量；
- 能在程序中规范地使用常量和变量；
- 能在 Eclipse 环境中编写、编译和运行 Java 应用程序；
- 进一步增强 Java 程序编码规范意识。

微课：编写计算两
数和程序

▌ 知识准备

1.2.1 Java 符号和注释

在高级程序设计语言中，符号是程序的重要组成部分。Java 语言采用 Unicode 字符集。它由 16 位数表示，整个字符集包含 65535 个字符（通常采用的 ASCII 码也包含其中）。这样就不会因为不同的系统而产生符号表示方法的不统一，也为 Java 的跨平台打下基础。Java 的符号可以分为关键字、标识符、运算符和分隔符等。

1. 关键字

关键字通常也称为保留字，是特定的程序设计语言本身已经使用并赋予特定意义的一些符号。例如，int 就是关键字，它用来定义变量的数据类型。Java 的关键字如下。

abstract	default	goto	operator	synchroni
boolean	do	if	outer	this
break	double	implements	package	throw
byte	else	import	private	throws
byvalue	extends	inner	protected	transient
case	false	instanceof	public	true
cast	final	int	rest	try
catch	finally	interface	return	var
char	float	long	short	void
class	for	native	static	volatile
const	future	new	super	while
continue	generic	null	switch	

2. 标识符

程序设计语言中的任何成分（如变量、常量、方法和类等）都需要有一个名字以标识它的存在和唯一性，这个名字就是标识符。用户可以为自己程序中的每一个成分取一个唯一的名字（标识符），如 age 就是一个标识符。

Java 语言中标识符的使用要遵循以下规定。

1) Java 的标识符可以由字母、数字、下划线 "_" 和美元符号 "$" 组成，但必须以字母、下划线 "_" 或美元符号 "$" 开头。

2) Java 中标识符区分大小写，如 age 和 AGE 是不同的。

3) 标识符不能是 Java 保留关键字，但可以包含关键字。

下面的标识符是合法的：

Name、user_name、$name、_name、publicName。

下面的标识符是不合法的：

9username（不能以数字开头）、user name（不能有空格）、public（关键字）、var%（含有非法字符%）。

标识符一般遵循"见名知义"的原则，如用 age 表示年龄，用 name 表示姓名等。如果用数据类型加上能够代表变量含义的字符串来表示，可以增加程序的可读性。例如，标识符 intCount 或 iCount，前一部分表示该变量为 int 型，后一部分表示该变量为计数器。

Java 语言标识符命名的一些约定如下：

* 类名和接口名的第一个字母大写，如 String、System、Applet、FirstByCMD 等。
* 方法名的第一个字母小写，如 main()、print()、println()等。
* 常量（用关键字 final 修饰的变量）全部用大写，单词之间用下划线隔开，如 TEXT_CHANGED_PROPERTY。
* 变量名或一个类的对象名等首字母小写。

标识符的长度不限，但在实际命名时不宜过长。

3. 运算符和分隔符

Java 中的符号还包括运算符和分隔符。

Java 的运算符是指对操作数所做的运算操作。Java 语言包含多种运算符，如算术运算符、逻辑运算符、位运算符等，详细内容见任务 1.3。

分隔符是指将程序的代码组织成编译器所能理解的形式。Java 的分隔符有( )、{ }、[ ]、；和空格。

4. 注释

注释是程序中的说明性文字，是程序的非执行部分。它的作用是为程序添加说明，增加程序的可读性，便于他人在查看程序代码时对程序的理解和修改。Java 语言使用 3 种方式对程序进行注释：

* "//"表示注释一行，一般放在被注释语句上一行或行末。
* "/*"和"*/"配合使用，表示一行或多行注释。
* "/**"和"*/"配合使用，表示文档注释，可以由 Javadoc 将注释生成帮助文档。

上面的第 3 种注释方式表示注释内容将被 Java 的自动文档生成器 Javadoc 提取文字部分，即根据在 Java 源代码中的线索创建.html 文件。实际上，Javadoc 就是分析在 "/**…*/" 中的特殊注释，将其规范化并提取成一系列在 HTML 中描述 API 的 Web 页面。Javadoc 作用于*.Java 文件，而不是*.class 文件。例如：

```
javadoc filename.Java
```

执行结果生成一个 filename.html 的文件，程序员可以在 Web 页面上浏览它。在 filename.html 中将会显示出 filename.Java 类中所有的公有域以及类的链接。

说 明

- 如果注释能在一行写下，可以采用第 1 种方式。
- 如果注释需要多行，则建议使用第 2 或第 3 种方式。
- 如果需要将注释内容生成帮助文档，则需使用第 3 种方式。

1.2.2 常量与变量

1. 常量

Java 语言提供了丰富的数据类型，并且具有强大的数据管理能力，这使得 Java 语言具有极其强大的描述客观世界的能力，这也正是 Java 语言得以广泛应用的原因。

程序中的常量是指在程序的整个运行过程中其值始终保持不变的量。Java 中的常量分为整数型常量、浮点型常量、布尔型常量、字符型常量和字符串常量。

常量的定义格式如下：

```
final 常量类型 常量名1 = 常量值[,常量名1 = 常量值2...];
```

Java 常量及举例见表 1-3。

表 1-3　Java 常量及举例

常量类型	表现形式	举例	说明
整数型	十进制整数	38，−70	
	八进制整数(0 开头)	0245，026	
	十六进制整数(0x 开头)	0x245，0x1B	
浮点型	小数点形式	.64，0.64，−25.5	不加任何字符或加上 d(D)表示双精度，要表示单精度时需要加上 f(F)
	指数形式	6.4e2，6.4E2	
布尔型	ture 或 false	婚否：ture 表示已婚；false 表示未婚	代表事物的两种不同的状态值
字符型	单个字符	'd'，'B'，'6'	用单引号括起来的 Unicode 字符集中的任何字符
	转义字符	'\b'表示退格 '\n'表示换行 '\r'表示回车 '\t'表示 Tab	常用来表示 ASCII 字符集中的前 32 个控制字符
	八进制转义字符	'\201'，'\307'	只能表示 ASCII 字符集
	Unicode 转义字符	'\u4b6e'	表示 Unicode 字符集
字符串	双引号括起来	""，"liuzc"	大于一行的字符串，通过 "+" 进行连接

说 明

- final 是定义常量的关键字。
- Java 中的常量值区分为不同的类型，类型可以是 Java 中任何合法的数据类型。

- 使用符号常量代替字面常量可以使程序更加清晰, 含义更加清楚; 若程序中的常量值需修改, 则使用符号常量可以做到"一改全改"。

2. 变量

变量是指在程序的整个运行过程中其值可以发生改变的量。在 Java 中, 每个变量都具有变量名和变量值两重含义, 变量名是用户自己定义的标识符, 变量值是这个变量在程序运行过程中某一时刻的取值。Java 中的变量遵守"先定义, 后使用"的原则。变量从以下两方面来定义: 一是确定该变量的标识符 (即变量名), 以便系统为其指定存储地址和识别它, 这便是"按名访问"原则; 二是为该变量指定数据类型, 以便系统为其分配足够的存储单元。所以, 定义变量包括给出变量的名称和指明变量的数据类型, 必要时还可以指定变量的初始值。

Java 变量的定义格式如下:

```
类型名 变量名1[,变量名2][,…];
```

如

```
int  i,j,k;
```

或

```
类型名 变量名1 = [初值][,变量名2 = [初值]][,…];
```

其中方括号的部分是可选的。

如

```
int i = 1,j = 2,k = 3;
```

说　明

- Java 中的变量必须先定义后使用。
- 定义变量时指定变量的名称以便操作系统可以进行"按名存取"进行存储。
- 定义变量时指定变量的数据类型, 以便操作系统为其分配合适的存储单元。

知识链接: 程序命名规范

编写程序应具有良好的风格, 每个人都有自己喜欢的风格。但是, 作为一个优秀的程序员, 编写程序应遵循一些规则, 尽量使程序清楚、明确, 简洁明了地表达程序要做什么, 增强程序的可读性。下面摘自阿里巴巴集团技术团队编写的《Java 开发手册》中部分命名规范, 供大家参考。

1) 代码中的命名均不能以下划线或美元符号开始, 也不能以下划线或美元符号结束。

反例: _name/__name/$name/name_/name$ / name__

2) 所有与编程相关的命名严禁使用拼音与英文混合的方式, 更不允许直接使用中文。说明: 正确的英文拼写和语法可以让阅读者易于理解, 避免歧义。纯拼音命名方式要避免采用。

正例: ali / alibaba / taobao / cainiao/ aliyun/ youku / hangzhou 等国际通用的名称, 可视同英文。

反例：DaZhePromotion [打折] / getPingfenByName() [评分] / int 某变量=3

3）类名使用 UpperCamelCase 风格，但以下情形例外：DO/BO/DTO/VO/AO/PO/UID 等。

正例：ForceCode / UserDO / HtmlDTO / XmlService / TcpUdpDeal / TaPromotion

反例：forcecode / UserDo / HTMLDto / XMLService / TCPUDPDeal / TAPromotion

4）方法名、参数名、成员变量、局部变量都统一使用 lowerCamelCase 风格。

正例：localValue / getHttpMessage() / inputUserId

5）常量命名全部大写，单词间用下划线隔开，力求语义表达完整清楚，不要嫌名字长。

正例：MAX_STOCK_COUNT / CACHE_EXPIRED_TIME

反例：MAX_COUNT / EXPIRED_TIME

3. 变量的作用域

变量的作用域指明可访问该变量的代码范围，也就是说程序在什么地方可以使用这个变量。声明一个变量所在的语句块也就隐含指明了变量的作用域。

Java 程序定义类时用一对大括号把类体括起来，类中包含变量和方法；在类中定义方法时方法体也用一对大括号括起来。后面将要讲到的 if 语句、while 语句和 for 语句等复合语句一般也用一对大括号括起来。这些用一对大括号括起来的代码段就是一个语句块。

Java 程序可以在任何语句块中定义变量，在语句块中定义变量的同时也就指明了变量的作用范围，即变量在它所定义的语句块中起作用。

变量按作用域分类具体如下。

1）局部变量：在方法或方法的代码块中声明，作用域从该变量的定义位置起到它所在的代码块结束。

2）方法参数（形式参数）：传递给方法的参数，作用域是这个方法。

3）异常处理参数：传递给异常处理代码，作用域是异常处理部分。

4）类（成员）变量：在类定义中声明，作用域是整个类。

> **说 明**
>
> - Java 中常用的变量和基本数据类型一致，可分为整数型、浮点型、布尔型和字符型 4 种，具体存储需求和取值范围请参见 1.2.3 节数据类型。
> - 在一个确定的域中，变量名应是唯一的。通常，一个域用大括号{}来划定。
> - 方法体中的变量必须初始化（赋值）后才能使用，而类中的成员变量可自动进行初始化。

1.2.3 数据类型

Java 的数据类型包括基本数据类型和复合数据类型两大类。基本数据类型也称为内置类型，是 Java 语言本身提供的数据类型，是引用其他类型（包括 Java 核心库和用户自定义类型）的基础。Java 的 4 种基本数据类型为整数型、浮点型、字符型和布尔型。Java 的基本数据类型及其取值范围见表 1-4。

表 1-4　Java 的基本数据类型及其取值范围

名称		关键字	占用字节数	取值范围
整数型	字节型	byte	1	$-2^7 \sim 2^7 - 1$（$-128 \sim 127$）
	短整型	short	2	$-2^{15} \sim 2^{15} - 1$（$-32768 \sim 32767$）
	整型	int	4	$-2^{31} \sim 2^{31} - 1$
	长整型	long	8	$-2^{63} \sim 2^{63} - 1$
浮点型	单精度型	float	4	$-3.4 \times 10^{38} \sim 3.4 \times 10^{38}$
	双精度型	double	8	$-1.7 \times 10^{308} \sim 1.7 \times 10^{308}$
字符型		char	2	$0 \sim 65535$ 或 u0000 ~ UFFFF
布尔型		boolean	1	true 或 false

1. 整数型

整数型变量用来表示整数的数值数据。Java 中的整数型，按其取值范围可分为字节型、短整型、整型、长整型 4 种。整数型变量的定义方法是在变量名前面加上类型关键字 byte、short、int、long 中的某一个。例如：

```
short a;                //定义标识符 a 为短整型变量
int m,n, i = 1;         //定义标识符分别为 m，n；i 的变量为整型变量，并且 i 的初值为 1
long y = 3278L;         //定义标识符 y 为长整型变量，且 y 的初值为 3278
```

2. 浮点型

浮点型变量用来表示小数的数值数据。Java 中的浮点型，按其取值范围可分为单精度型（float）和双精度型（double）两种，见表 1-4。在精度要求不高时，采用单精度型是非常方便的，如计算价格；但对于复杂的科学计算（如求圆周率 π）采用单精度型显然不合适。

浮点型变量的定义方法与整数型变量的定义方法类似，在变量名前面加上类型关键字 float、double 中的某一个。例如：

```
double c;                       //定义标识符 c 为双精度型变量
float d1 = 2.6f,d2 = 4.1f;      //定义标识符 d1、d2 为单精度型变量，并且 d1、
                                  d2 的初值分别为 2.6、4.1
```

说　明

- 在 Java 语言中，无类型后缀的浮点型常量默认为双精度型，也可加后缀 D 或 d。指定单精度型的常量，必须在常量后面加上后缀 F 或 f。例如，2.8d、123.4 等表示 double 型常量，0.123f、8.8f 等表示 float 型常量。
- 浮点型常量也可表示为指数形式。例如，双精度数 2.1E8 表示 2.1×10^8、5.3e-8 表示 5.3×10^{-8}，单精度数 9.1e-2f 表示 9.1×10^{-2}；其中 e 或 E 后面的部分表示指数，指数只能是整数。

3．字符型

Java 中的字符型数据采用的是 Unicode 字符集，每个字符用 16 位表示，即 2 字节空间。Java 提供的字符型见表 1-5。字符型变量的定义方法是在变量名前加上类型关键字"char"。例如：

```
char c1,c2 = 'B';   //定义标识符 c1、c2 为字符型变量，并且 c2 的初值为字符 B
```

4．布尔型

布尔型（boolean）是表示逻辑值的基本数据类型。布尔型变量有"真"和"假"两个状态，常用来表征矛盾的双方或判断事件真伪的形式符号，无大小、正负之分。例如，在数字系统中，开关的接通与断开，电压的高与低、信号的有与无、晶体管的导通与截止等两种稳定的物理状态，均可用这两种不同的逻辑值来表征。在 Java 中采用 true 和 false 两个关键字来表示"真"和"假"。布尔型变量的定义方法是在变量名前加上类型关键字boolean。例如：

```
boolean b1 = true,b2;   //定义变量 b1、b2 为布尔型变量，b1 赋初值 true，b2 由系
                          统取默认值 false
```

▌▌**任务实施**

1.2.4 下载和安装 Eclipse

Eclipse 是一个开放、可扩展的集成开发环境。它不仅可以用于 Java 桌面程序的开发，通过安装开发插件，也可以构建 Web 项目和移动项目的开发环境。Eclipse 是开放源代码的项目，并可以免费下载。它的官方网址是 https://www.eclipse.org。

从 Eclipse 的官方网站 https://www.eclipse.org/downloads/packages/进入到下载页面，需要下载的版本是 Eclipse IDE for Java Developers，如图 1-9 所示。

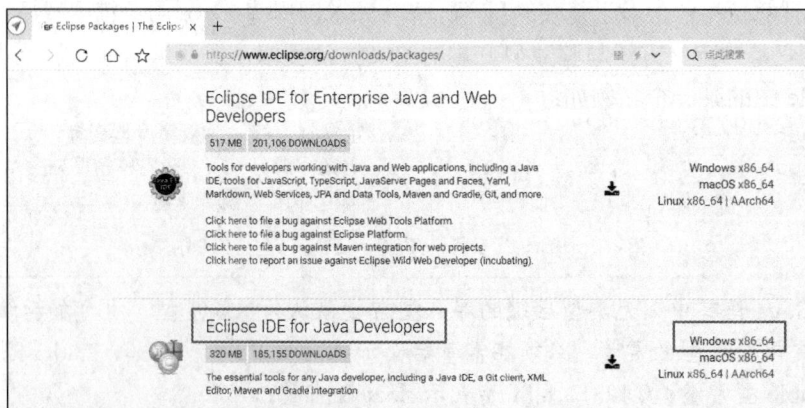

图 1-9 Eclipse 下载页面

下载后的 Eclipse SDK 是一个压缩文件，用户在解压该压缩文件后，运行 Eclipse 文件夹中的 eclipse.exe 文件即可启动该程序。

1.2.5　使用 Eclipse 编写程序

1. 启动 Eclipse

在 Eclipse 文件夹中运行 eclipse.exe 文件就会出现启动界面，启动完成后会弹出一个对话框，提示选择工作空间，如图 1-10 所示。工作空间用于保存在 Eclipse 中创建的项目和相关的设置，可以使用 Eclipse 提供的默认路径作为工作空间，也可以单击"Browse"（浏览）按钮自定义工作空间，完成后选中"Use this as the default and do not ask again"复选框，再次启动 Eclipse 时将不会再出现设置工作空间对话框。

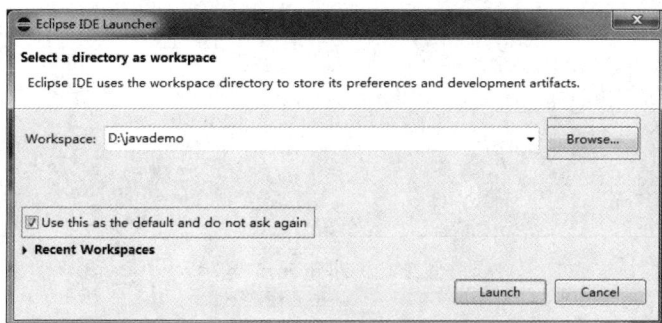

图 1-10　选择工作空间

2. 新建 Java 项目

依次选择菜单"File"（文件）→"New"（新建）→"Java Project"（Java 项目）新建一个 Java 项目，命名为 chap01，如图 1-11 所示。

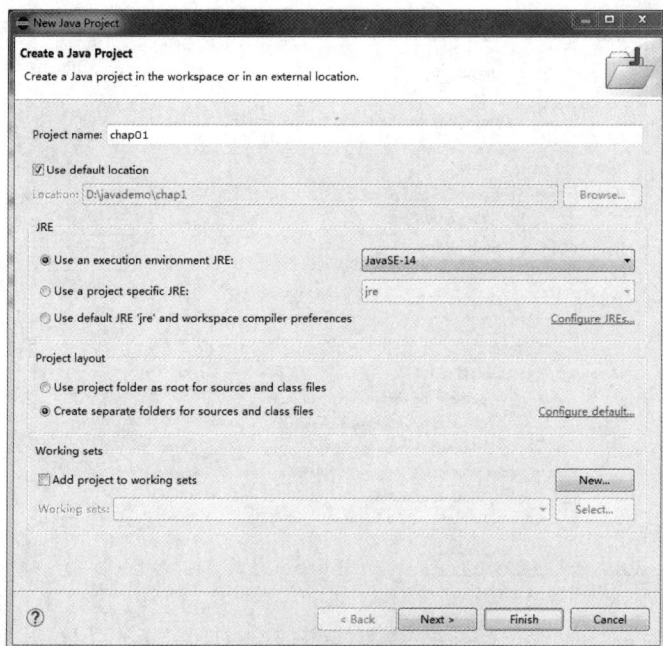

图 1-11　新建 Java 项目

3. 新建 Java 类文件

1）在 Eclipse 环境中的"Package Explorer"（包资源管理器）中右击项目 chap01 下的 src 节点，依次选择"New"（新建）→ "Class"（类）在 src 文件夹中新建 Java 类，如图 1-12 所示。

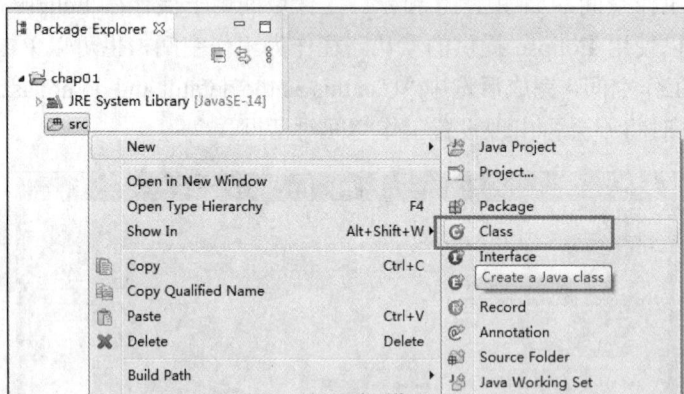

图 1-12 新建 Java 类

2）打开"New Java Class"（新建 Java 类）对话框，如图 1-13 所示。在类名文本框中输入 TwoAdd，选中"public static void main(String[] args)"复选框，单击"Finish"（完成）按钮完成 Java 类的新建过程。

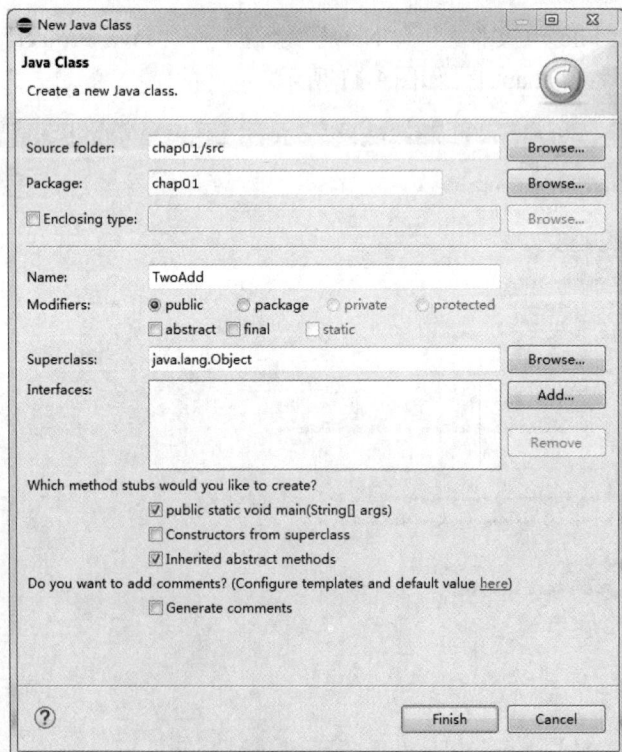

图 1-13 "New Java Class" 对话框

3）系统根据用户的选择自动创建新类并生成一些程序代码。在 TwoAdd.java 中加入如下代码。

```
1  public class TwoAdd{
2    public static void main(String[] args) {
3      int  iNum1= 3;
4      float fNum2 = 2;
5      float dResult = 0;
6      dResult = iNum1 + fNum2;
7      System.out.println("result1 = " + dResult);
8    }
9  }
```

【程序说明】
- 第 2 行：创建该程序的入口 main 方法。
- 第 3～5 行：分别声明 int 型、float 型、float 型的变量并赋初值。
- 第 6 行：int 型与 float 型进行加法运算，运算结果将自动转换为 float 型；将 float 型的值赋给变量 dResult。
- 第 7 行输出运算结果。

Eclipse 工作界面是由若干区域组成的，中间可编辑的文本区是编辑器，用于编辑源代码，分布在左右和下方的是视图，如图 1-14 所示。

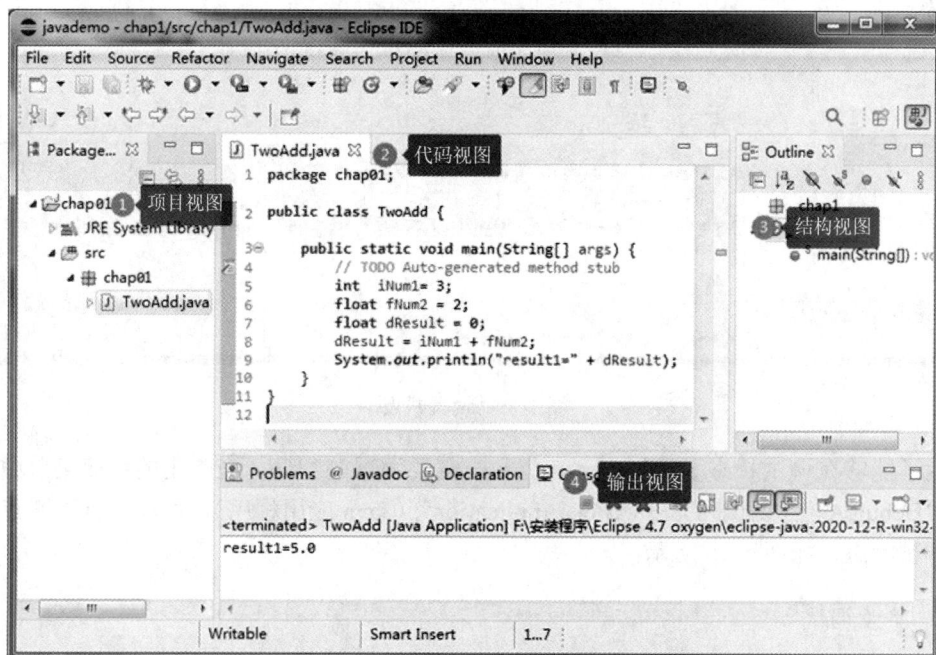

图 1-14　Eclipse 工作界面

1.2.6　使用 Eclipse 调试程序

Eclipse 最有用的特性之一就是它的集成调试器，它可以交互式执行代码，通过设置断点，逐行执行代码，可以实现检查变量和表达式的值等强大的调试功能，是一款检查和修复 Java 程序代码问题的不可替代的工具。

1. 设置断点

为了方便调试程序，需要在代码中设置一个断点，以便让调试器暂停执行允许调试，否则，程序会从头执行到尾，就没有机会调试了。可以通过两种方式在程序的某一行设置一个断点，一是在编辑器左侧灰色边缘双击，二是在灰色边缘右击，在快捷菜单中选择"Toggle Breakpoint"（设置断点），这里将程序的第 8 行"dResult = iNum1 + fNum2;"语句设置为断点，此时在该行代码的左边缘将会显示一个小点，表示一个活动的断点，如图 1-15 所示。

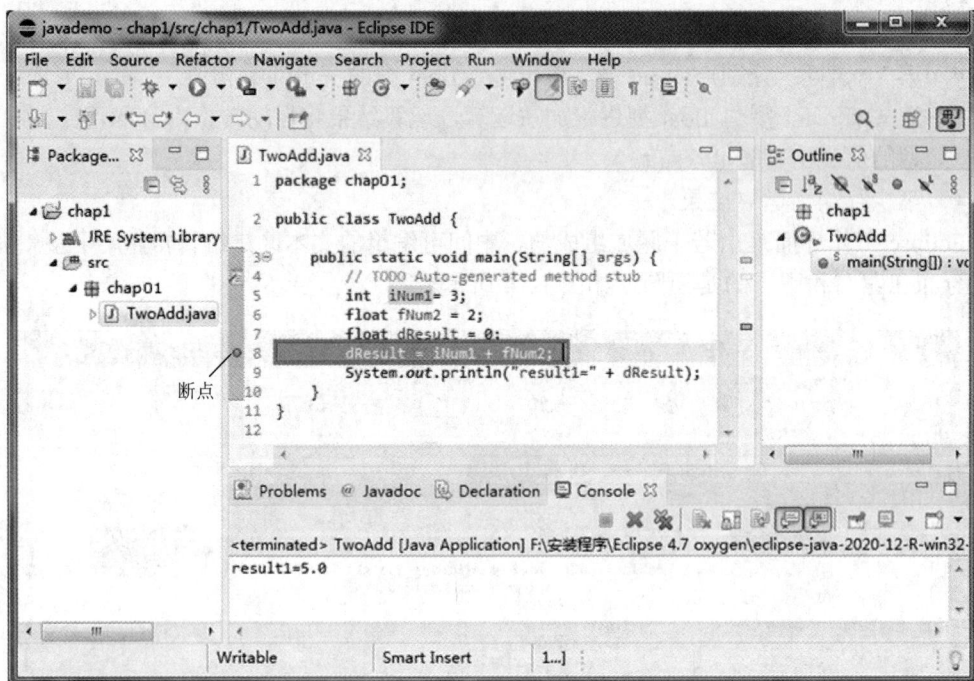

图 1-15　设置断点

为了能够在调试状态下运行程序，先右击需要调试的程序，在弹出的快捷菜单中依次选择"Debug As"（调试为）→"Java Application"（Java 应用程序），程序运行到断点后将进入调试状态，如图 1-16 所示。

2. 单步调试

进入调试状态后，调试视图的标题栏提供了控制 Java 程序执行的工具栏，前面几个按钮（Resume、Suspend、Terminate、Step Into 和 Step Over 等）允许暂停、继续、终止和单步调试程序等，这些按钮可以一行一步地执行程序代码（正在执行的程序行的左边有一个箭头进行标识），鼠标移动到每个按钮上时都会显示按钮提示信息，如图 1-16 所示。

调试视图的右边是一个标签视窗包含视图，在这里可以检查和修改变量和断点，选择变量标签页，这个视图显示了当前范围的变量及其值（如 iNum1、fNum2 和 dResult 等），如图 1-16 所示。

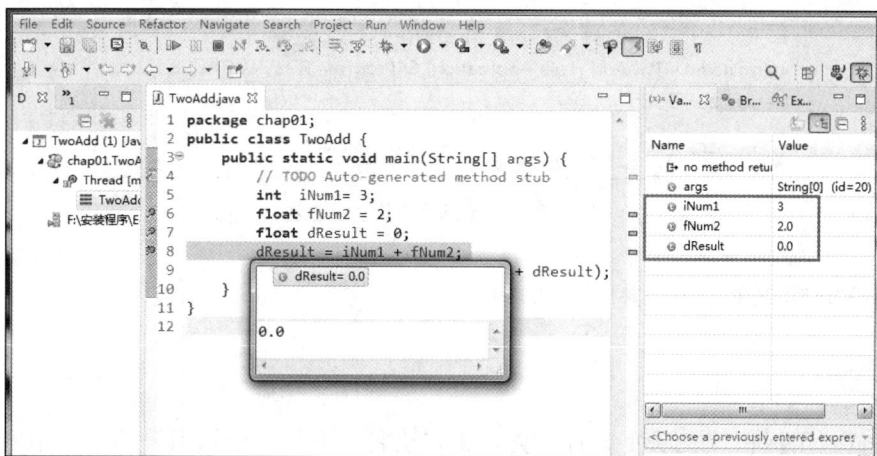

图 1-16 调试程序

1.2.7 编译并运行程序

编写、完成调试并修正程序错误后，保存该程序，然后在 Eclipse 环境中的 "Package Explorer"（包资源管理器）中右击所创建好的类文件，依次选择 "Run As"（运行为）"Java Application"，系统将运行该程序，如图 1-17 所示。

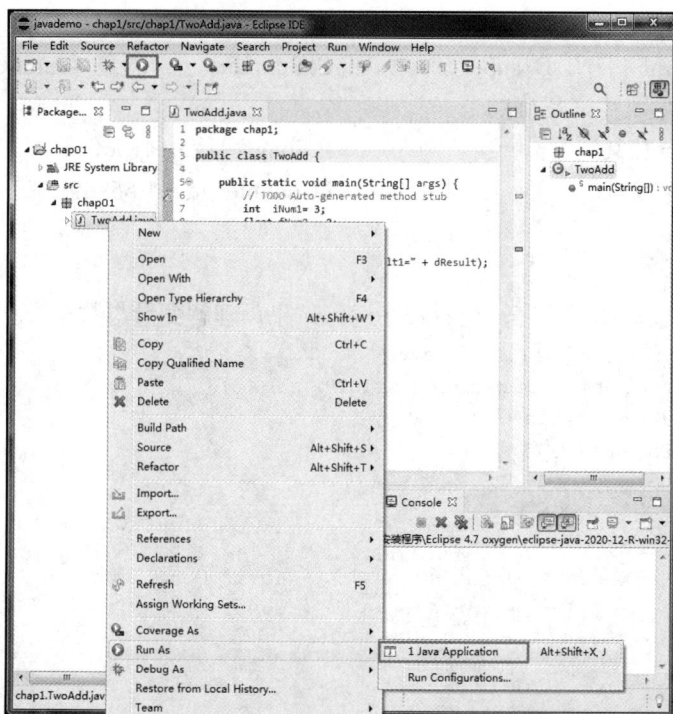

图 1-17 运行 TwoAdd 程序

Eclipse 环境中 Java 程序的运行结果在 Console（控制台）页中显示，TwoAdd 程序的运行结果如图 1-18 所示。

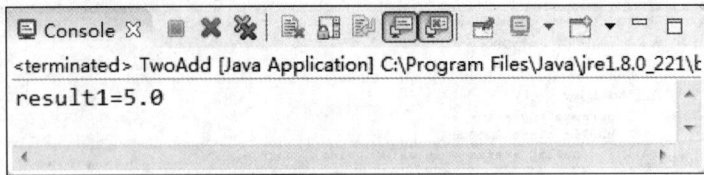

图 1-18　TwoAdd 程序运行结果

任务评价和拓展

【测一测】

1．Java 用标识符表示变量名、类名和方法名，下面关于标识符的说法中错误的是（　　）。
　　A. 标识符可以由字母、数字和下划线、美元符号组合而成
　　B. 标识符可以由编程者自由指定
　　C. 转义字符也是标识符的一种，用来表示一些有特殊含义的字符
　　D. 标识符必须以字母、下划线或美元符号开头，不能以数字开头

2．下列中不是 Java 关键字的是（　　）。
　　A. final　　　　　　B. finally　　　　　　C. null　　　　　　D. sizeof

3．下列字符串中，（　　）是 Java 中合法的标识符。
　　A. fieldname　　　　B. super　　　　　　C. 3number　　　　D. #number

4．下列变量定义中，正确的是（　　）。
　　A. int　l = 123L　　　　　　　　　　B. long　l = 3.14156f
　　C. int　i = "k"　　　　　　　　　　D. double　d = 1.55989E2f

【练一练】

使用 Eclipse 编写如下程序，查看程序运行结果，理解变量与数据类型的关系。

```java
public class TypeTransition{
  public static void main (String args[]) {
      char a = 'a';
      int i = 100;
      long y = 456L;
      int aa = a + i;
      long yy = y - aa;
      System.out.print ("aa = " + aa);
      System.out.print ("yy = " + yy);
  }
}
```

任务 1.3　编写计算圆面积程序

任务描述

圆的面积和周长可以通过圆周率和圆的半径计算得到，其中圆面积公式为 $S=\pi r^2$（π 为圆周率，r 为圆的半径）。本任务将编写一个简单的 Java 程序实现以下功能：①根据提示信息输入圆的半径；②根据圆面积公式计算指定圆面积；③在屏幕上显示计算后的圆面积。本任务将带领你学习 Java 中数据运算的基本规则，包括数据类型转换、运算符以及实现数据的键盘输入。通过本任务的学习，你将：

- 熟悉 Java 语言中的基本数据类型及其转换规则；
- 掌握 Java 语言中的各类运算符；
- 理解各类运算符的优先顺序；
- 能根据程序的实际需要合理选择运算符并使用表达式；
- 能使用 Scanner 实现从键盘输入数据；
- 提升自主学习、开放学习的能力；
- 进一步养成诚实、守信、坚韧不拔的性格。

微课：编写计算圆
面积程序

知识准备

1.3.1　数据类型转换

Java 是强类型语言，因此在进行赋值操作时要对数据类型进行检查。用常量、变量或表达式给另一个变量赋值时，两者的数据类型要一致。如果数据类型不一致，则要进行类型的转换。数据类型转换分为"自动类型转换"和"强制类型转换"两种。当将占位数少的类型赋值给占位数多的类型时，Java 自动使用隐式类型转换；当将占位数多的类型赋值给占位数少的类型时，需要由用户使用显式的强制类型转换。

1. 自动类型转换

（1）表达式中的自动类型转换

整数型、浮点型、字符型数据可以混合运算。在执行运算时，不同类型的数据先转换为同一类型，然后进行运算。从低级到高级的自动类型转换顺序如图 1-19 所示。

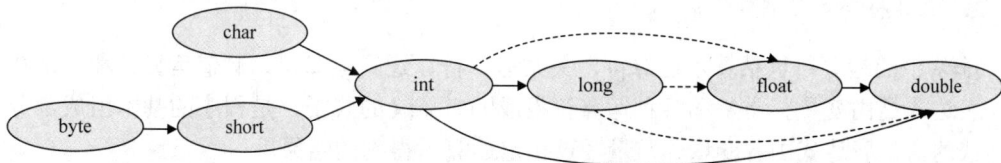

图 1-19　自动类型转换顺序

例如：

```
byte b = 50;
//字符'a'的 ASCII 码值为 97，转换成 int 型后其值为 97
char c = 'a';
short s = 10;
int i = 500;
float f = 5.67f;
double d = 1234;
```

则 result = (f*b)+(i/c)+(d*s)的数据类型为 double 型。

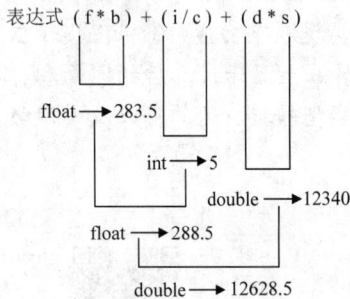

表达式 (f*b) + (i/c) + (d*s)

float → 283.5

int → 5

double → 12340

float → 288.5

double → 12628.5

图 1-20　自动类型转换过程

上述表达式中数据类型的转换过程如图 1-20 所示。

（2）赋值语句中的自动类型转换

在进行赋值运算时，当赋值运算符右边的算式表达式结果类型与左边变量的类型不同时，只要不丢失任何数据，系统将作自动类型转换。

例如：

```
byte b = 3;
int x = b;  //b 自动转换成 int 型
```

如上所述，只要按从左到右的顺序，系统便会自动进行类型转换。如果想要按照相反的方向进行类型转换，如将 double 型转换为 float 型或 long 型，则必须进行强制类型转换。

2. 强制类型转换

高级数据要转换成低级数据需用强制类型转换，其一般格式为：

(数据类型)数据 　或　 (数据类型)(表达式)

例如：

```
int i;
byte b =(byte)i;
```

上述语句将 int 型变量 i 强制转换为 byte 型。

说　明

- 相同类型的变量、常数运算，结果还是原类型。
- 不同类型的变量、常数运算，结果的类型为参与运算的类型中精度最高者。
- 强制类型转换可能会导致溢出或精度下降，最好不要使用。

1.3.2　运算符

1. 运算符与表达式

Java 中的运算符包括算术运算符、关系运算符、逻辑运算符、赋值运算符和位运算符等。表达式是由变量、常量和各种运算符组成的有意义的式子，是程序的基本组成部分。表达式的值是表达式中各变量、常量经过指定运算后得到的结果。

Java 中的算术运算符用来定义整数型和浮点型数据的算术运算，分为双目运算符和单目运算符两种。双目运算符就是连接两个操作数的运算符，这两个操作数分别写在运算符的左右两边；单目运算符只使用一个操作数，可以位于运算符的任意一侧，但是分别有不同的含义。

关系运算符是比较两个表达式大小关系的运算方式，所有关系运算的结果都是布尔型的数据，即"真"或者"假"。如果一个关系运算表达式，如 x > y，其运算结果是"真"，则表明该表达式所设定的大小关系成立，即 x 大于 y；否则，若运算结果为"假"，则说明该表达式所设定的大小关系不成立，即 x 不大于 y。

逻辑运算与关系运算的关系十分密切，关系运算是运算结果为布尔型变量的运算，而逻辑运算是操作数和运算结果都为布尔型变量的运算。

赋值运算符的作用是将赋值运算符右边的数据表达式的值赋给运算符左边的变量。赋值运算符是"="，值得注意的是赋值运算符左边必须是变量。例如：

```
double s = 6.5 + 4.5;   //将表达式 6.5 + 4.5 的值赋给变量 s
```

复合赋值运算符是在赋值运算符"="前加上其他运算符构成的。

位运算是对整数的二进制位进行的操作，位运算的操作数和结果都是整数型量。Java语言中各运算符的具体含义及举例见表 1-5。

表 1-5 Java 中常用运算符的具体含义及举例

类型	运算符	含义	举例（int x = 7，y = 5）
算术运算符	+	加	x + y = 12
	–	减	x – y = 2
	*	乘	x * y = 35
	/	除	x / y = 1
	%	取余	x % y = 2
	++（单目）	自加 1	int z = (++x) * y→x = 8，z = 40 int z = (x++) * y→x = 7，z = 35
	--（单目）	自减 1	int z = (--x) * y→x = 6，z = 30 int z = (x--) * y→x = 7，z = 35
关系运算符	>	大于	x > y + 2→false
	>=	大于或等于	x >= y→true
	<	小于	x < y→false
	<=	小于或等于	x <= y + 2→true
	= =	等于	x = = y→false x = = y + 2→true
	!=	不等于	x != y→true
逻辑运算符	&	与(x，y 都为 true，结果为 true)	(x > 5) & (y < 4)→false
			或（x，y 都为 false，结果为 false，否则为 true）	(x > 5)|(y < 4)→true
	!	非（否定运算）	! (x > y) →false
	^	异或（x，y 都为 true 或 false 时，结果为 false，否则为 true）	(x > 5)^ (y < 4) →true
	&&	条件与	(x > 5) && (y < 4)→false
	||	条件或	(x >5)|| (y < 4)→true

续表

类型	运算符	含义	举例（int x = 7，y = 5）
复合赋值运算符	-=	x -= y 等效于 x = x - y	x -= y→x = 2
	+=	x += y 等效于 x = x + y	x += y→x = 12
	*=	x *= y 等效于 x = x * y	x *= y→x = 35
	/=	x /= y 等效于 x = x / y	x /= y→x = 1
位运算符 x = 11010110 y = 01011001 n = 2	~	位反（按位取反操作）	~x = 00101001
	&	位与（按位进行与操作）	x & y = 01010000
	|	位或（按位进行或操作）	x | y = 11011111
	^	位异或（按位进行异或操作）	x^y = 10001111
	<<	左移（按位左移 n 位，右边补 0）	x << n = 01011000
	>>	右移（按位右移 n 位，左边按符号位补 0 或 1）	x >> n = 11110101
	>>>	不带符号的右移（按位右移 n 位，左边补 0）	x >>> n = 00110101
三目条件运算符	a?b:c	a 为真，则整个运算符为表达式 b 的值，否则为表达式 c 的值	int k = x < 5 ? y : x x < 5 为 false，k = x 即 k = 7
括号	( )	改变运算符优先级	
方括号	[ ]	数组运算符	
对象运算	Instanceof	测定对象是否属于某一指定类或子类	Boolean b = MyObject instanceof MyClass;

在使用 "++" 和 "--" 运算符时要注意它们与操作数的位置关系对表达式运算符结果的影响。x ++ 和 ++ x 的作用都是使 x 中的数值加 1，所以使用哪个对于 x 本身并无多大影响。但是 ++ 号的位置的不同决定了自加 1 运算执行时间的不同，对于 x ++ 或 ++ x 所在的复杂表达式的值有很大的影响。一般地，++ x 先把 x 的数值加 1，然后使用这个增加过的 x 的数值参与运算；而 x ++ 则相反，先使用原来的 x 数值参与运算，然后再把 x 的数值加上 1。例如：

```java
int x = 2;
int y = (++ x) * 3;
```

该语句运行后得到 x = 3，y = 9，因为在第 2 个表达式中与 3 相乘的是自加之后的新的 x 值。如果将表达式改为：

```java
int x = 2;
int y = (x ++) * 3;
```

该语句运行后得到 x = 3，y = 6，因为表达式使用 x 原始的数值 2 与 3 相乘并把所得的 6 赋给 y，然后再给 x 加上 1，得到 3。

说　明

- 绝对值、平方、平方根和三角函数等复杂运算由 java.lang.Math 类中的方法实现。
- 判断两数相等的等于运算符由两个等号 "=="连缀而成，如果误写作一个等号 "="就会与赋值运算符相混淆，造成程序的逻辑错误。
- "&&" 和 "||" 与 "&" 和 "|" 不同的是，如果从左边的表达式中得到的操作数能确定运算结果，就不再对右边的表达式进行运算以提高运算速度。

- 参与比较大小的两个操作数或表达式的值可以是整数型，也可以是浮点型，但是需要注意的是不能在浮点数之间做"等于"的比较。这是因为浮点数表达上有难以避免的微小误差，精确的相等无法达到，所以这种比较毫无意义。

2. 运算符的优先级

在计算表达式的值时，需要考虑各个运算符的优先级。Java 中运算符的优先级见表 1-6。

表 1-6　Java 运算符优先级

优先次序	运算符	结合性
从高级到低级	[ ] ( )	自左至右
	++ −− ! ~ instanceof + − (type)	自右至左
	New(type)	自左至右
	* / %	
	+ −	
	>> >>> <<	
	< > <= >=	
	&	
	^	
	|	
	&&	
	||	
	? :	
	= += −= *= /= %= ^=	自右至左
	&= |= <<= >>= >>>=	

在表达式中，优先级较高的先运算，优先级较低的后运算；如果运算对象两侧的运算符优先级相同，则按运算符结合性规定的结合方向处理。

Java 语言中各运算符的结合性分为两种，即左结合性（自左至右）和右结合性（自右至左）。例如，算术运算符的结合性是自左至右，即先左后右。如有表达式 x − y + z，则 y 应先与"−"号结合，执行 x − y 运算，然后再执行 + z 运算。这种自左至右的结合方向就称为左结合性。自右至左的结合方向称为右结合性。最典型的右结合性运算符是赋值运算符。如 x = y = z，由于"="的右结合性，应先执行 y = z 再执行 x = (y = z) 运算。Java 语言运算符中有不少为右结合性，应注意区别，以避免理解错误。

表达式的运算过程如下。

- 从整体来看，表达式从左向右求值。
- 在从左向右求值的过程中，两个运算符先进行优先级比较，优先级高的先计算，优先级低的后计算。
- 若相邻两个运算符相同，便按照结合性来求值。

1.3.3　键盘输入

运行 Java 程序时，常需要在运行的过程中传递一些参数进去，Java 提供了一个 Scanner 类，利用这个类，可以很方便地获取键盘输入的参数。Scanner 是一个基于正则表达式的文本扫描器，可以从文件、输入流和字符串中解析出基本类型和字符串类型的值。Scanner 类提供了多个构造器，不同的构造器可以接收文件、输入流和字符串作为数据源，用于从文件、输入流和字符串中解析数据。

Scanner 主要提供两个方法来扫描输入。

- hasNextXXX()：是否还有下一个输入项，其中 XXX 可以是 int、long、double 等代表基本数据类型的字符串。
- nextXXX()：获取下一个输入项，XXX 的含义与前一个方法相同。

在默认情况下，Scanner 使用空白（包括空格、Tab、Enter）作为多个输入项之间的分隔符。下面的程序使用 Scanner 获取用户的键盘输入，然后将数据打印至控制台，程序的运行结果如图 1-21 所示。

```java
import java.util.Scanner;                        //导入 Scanner 的包
public class bkInput {
    public static void main(String[] args) {
        Scanner sc = new Scanner(System.in);     //构建一个 Scanner 对象
        System.out.print("请从键盘输入数据：");
        int i = sc.nextInt();                     //接收整数
        System.out.println("键盘输入的整数：" + i);
        Double f = sc.nextDouble();               //接收小数
        System.out.println("键盘输入的小数：" + f);
        sc.close();                               //关闭 Scanner 对象
    }
}
```

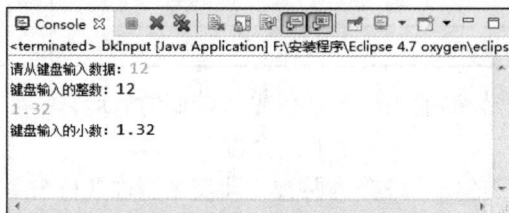

图 1-21　键盘输入运行结果

如果要实现从键盘获取一行数据，以 Enter 为一行的结束，Scanner 提供了两个简单的方法来实现逐行读取。

- hasNextLine()：判断输入源中是否还有下一行。
- nextLine()：获取输入源中下一个字符串，可包含空格和 Tab。

任务实施

1.3.4　绘制程序流程图

任务描述中程序运行后提示用户输入圆的半径，程序根据圆面积计算公式，计算圆的

面积后显示圆的面积。（圆周率取值为 3.14）

> **知识链接：圆周率**
>
> 　　圆周率（PI）是圆的周长与直径的比值，一般用希腊字母 π 表示，是精确计算圆周长、圆面积、球体积等几何形状的关键值。历史上曾采用过圆周率的多种近似值，早期大都是通过实验得到的结果。我国数学家刘徽在注释《九章算术》（263 年）时只用圆内接正多边形就求得 π 的近似值，也得出精确到两位小数的 π 值，他的方法被后人称为割圆术。我国南北朝时著名数学家祖冲之进一步得出精确到小数点后 7 位的 π 值，得出圆周率 π 应该介于 3.1415926 和 3.1415927 之间，还得到两个近似分数值，密率 355/113 和疏率 22/7（分子/分母），他的辉煌成就比欧洲早了近千年。

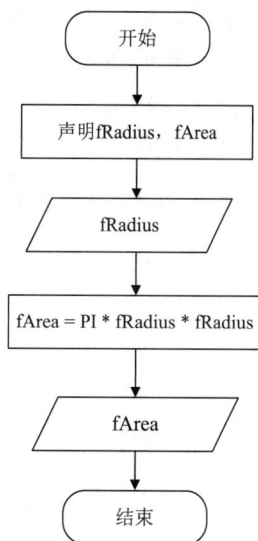

图 1-22　CalcArea 参考流程图

　　程序流程图的绘制可以使用 Word、Visio 或其他工具来完成。本任务的参考流程图如图 1-22 所示。

1.3.5　编写程序

具体编写步骤如下。

1）在 Eclipse 环境中打开名称为 chap01 的项目。

2）在 chap01 项目中新建名称为 CalcArea 的类。

3）编写完成的 CalcArea.java 的程序代码如下。

```java
1  import java.util.Scanner;
2  public class CalcArea {
3      static final float PI = 3.14f;
4      public static void main(String[] args) {
5          float fRadius;
6          float fArea = 0;
7          System.out.println("请输入半径:");
8          Scanner sc = new Scanner(System.in);
9          fRadius = sc.nextFloat();
10         fArea = PI * fRadius*fRadius;
11         System.out.println("半径为" + fRadius + "的圆面积为" + fArea);
12     }
13 }
```

【程序说明】
- 第 1 行：使用 import 关键字导入该程序需要用到的 Scanner 类。
- 第 2 行：创建计算圆面积的公共类 CalcArea。
- 第 3 行：定义 float 型常量 PI。
- 第 4 行：创建该程序的入口方法 main。

- 第 5、6 行：声明 float 型的变量 fRadius （圆半径）和 fArea（圆面积）。
- 第 7 行：使用 System.out.println 方法提示用户输入圆半径。
- 第 8 行：创建 Scanner 类的对象 sc。
- 第 9 行：使用 sc 对象的 nextFloat 方法接收用户从键盘的输入，并保存到变量 fRadius 中。
- 第 10 行：使用圆面积计算公式根据输入的圆半径计算圆面积。
- 第 11 行：在控制台显示圆面积。

1.3.6　编译并运行程序

保存并修正程序错误后，程序运行后输入半径 5，显示圆面积为 78.5，运行结果如图 1-23 所示。

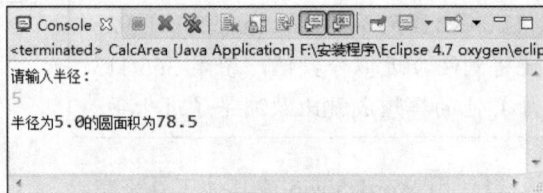

图 1-23　CalcArea 运行结果

▍▍任务评价和拓展

【测一测】

1. 下列布尔型变量定义中，正确并且规范的是（　　）。
   A. BOOLEAN canceled = false;　　　　B. boolean canceled = false;
   C. boolean CANCELED = false;　　　　D. boolean canceled = FALSE;
2. 下列运算符中，属于关系运算符的是（　　）。
   A. ==　　　　　　B. .=　　　　　　C. +=　　　　　　D. -=
3. 阅读下面程序

```
public class Test1{
    public static void main(String args[]){
        int a = 10,b = 4,c = 20,d = 6;
        System.out.println(a ++ * b + c * -- d);
    }
}
```

程序运行的结果为（　　）。
   A. 144　　　　　　B. 160　　　　　　C. 140　　　　　　D. 164
4. 阅读下面程序

```
public class Test2{
  public static void main(String args[]){
        int I = 10,j = 3;
        float m = 213.5f,n = 4.0f;
        System.out.println(i % j);
```

```
            System.out.println(m % n);
        }
    }
```

程序运行的结果为（　　）。

    A. 1.0 和 1.5   B. 1 和 1.5   C. 1.0 和 2.5   D. 1 和 2.5

【练一练】

编写程序，要求程序能够根据用户输入的长和宽计算出矩形的周长和面积，并输出计算结果。

任务 1.4 │ 编写求 BMI 程序

任务描述

身体质量指数（body mass index，BMI），也称克托莱指数，是目前国际上常用的衡量人体胖瘦程度以及是否健康的一个标准。BMI = 体重（kg）÷ 身高（m）的二次方。本任务将编写一个简单的 Java 程序实现以下功能：①根据提示信息输入身高和体重；②根据 BMI 计算公式计算某人的 BMI；③根据 BMI 值在屏幕上显示某人的健康状况。本任务将带领你学习 Java 中条件语句和嵌套条件语句的使用。通过本任务的学习，你将：

- 理解条件语句的结构；
- 掌握简单 if 语句和嵌套 if 语句在条件结构中的用法；
- 能应用 if 语句进行条件判断程序的编写；
- 能使用嵌套 if 语句进行较复杂条件判断程序的编写；
- 进一步提高分析问题和解决问题的能力。

微课：编写求 BMI 程序

知识准备

1.4.1 简单 if 语句

在现实生活中，事务处理的过程不是简单的从开始到结束的顺序过程，中间可能会根据具体情况的不同进行不同的操作，这就是分支（也称为条件）。程序语言中的分支结构就是为了适应现实生活中的各种各样的判断而提出的，分支结构使程序可根据某些表达式的值有选择地执行特定的语句。Java 主要提供了 if 语句和 switch 语句两种类型的分支选择。

if 语句，也称为条件语句，是根据给定条件进行判定，从而决定执行某个分支程序段。Java 中的 if 语句有 if 和 if-else 两种形式。

（1）if 形式

这种形式是最简单的形式，其一般格式为：

```
if (条件表达式) {
    执行语句块 1;
```

```
        }
```

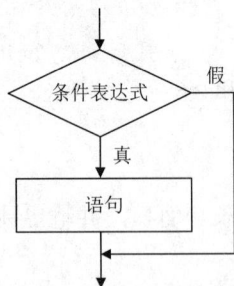

图 1-24 if 语句执行过程

其含义是：如果条件表达式的值为真，则执行其后的语句，否则不执行该语句。其执行过程如图 1-24 所示。

（2）if-else 形式

if-else 语句是指，如果满足某个条件就执行一项操作，否则就执行另一项操作，其一般格式为：

```
if(条件表达式){
    语句块 1;
}
else{
    语句块 2;
}
```

其含义是：如果条件表达式的值为真，则执行语句块 1，否则执行语句块 2。其执行过程如图 1-25 所示。

下面的程序通过 if 语句实现了考试成绩的判定，由键盘输入成绩，如果成绩大于或等于 60 分，判定为通过考试，否则，判定为未通过考试，程序运行结果如图 1-26 所示。

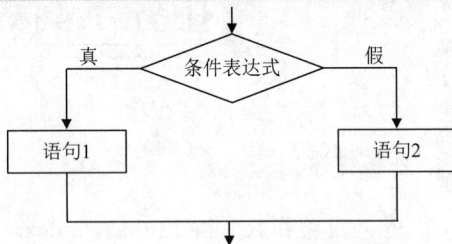

图 1-25 if-else 语句执行过程

```java
import java.util.Scanner;
public class scoreIsPass {
    public static void main(String[] args) {
        int iScore;
        Scanner sc = new Scanner(System.in);
        System.out.println("请输入考试成绩:");
        iScore = sc.nextInt();
        if(iScore >= 60)
            System.out.println("恭喜你，通过考试！");
        else
            System.out.println("未通过考试，还需努力哟！");
    }
}
```

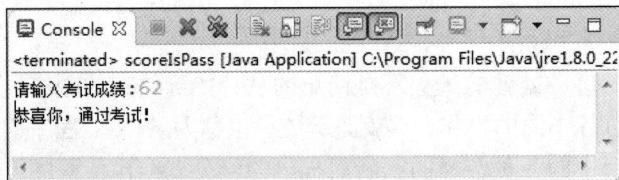

图 1-26 scoreIsPass 运行结果

1.4.2 多重 if 语句

在解决现实生活中的复杂问题时，并不是通过一个简单的条件语句就能解决的，而是需要由若干条件来决定复杂的操作。例如，比较 a 与 b 两个数的大小，就有 a 大于 b、a 等于 b 和 a 小于 b 三种情况，对于这种情况，则可以用多重 if 语句来解决。

多重 if 语句的形式如下：

```
if   (条件表达式 1)
     { 语句块 1;}
else  if(条件表达式 2)
     { 语句块 2;}
else  if(条件表达式 3)
     { 语句块 3;}
……
else  if(条件表达式 m)
    {语句块 m;}
else
    {语句 m + 1;}
```

其含义是：依次判断表达式的值，当某个分支的条件表达式的值为真时，则执行该分支对应的语句，然后跳到整个 if 语句之外继续执行程序。如果所有的 m 个表达式均为假，则执行语句 m+1，然后继续执行后续程序。多重 if 语句的执行过程如图 1-27 所示。

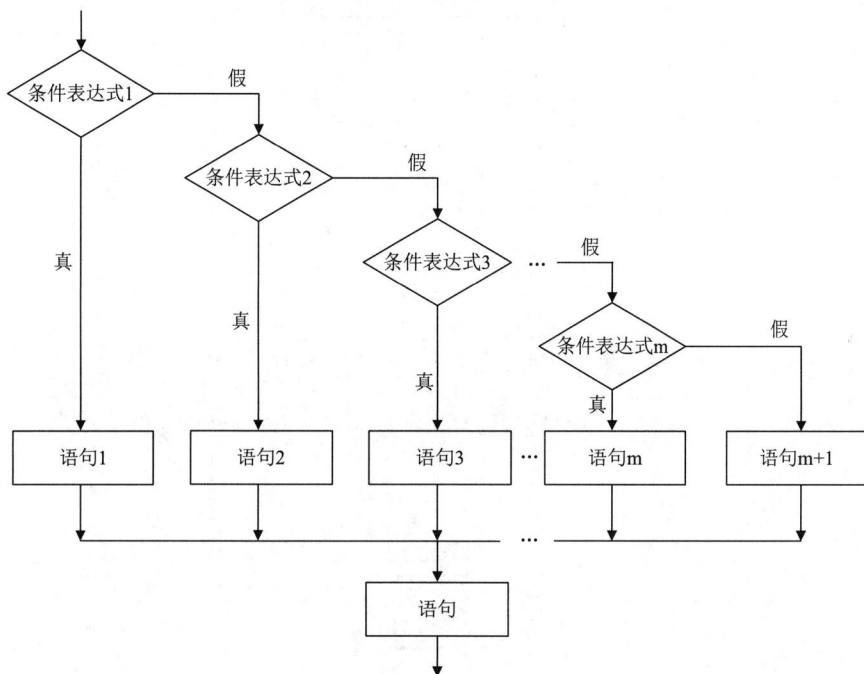

图 1-27　多重 if 语句的执行过程

任务实施

1.4.3　绘制程序流程图

BMI 是用体重（kg）除以身高（m）的二次方得出的数字，是目前国际上常用的衡量人体胖瘦程度以及是否健康的一个标准。它的计算公式为 BMI = 体重（kg）÷ 身高（m）的二次方。

BMI 与健康状况对照表见表 1-7。

表 1-7　BMI 与健康状况对照表

BMI	<18.5	18.5~25	25~30	30~35	35~40	>40
健康状况	偏瘦	正常	超重	轻度肥胖	中度肥胖	重度肥胖

本任务的参考流程图如图 1-28 所示。

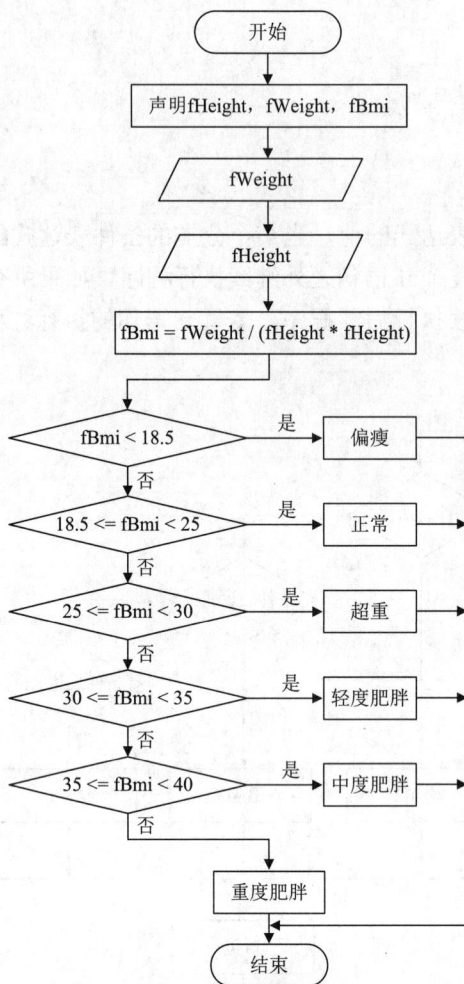

图 1-28　CalcBMI 参考流程图

1.4.4　编写程序

具体编写步骤如下。

1）在 Eclipse 环境中打开名称为 chap01 的项目。

2）在 chap01 项目中新建名称为 CalcBMI 的类。

3）编写完成的 CalcBMI.java 程序代码如下。

```
1  import java.util.Scanner;
2  public class CalcBMI {
3      public static void main(String[] args) {
```

```
4        Scanner sc = new Scanner(System.in);
5        float fHeight,fWeight,fBmi;
6        System.out.println("请输入您的体重(kg):");
7        fWeight = sc.nextFloat();
8        System.out.println("请输入您的身高(m):");
9        fHeight = sc.nextFloat();
10        fBmi = fWeight/(fHeight*fHeight);
11        System.out.println("您的BMI为:"+fBmi);
12        if (fBmi < 18.5)
13          System.out.println("您的健康状况:偏瘦");
14        else if(fBmi < 25)
15            System.out.println("您的健康状况:正常");
16        else if(fBmi < 30)
17            System.out.println("您的健康状况:超重");
18        else if(fBmi < 35)
19            System.out.println("您的健康状况:轻度肥胖");
20        else if(fBmi < 40)
21            System.out.println("您的健康状况:中度肥胖");
22        else
23          System.out.println("您的健康状况:重度肥胖");
24    }
25  }
```

【程序说明】

- 第 1 行：导入 java.util.Scanner 类。
- 第 4 行：构造一个 Scanner 类的对象 sc，接收用户从键盘输入的内容。
- 第 5 行：声明保存身高、体重和 BMI 的 3 个 float 变量。
- 第 6～9 行：通过 sc 对象的 nextFloat 方法获取键盘输入的体重、身高。
- 第 10 行：根据输入的体重、身高计算 BMI 值。
- 第 12～23 行：判断计算得到的 BMI 值的所在范围，显示用户的健康状况。

1.4.5 编译并运行程序

保存并修正程序错误后，程序运行后输入体重为 65kg，身高为 1.60m，运行结果如图 1-29 所示。

图 1-29 CalcBMI 运行结果

紧跟 if 关键词的条件表达式，应置于圆括号中。该表达式可以是逻辑表达式、关系表达式或者其他任何结果为 boolean 型的表达式、boolean 变量或常量。例如：

```
if(a == true) 语句;
if(a > b && a < c)语句;
```

这里的语句可以是任何 Java 语句，包括表达式语句、方法调用语句、控制语句、复合语句和空语句等，但不能没有语句。例如：

```
if(true || false); //语句为空语句
if(true || false)    //没有语句。它和前一条语句的差别在于该语句缺少了分号(;)
if(!false) {         //语句为复合语句
    int a = 5;
    System.out.println(a);
}                    //这里应注意，复合语句"}"之后不加分号

if(1 + 1 + 3 > 5/2) //语句为控制语句
if(5 > 6)System.out.println("5 > 6?不可能吧!");
```

为了使程序更加清晰、易理解，建议改成复合语句，并适当地使用缩进。例如：

```
if(1 + 1 + 3 > 5 / 2) {        //语句为控制语句
    if(5 > 6){
        System.out.println("5 > 6?不可能吧!");
    }
}
```

说 明

- 在 if 结构中使用复合语句和缩进可以增强程序的可读性。
- 当被嵌套的 if 语句为 if-else 形式或 if-else if 形式时，将会出现多个 if 和多个 else 重叠的情况，Java 语言规定，else 总是与它前面最近的 if 配对。

▌任务评价和拓展

【测一测】

1. 下面这条语句的作用是（　　　）。

```
System.out.println( grade >= 60 ? "Passed" : "Failed" );
```

　A. 无论 grade 的值是多少，打印 Passed

　B. 无论 grade 的值是多少，打印 Failed

　C. 如果 grade 的值大于或等于 60，打印 Passed；否则打印 Failed

　D. 如果 grade 的值大于或等于 60，打印 Failed；否则打印 Passed

2. 阅读下面的程序

```
public class Test{
    public static void main(String args[]){
        int a = 10,b = 20,c = 30;
        if(a < b) {
            c = a;
            a = b;
            b = c;
        }
        System.out.printf("%d,%d,%d",a,b,c);
    }
}
```

程序运行的结果是（   ）。

    A. 10,20,30   B. 10,20,20

    C. 20,10,10   D. 20,10,30

3．已知 x 与 y 满足如下关系：

$$y = \begin{cases} x-1 & (x < 0) \\ x & (x = 0) \\ x+1 & (x > 0) \end{cases}$$

以下选项中，可以正常表达 x 与 y 之间关系的是（   ）。

A.
```
y = x + 1;
if(x >= 0) {
    if(x == 0)
        y = x;
    else
        y = x - 1;
}
```

B.
```
y = x - 1;
if(x != 0) {
    if(x > 0)
        y = x + 1;
    else
        y = x;
}
```

C.
```
if(x <= 0) {
    if(x < 0)
        y = x - 1;
    else
        y = x;
}else
    y = x + 1;
```

D.
```
y = x;
if(x <= 0) {
    if(x < 0)
        y = x - 1;
    else
        y = x + 1;
}
```

【练一练】

实现图形面积大小比较的关键算法：按顺序输入正方形的边长（a）、长方形的长（l）和宽（d），以及圆的半径（r），计算并比较哪个图形面积更大，输出面积最大的图形。

例如：输入 1 3 4 1，输出长方形。

任务 1.5 编写百分制到五级制成绩转换程序

任务描述

通常，在评价学生学习情况时会采用百分制（按 0～100 赋分）和等级制（按 A、B、C、D、E 等确定等级）两种形式，其中百分制是精准量化，而等级制则一定程度淡化分数概念，引导学生不必过分关注自己分数的高低，而重在培养自己的能力。本任务将编写一个简单的 Java 程序实现将百分制成绩转换成五级等级制成绩，具体功能包括：①根据提示信息输入百分制成绩；②根据成绩转换规则将指定分数转换成相应的等级；③在屏幕上显示确定的等级。本任务将带领你学习使用 if 语句（使用布尔表达式或布尔值作为分支条件来进行分支控制）和 switch 语句（用于对多个整型值进行匹配从而实现分支控制）实现成绩评价方式转换。通过本任务的学习，你将：

- 熟悉 switch 语句的用法；
- 理解多分支结构程序执行过程；
- 能应用 switch 语句进行条件判断程序的编写；
- 能根据程序的需要合理选择使用 switch 语句与 if-else 语句；
- 进一步提升合理评价自我和他人的能力。

微课：编写百分制
到五级制成绩转换
程序

▌ 知识准备

1.5.1　switch 语句

对于多选择分支的情况，可以用 if 语句的 if-else 形式或 if 语句嵌套处理，但大多数情况下这种方式比较麻烦。为此，Java 提供了另一种多分支选择的方法——switch 语句，与 if 条件语句不同，switch 语句只能针对某个表达式的值做出判断，从而决定程序执行哪一段代码。例如，在程序中使用数字 1～7 来表示星期一到星期日，如果想根据输入的数字来输出对应的中文格式的星期值，可以通过如下方式进行描述。

用于表示星期值的数字

如果等于 1：输出星期一

如果等于 2：输出星期二

如果等于 3：输出星期三

如果等于 4：输出星期四

如果等于 5：输出星期五

如果等于 6：输出星期六

如果等于 7：输出星期日

对于上面的描述，如果用 Java 语言来实现，可能很快想到使用 if-else if 语句，但如果使用 switch 语句来实现，就会使代码更简洁，逻辑更清晰。在 switch 语句中使用 switch 关键字来描述一个表达式，使用 case 关键字来描述和表达式结果比较的目标值，当表达式的值和某个目标值匹配时，就会执行对应 case 后面的语句。上述星期值的中文转换用 switch 语句实现代码如下。

```
switch（用于表示星期的数字）
    case 1:
        输出星期一；
        break;
    case 2:
        输出星期二；
        break;
    case 3:
        输出星期三；
        break;
    case 4:
```

```
            输出星期四；
            break;
        case 5:
            输出星期五；
            break;
        case 6:
            输出星期六；
            break;
        case 7:
            输出星期日；
            break;
        default:
            输入的数字有误；
            break;
```

上面的语句描述的是 switch 语句的基本语法格式，具体如下。

```
    switch(表达式)
    {
        case 值1：语句组1;break;
        case 值2：语句组2;break;
        ……
        case 值n: 语句组n;break;
        default: 语句组；
    }
```

其含义是：计算表达式的值，并与其后的常量表达式值逐个比较，当表达式的值与某个常量表达式的值相等时，即执行其后的语句，然后不再进行判断，继续执行后面所有 case 后的语句；当表达式的值与所有 case 后的常量表达式值均不相同时，则执行 default 后的语句。

1.5.2　switch 语句与 if 多分支比较

if 语句、if-else if 语句和 switch case 语句都属于流程控制语句。在只需要判断一个条件时，使用 if 语句更方便有效；但是当判断条件很多时，可以使用多个 if 语句或者 if-else if 语句或者 switch case 语句。

在具体使用中，if-else if 语句和多个 if 语句的区别还是很大的，if-else if 语句在任何一个环节满足条件时就会终止判断，只处理一个满足条件的情况；而多个 if 语句，将会对每一个判断条件进行判断，自然而然会导致程序的执行效率降低。在多个判断条件的情况下，使用 if-else if 语句比使用多个 if 语句时程序判断的次数少，效率更高。

在多个判断条件的情况下，不仅可以使用 if-else if 语句，还可以使用 switch case 语句，一般情况下，这两个语句可以相互替换。

- switch case 语句通常处理 case 为比较确定值的情况。if-else if 语句更加灵活，常用于范围判断（大于、等于某个范围）。
- switch 语句进行条件判断后直接执行条件语句，效率更高。if-else if 语句有几种条件，就得判断几次。
- 当分支比较少时，if-else if 语句的执行效率比 switch 语句高。
- 当分支比较多时，switch 语句的执行效率比较高，而且结构更清晰。

任务实施

1.5.3　绘制程序流程图

从键盘输入百分制成绩，将其转换为 A、B、C、D、E 五个等级输出。转换规则为 90～
100 分为 A，80～89 分为 B，70～79 分为 C，60～69 分为 D，60 分以下为 E。

本任务的参考流程图如图 1-30 所示。

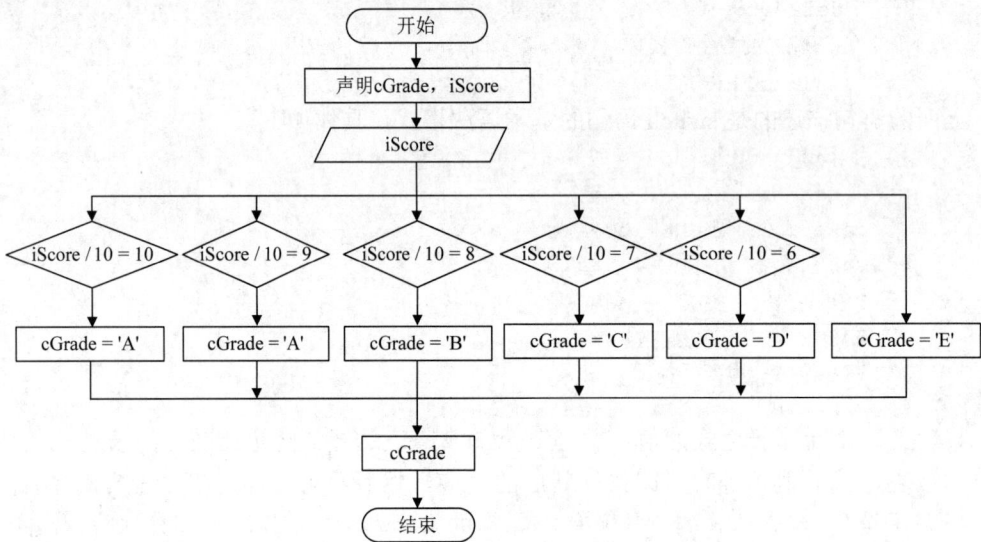

图 1-30　ScoreToGrade 参考流程图

1.5.4　编写程序

具体编写步骤如下。

1）在 Eclipse 环境中打开名称为 chap01 的项目。

2）在 chap01 项目中新建名称为 ScoreToGrade 的类。

3）编写完成的 ScoreToGrade.java 程序代码如下。

```java
1  import java.util.Scanner;
2  public class ScoreToGrade {
3      public static void main(String[] args) {
4          char cGrade;
5          int iScore;
6          Scanner sc = new Scanner(System.in);
7          System.out.println("请输入成绩:");
8          iScore = sc.nextInt();
9          switch(iScore/10){
10             case 10:cGrade = 'A';break;
```

```
11          case 9:cGrade = 'A';break;
12          case 8:cGrade = 'B';break;
13          case 7:cGrade = 'C';break;
14          case 6:cGrade ='D';break;
15          default: cGrade = 'E';
16        }
17      System.out.println("您的成绩为:" + iScore + "\t" + "等级为:" +
18    cGrade);
19      }
20  }
```

【程序说明】
- 第 4、5 行：声明成绩和成绩等级变量。
- 第 6 行：构造一个 Scanner 类的对象 sc，接收从键盘输入的成绩。
- 第 8 行：获取键盘输入的值并将其赋给 int 类型变量 iScore。
- 第 9～16 行：将 iScore/10 的值与 case 后面的值进行比较，如果相等就执行相应的 case 语句后面提供的 Java 语句（相当于 if 条件语句中的 if iScore/10 = ?）。

1.5.5　编译并运行程序

保存并修正程序错误后，程序运行后输入成绩 78，运行结果如图 1-31 所示。

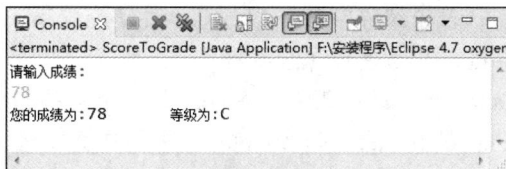

图 1-31　ScoreToGrade 运行结果

在使用 switch 语句时，请注意以下几点。
- switch 之后括号内的表达式只能是整数型（byte、short 和 int）或字符型（char）表达式，不能是长整型或其他任何类型。
- case 后各常量表达式的值不能相同，否则会出现错误。
- case 后允许有多个语句，可以不用{}括起来。当然也可作为复合语句用{}括起来。
- 各 case 和 default 语句的先后顺序可以变动,并不会影响程序执行结果。但把 default 语句放在最后是一种良好的编程习惯。
- break 语句用来在执行完一个 case 分支后，使程序跳出 switch 语句，即终止 switch 语句的执行。因为 case 子句只起到标号的作用，用来查找匹配的入口并从此处开始执行，对后面的 case 子句不再进行匹配，而是直接执行其后的语句序列。因此应该在每个 case 分支后，用 break 语句终止后面的 case 分支语句的执行。在一些特殊情况下，多个不同的 case 值要执行一组相同的操作，这时可以不用 break 语句。
- default 子句可以省略不用。

> 说　明

- 使用 switch 语句时，如果遗漏了 break，就会造成严重的逻辑错误，而且不易在源代码中发现错误。

- switch 分支表达式值的类型可以是 byte/int/short/char/枚举/string。

知识链接：程序书写规范

一种良好的书写规范是采用缩进格式显示代码的层次关系。顺序执行的代码要对齐格式，流程控制语句需要使用大括号和语句间的缩进格式显示层次关系，即以上一句为参照，下一句向右缩进4个空格，其余类推。下面摘自阿里巴巴集团技术团队编写的《Java 开发手册》中部分关于代码格式的规范，供大家参考。

1. 如果大括号内为空，则简洁地写成{}即可，大括号中间无须换行和空格；如果是非空代码块，则：

1）左大括号前不换行。

2）左大括号后换行。

3）右大括号前换行。

4）右大括号后还有 else 等代码则不换行；表示终止的右大括号后必须换行。

2. 左小括号和右边相邻字符之间不出现空格；右小括号和左边相邻字符之间也不出现空格；而左大括号前需要加空格。

反例：if (空格 a == b 空格)

3. if/for/while/switch/do 等保留字与括号之间都必须加空格。

4. 采用 4 个空格缩进，禁止使用 Tab 字符。

说明：如果使用 Tab 缩进，必须设置 1 个 Tab 为 4 个空格。IDEA 设置 Tab 为 4 个空格时，请勿勾选 Use tab character；而在 Eclipse 中，必须勾选 insert spaces for tabs。

任务评价和拓展

【测一测】

1. 下面关于 Java 语言 switch 语句的描述中，错误的是（   ）。

   A. switch 语句的表达式不能是字符串

   B. 在 switch 语句中，default 子句是可选的

   C. case 后面的常量可以相同

   D. switch 语句体必须是带花括号{}的语句块

2. 阅读下面的程序

```java
public class test {
    public static void main(String[] args) {
        int i = 10, j = 18, k = 30;
        switch (j - i) {
        case 8:   k ++;
        case 9:   k += 2;
        case 10:  k += 3;
        default: k /= j;
```

```
        }
        System.out.printf("%d", k);
    }
}
```

程序运行的结果是（ ）。

A. 31   B. 2   C. 32   D. 33

3. 阅读下面的程序

```java
public class test {
    public static void main(String[] args) {
        int a = 15, b = 21, m = 0;
        switch(a % 3) {
            case 0: m ++; break;
            case 1: m ++;
            switch(b % 2) {
                default: m ++;
                case 0: m ++; break;
            }
        }
        System.out.printf("%d",m);
    }
}
```

程序运行的结果是（ ）。

A. 1   B. 2   C. 3   D. 4

【练一练】

通过键盘输入某年某月某日，计算并输出这一天是这一年的第几天。例如，2001 年 3 月 5 日是这一年的第 64 天。

注意：不同的月份有不同的天数，4、6、9、11 月份固定为 30 天，1、3、5、7、8、10、12 月份固定为 31 天，2 月份可以是 28 天（平年）或 29 天（闰年）。

任务 1.6 编写猜数字游戏程序

任务描述

体育竞赛的跑步项目一般设计为在 400m 的跑道完成：400m 跑时，跑一圈；800m 跑时，跑两圈；10000m 跑时，跑 25 圈；这种不断的重复就是循环。程序语言中循环结构的作用是在特定条件下反复执行一段程序代码。本任务将编写一个简单的 Java 程序模拟猜数字游戏，具体功能包括：①根据提示信息输入一个数；②判断输入数与标准数的大小；

③提示继续猜数或游戏结束。本任务将带领你学习 while 语句、do-while 语句和跳转语句。通过本任务的学习，你将：

- 掌握 while 语句在循环结构中的用法；
- 掌握 do-while 语句在循环结构中的用法；
- 掌握循环语句和选择语句的嵌套使用；
- 能根据程序需要合理选择使用 while 语句与 do-while 语句；
- 能正确使用 break 和 continue 跳转语句；
- 进一步增强团队协作精神；
- 进一步形成勇于创新、爱岗敬业的工作作风。

微课：编写猜数字
游戏程序

知识准备

1.6.1　while 语句

while 语句是根据条件判断来决定是否执行大括号内的循环语句，若条件成立，循环体内的语句就会执行，直到条件不满足为止。while 语句的一般格式如下：

```
while(条件表达式)
{
    循环语句区块；
}
```

while 语句的执行次序是：先判断条件表达式的值，若值为 false，则跳过循环语句区块，执行循环语句区块后面的语句；若值为 true，则执行循环语句区块，然后再回去判断条件表达式的值。如此反复，直至条件表达式的值为 false，跳出 while 循环体。在 while 语句的循环体中应该有改变条件的语句，防止死循环。while 循环结构流程图如图 1-32 所示。

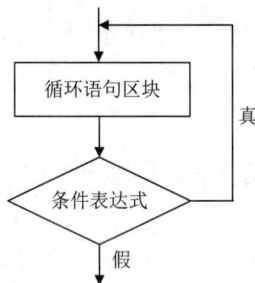

下面的程序实现打印 1～5 之间的正整数，在满足循环条件 i <= 5 的情况下，循环体内的输出语句就会执行，打印 i 的值，然后让 i 自增，直到 i 的值增加到大于 5 为止，该程序运行结果如图 1-33 所示。

图 1-32　while 循环结构流程图

```java
public class print1_5 {
  public static void main(String[] args) {
    int i = 1; // 定义变量i，初始化为1
    while ( i <= 5 ){
      System.out.println("i = " + i); // 打印i的值
      i ++;
    }
  }
}
```

图 1-33 程序运行结果

1.6.2 do-while 语句

do-while 循环语句和 while 循环语句的功能类似，其一般格式如下：

```
do
{
    循环语句区块；
}while(条件表达式)；
```

do-while 语句的执行次序是：先执行一次循环语句区块，然后再判断条件表达式的值，若值为 false，则跳出循环，执行循环语句区块后面的语句；若值为 true，则再次执行循环语句区块。如此反复，直至条件表达式的值为 false，跳出 do-while 循环体。do-while 循环结构流程图如图 1-34 所示。

可以用 do-while 循环语句对上述打印 1～5 的正整数的程序进行改写。

```java
public class print1_5 {
    public static void main(String[] args) {
        int i = 1; // 定义变量i，初始化为1
        do {
            System.out.println("i = " + i);
                                // 打印i的值
            i ++;
        } while ( i <= 5 );
    }
}
```

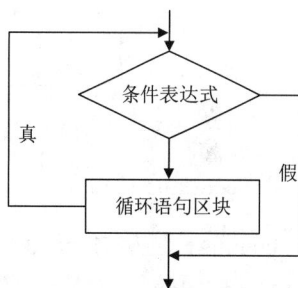

图 1-34 do-while 循环结构流程图

程序运行结果与 while 循环是一致的，do-while 循环和 while 循环能够实现同样的功能，它们之间的差别就是如果循环条件在开始时就不满足，while 循环的循环体一次都不会执行，而 do-while 循环还是会执行一次循环体。

1.6.3 跳转语句

跳转语句用于实现循环执行过程中程序流程的跳转，在 Java 中的跳转语句有 break 语句和 continue 语句。

1. break 语句

break 语句主要有三种作用：一是在 switch 语句中，用于终止 case 语句序列，跳出 switch 语句；二是在循环结构中，用于终止循环语句序列，跳出循环结构；三是与标签语句配合使用从内层循环或内层程序块中退出。

  break 语句通常适用于在循环体中通过 if 判定退出循环条件，如果条件满足，程序还没有执行完循环时使用 break 语句强行退出循环体，执行循环体后面的语句；如果是双重循环，而 break 语句处在内循环，那么在执行 break 语句后只能退出内循环，如果想要退出外循环，要使用带标记的 break 语句。

  对 1.6.2 节输出 1～5 的正整数的程序进行修改，加入跳转条件，当 i 的值为 4 时，跳出循环，运行结果如图 1-35 所示。

```java
public class c6_1_1 {
  public static void main(String[] args) {
    int i = 1; // 定义变量i，初始化为1
    while ( i <= 5 ){
      if(i == 4)
          break;  // 当i的值为4时，跳出循环
      System.out.println("i = " + i); // 打印i的值
      i ++;
    }
  }
}
```

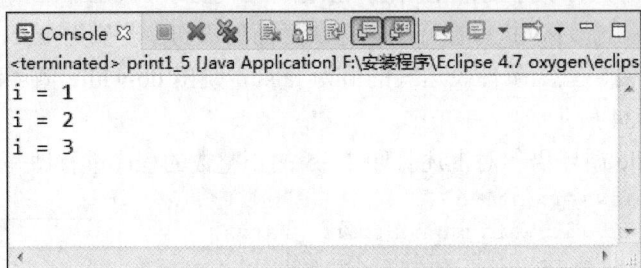

```
Console ✕
<terminated> print1_5 [Java Application] F:\安装程序\Eclipse 4.7 oxygen\eclips
i = 1
i = 2
i = 3
```

图 1-35 break 语句运行结果

2. continue 语句

  continue 语句与 break 语句不同，continue 语句并不终止当前的循环，而是不再执行 continue 后面的 Java 语句，结束本次的循环，继续执行下一次的循环语句。

  对 1.6.2 节输出 1～5 的正整数的程序进行修改，加入跳转条件，当 i 的值为 2 时，不输出 i 的值，结束本次循环，执行下一次循环，运行结果如图 1-36 所示。

```java
public class c6_1_1 {
  public static void main(String[] args) {
    int i = 1;                // 定义变量i，初始化为1
    while ( i <= 5 ){
     if(i == 2) {
        i ++;
        continue;                // 当i的值为2时，跳出循环，不输出i的值
      }
      System.out.println("i = " + i); // 打印i的值
        i ++;
    }
  }
}
```

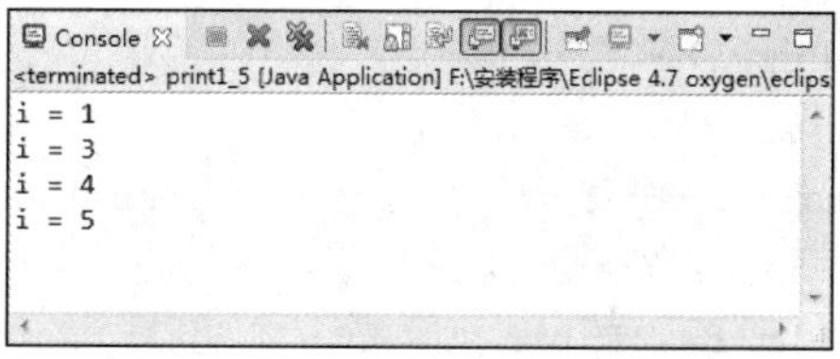

图 1-36　continue 语句运行结果

■ **任务实施**

1.6.4　绘制程序流程图

程序运行后产生一个 1～10 的随机整数，用户可以反复猜测所生成的数的大小，在用户每次猜数之后，程序会给出相应的提示信息。

本任务的参考流程图如图 1-37 所示。

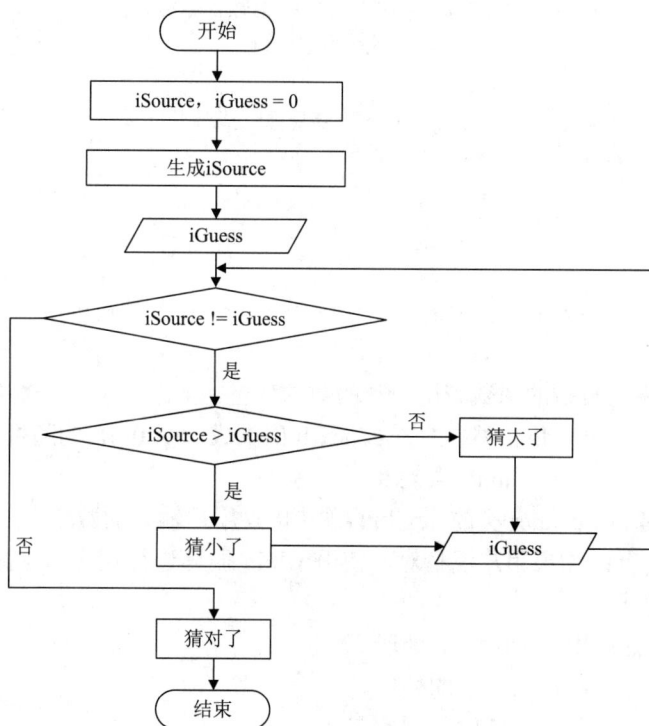

图 1-37　GuessNumber 参考流程图

1.6.5　编写程序

具体编写步骤如下。

1）在 Eclipse 环境中打开名称为 chap01 的项目。

2）在 chap01 项目中新建名称为 GuessNumber 的类。

3）编写完成的 GuessNumber.java 程序代码如下。

```java
1  import java.util.*;
2  public class GuessNumber {
3     public static void main(String[] args) {
4        int iSource,iGuess=0;
5        System.out.println("请在1-10 猜数");
6        iSource = new Random().nextInt(10);
7        System.out.print("---随机数已生成，请输入你猜的数字:");
8        Scanner sc = new Scanner(System.in);
9        iGuess = sc.nextInt();
10       while (iSource != iGuess){
11          if (iGuess > iSource)
12             System.out.println("---大了，请重新猜!---");
13          else if (iGuess < iSource)
14             System.out.println("---小了，请重新猜!---");
15          System.out.print("---请输入你猜的数字:");
16          iGuess = sc.nextInt();
17       }
18       System.out.println("恭喜你，猜对了!");
19       sc.close();
20    }
21  }
```

【程序说明】

- 第 1 行：导入 java.util 包中的类，以使用 Random 生成随机数和使用 Scanner 输入数字。
- 第 4 行：声明被猜的原数和用户猜的数的变量。
- 第 6 行：使用 Random 类中的方法 nextInt()生成一个 0～9 的随机数。
- 第 8 行：定义一个 Scanner 类对象。
- 第 9 行：通过 Scanner 类的 nextInt()方法接收用户输入的数字。
- 第 10～17 行：如果用户没猜对，使用 while 循环进行相应信息提示并重新接收用户猜测的数据。
- 第 11、12 行：用户猜大了的处理。
- 第 13、14 行：用户猜小了的处理。
- 第 16 行：接收用户重新输入的数字。
- 第 18 行：如果用户猜对了，显示提示信息。

1.6.6　编译并运行程序

保存并修正程序错误后，程序运行后显示请用户输入猜测数，如图 1-38 所示。用户根据"大了"或"小了"的提示信息，反复输入猜测数。直到在控制台显示"恭喜你，猜对了!"循环终止，程序也结束运行。

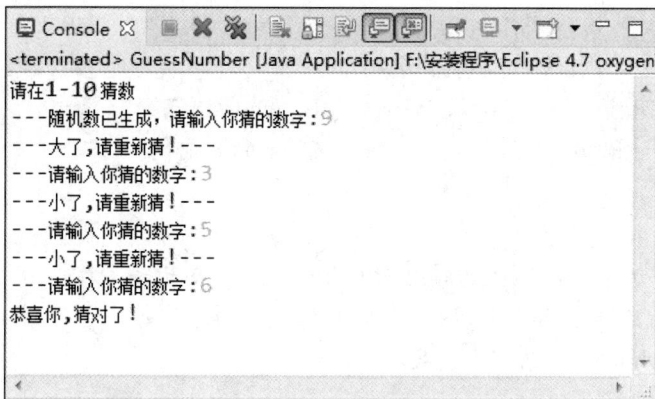

图 1-38 GuessNumber 运行结果

知识链接：1.01 和 0.99 法则

1.01 和 0.99，到底相差多少。表面看起来只是相差了 0.02，实在是微乎其微，不足道哉，但是当对其进行 365 次乘方后，结果却是天差地别……

$$\frac{1.01^{365}}{0.99^{365}} \approx \frac{37.7834343}{0.0255179645} \approx 1481$$

1% 看起来很小，但如果每天进步 1%，365 天后，你的实力将变成原来的 37.8 倍，所谓"积跬步以致千里"。相反，如果每天退步 1%，365 天后，你的实力就只剩原来的 3% 了，也就是所谓"积怠惰以致深渊"。

■ 任务评价和拓展

【测一测】

1. 以下程序片段用于求 1～50 的和，其 while 循环的条件应为（   ）。

```
int i = 1,sum = 0;
do {
    sum += i;
    i ++;
} while_____;
```

A. i = 50   B. i == 50   C. i < 50   D. i <= 50

2. 以下程序片段用于求 1～100 的和，其 while 循环的条件应为（   ）。

```
int i = 1,sum = 0;
    while_____
    {
        sum += i;
        i ++;
    }
```

A. i < 100   B. i <= 100   C. i == 100   D. i = 100

3．下列语句中，执行跳转功能的语句是（   ）。

A. for 语句   B. while 语句

C. continue 语句   D. switch 语句

【练一练】

假设一张足够大的纸，纸张的厚度为 0.5mm。问：对折多少次以后，可以达到珠穆朗玛峰的高度（最新数据：8848.86m）？编写程序输出对折次数。

注意：使用 while 循环结构语句实现。

任务 1.7   编写图形打印程序

任务描述

除了 while 和 do-while 语句，Java 使用最广泛的是 for 语句。for 语句是更加简洁的循环语句，for 语句的功能非常强大，大部分情况下，for 语句可以代替 while 语句和 do-while 语句。本任务将编写一个简单的 Java 程序按指定的要求输出图形。本任务将带领你学习 for 语句以及循环语句的嵌套使用。通过本任务的学习，你将：

- 熟悉 for 语句的使用；
- 掌握循环嵌套的用法，理解循环嵌套的流程结构；
- 能应用 for 语句进行循环程序的编写；
- 能根据需要应用嵌套循环进行循环程序的编写；
- 进一步增强对于循环结构的逻辑思维。

微课：编写图形
打印程序

知识准备

1.7.1 for 语句

for 语句是最灵活也是最常用的循环结构。一般用于循环次数确定的情况下，for 语句的一般格式如下：

```
for(初值表达式;条件表达式;循环过程表达式)
{
    循环语句区块;
}
```

其中，初值表达式对循环变量赋初值；条件表达式判断循环是否继续执行；循环过程表达式完成修改循环变量，改变循环条件的任务。

for 语句的执行过程如下。

1）求解初值表达式。

2）求解条件表达式，若值为 true，则执行循环语句区块，然后再执行第 3）步；若值为 false，则跳出循环体语句。

3）求解循环过程表达式，然后转去执行第 2）步。

for 语句的执行流程图如图 1-39 所示。

下面的程序实现 1～5 的正整数的求和运算。

```java
public class add1_5 {
  public static void main(String[] args) {
      int sum = 0; // 定义变量 sum，初始化为 0，保存累加的和
      for( int i = 1; i <= 5; i ++ ){
          sum = sum + i;
          System.out.print("i = " + i);
          System.out.println(": sum = " + sum);
      }
      System.out.println("sum = " + sum); // 打印计算结果 sum
  }
}
```

上面的程序中，首先定义一个变量 sum 用于保存计算结果。在 for 循环中定义循环变量 i 的初值为 1，如果 i 的值小于或等于 5，就执行循环体 sum = sum + i，然后计算循环过程表达式 i ++（i 的值自增 1），之后再次判断条件表达式，如果 i 的值小于或等于 5，则继续执行循环体 sum = sum + i，继续执行下次循环，直到判断条件表达式的值为 false，循环结束，输出结果。该程序运行结果如图 1-40 所示。

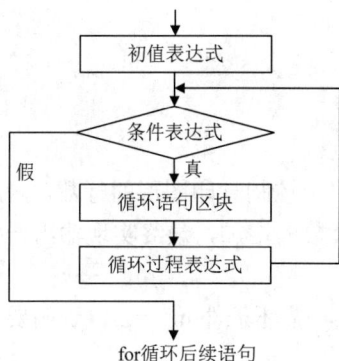

图 1-39　for 语句执行流程图

图 1-40　程序运行结果

1.7.2　循环语句嵌套

循环语句嵌套是指在循环体中包含有循环语句的情况。循环语句有 while 语句、do-while 语句和 for 语句，它们可以自身进行嵌套，也可以相互嵌套，但是需要注意的是嵌套的完整性，不允许出现相互交叉。图 1-41 所示为循环嵌套的两种形式（实际的循环嵌套形式不止这两种）。

```
for( ; ; )                          //外循环开始
{ ……
 for( ; ; )          //内循环开始
 { ……}              //内循环结束
}                                   //外循环结束

for( ; ; )                           //外循环开始
{ ……
 do                  //内循环开始
 {
    ……} while()     //内循环结束
}                                    //外循环结束
```

图 1-41　循环嵌套的两种形式

```
for(初值表达式;条件表达式;循环过程表达式)
{
    ……
    for(初值表达式;条件表达式;循环过程表达式)
    {
        循环语句区块;
    }
    ……
}
```

下面的程序通过循环嵌套使用"*"号打印一个直角三角形。

```java
public class print_SJX {
  public static void main(String[] args) {
    for(int m = 1; m <= 5; m ++) {
        for(int n = 1; n <= m; n ++) {
            System.out.print("*");
        }
        System.out.println();
    }
  }
}
```

上面的程序中定义了两层 for 循环嵌套，外层 for 循环用于控制打印图形的行数，内层 for 循环用于控制打印"*"号的个数，通过每一行"*"号个数的增加，最终实现输出一个直角三角形。程序的执行过程如下。

1）程序的第三行定义外层 for 循环，初始化变量 m = 1，循环条件 m <= 5，表明要打印的图形为 5 行，然后进入外层循环的循环体。

2）程序的第四行定义内层 for 循环，同时也为外层循环的循环体，初始化变量 n = 1，循环条件 n <= m，用于控制每一行"*"号的个数。

3）当打印第一行 m = 1 时，内层循环条件为 n <= 1，即第一行只打印一个"*"号，打印完成后，第一次内层循环结束，然后输出换行。

4）外层循环执行 m ++，然后再次进入内层循环，执行第二行字符的打印，由于 m 自增变为 2，所以内层循环会执行两次，即第二行会输出两个"*"号，内层循环执行完毕会输出换行。

5）依此类推，m 自增，第三行打印三个字符，逐行递增，直到 m 的值超过 5，外层循环条件为 false 时，外层循环结束，同时程序执行也结束了。

该程序运行结果如图 1-42 所示。

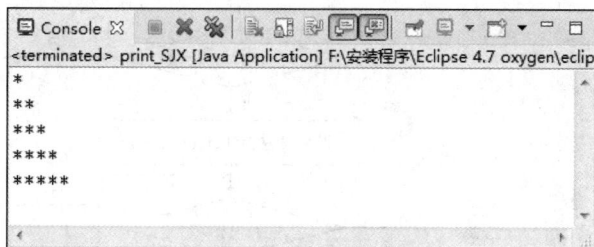

图 1-42 程序运行结果

任务实施

1.7.3 绘制程序流程图

从键盘输入一个数字，用于表示菱形的高度，使用循环语句嵌套打印一个由"*"号组成的实心菱形。其基本实现思路是，将菱形分成上下两个三角形，分析每行空格数和星号个数的关系，然后分别通过 for 循环输出每一行的空格和"*"号，最终形成一个菱形图案。

本任务的参考流程图如下：图 1-43 所示为总体流程图；图 1-44 所示为打印上三角流程图；图 1-45 所示为打印下三角流程图。

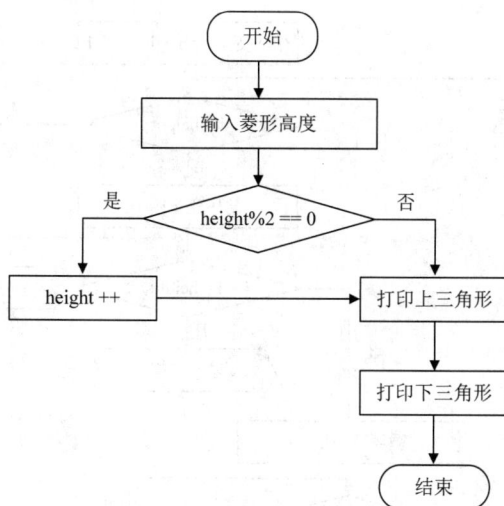

图 1-43 PrintDiamond 总体流程图

1.7.4 编写程序

具体编写步骤如下。

1）在 Eclipse 环境中打开名称为 chap01 的项目。

2）在 chap01 项目中新建名称为 PrintDiamond 的类。

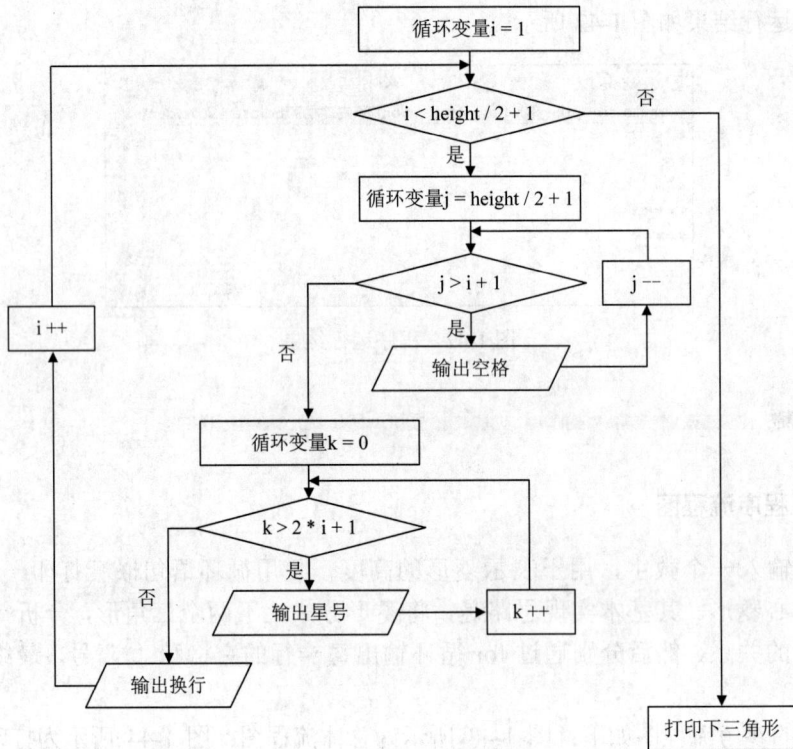

图 1-44　打印上三角流程图

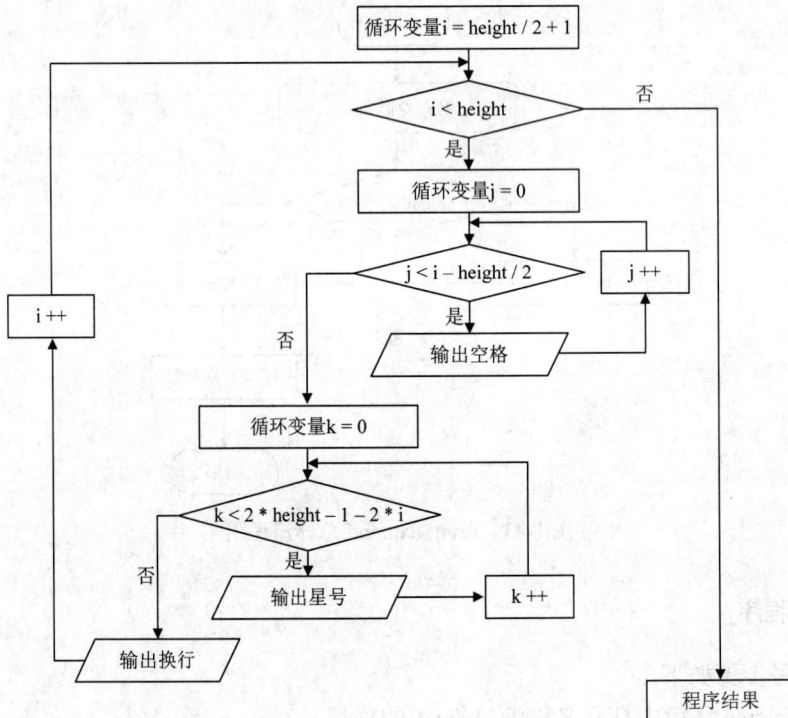

图 1-45　打印下三角流程图

3）编写完成的 PrintDiamond.java 的程序代码如下。

```
1  import java.util.Scanner;
2  public class PrintDiamond {
3    public static void main(String[] args) {
4      System.out.print("请输入菱形的高度: ");
5      Scanner sc = new Scanner(System.in);
6      int height = sc.nextInt();
7      if (height % 2 == 0) {
8        height ++;
9      }
10     for (int i = 0; i < height/2 + 1; i ++) {
11       for (int j = height/2 + 1; j > i + 1; j --) {
12         System.out.print(" ");
13       }
14       for (int k = 0; k < 2 * i + 1; k ++) {
15         System.out.print("*");
16       }
17       System.out.println();
18     }
19     for (int i = height/2 + 1; i<height; i ++) {
20       for (int j = 0; j < i-height/2; j ++) {
21         System.out.print(" ");
22       }
23       for (int k = 0; k < 2 * height - 1 - 2 * i; k ++) {
24         System.out.print("*");
25       }
26       System.out.println();
27     }
28   }
29 }
```

【程序说明】

- 第 4 行：显示提示语句，"请输入菱形的高度:"。
- 第 5 行：构造一个 Scanner 类的对象 sc，接收从键盘输入的数字。
- 第 6 行：定义整型变量用于存储由键盘输入的菱形高度。
- 第 7~8 行：计算菱形的大小。
- 第 10~18 行：第一个外层循环，用于打印菱形的上半部分。
- 第 11~13 行：内层循环，输出左上角的空白部分。
- 第 14~16 行：内层循环，输出上半部分要显示的"*"号。
- 第 17 行：一行打印完成后，执行换行。
- 第 19~27 行：第二个外层循环，用于打印菱形的下半部分。
- 第 20~22 行：内层循环，输出左下角的空白部分。
- 第 23~25 行：内层循环，输出下半部分要显示的"*"号。
- 第 26 行：一行打印完成后，执行换行。

1.7.5 编译并运行程序

保存并修正程序错误后，程序运行后输入菱形高度为 5，运行结果如图 1-46 所示。

图 1-46   PrintDiamond 运行结果

任务评价和拓展

【测一测】

1. 以下代码输出 19～1 的所有奇数，for 语句的条件判断是（   ）。

```java
for ( i = 19;_____; i- = 2)
    System.out.print(i);
```

A. i > 1 B. i >= 1 C. i < 1 D. i <= 1

2. 下列语句中，可以作为无限循环语句的是（   ）。

A. for(;;) {} B. for(int i = 0; i < 10000; i ++) {}

C. while(false) {} D. do {} while(false)

3. 请阅读下面程序

```java
public class ForLoopStatement {
    public static void main (String[] args) {
        int i = 0,j = 0;
        for(i = 1;i < 5;i ++){
            for(j = 1;j <= i;j ++)
                System.out.print(i + "×" + j + " = " + i * j + "    ");
            System.out.println();
        }
    }
}
```

程序完成后，i 循环和 j 循环执行的次数分别是（   ）。

A. 4，4 B. 5，5 C. 9，8 D. 10，10

【练一练】

所谓回文数是从左至右与从右至左读起来都是一样的数字，如 121 是一个回文数。编写程序，求出 100～200 范围内所有回文数的和。

要求：使用 for 循环语句实现。

任务 1.8 | 编写冒泡排序程序

任务描述

简单数据类型的变量只能存储一个不可分解的数据，如一个整数 5 或一个字符 a 等。在实际的程序设计中，往往需要处理大量的数据，如处理 100 个学生的成绩数据。在 Java 程序中，该如何存储和操作呢？采用简单数据类型其烦琐程度肯定是不可想象的，采用数组类型则问题迎刃而解。本任务将编写一个简单的 Java 程序实现对指定的一批数据进行冒泡排序。本任务将带领你学习 Java 中的数组类型的定义和使用。通过本任务的学习，你将：

- 理解数组的含义，掌握数组的定义方法；
- 掌握数组的赋值与数组元素的引用方法；
- 在实际编程中能够熟练使用循环语句操纵数组；
- 进一步增加学习编程的乐趣，增强创新思维。

微课：编写冒泡排
序程序

知识准备

1.8.1　数组的定义

数组是一种常用的数据结构，相同数据类型的元素按一定顺序排列就构成了数组。数组中的各元素是有先后顺序的，它们在内存中按照这个先后顺序连续存放在一起。数组有一个成员变量 length 来说明数组元素的个数。

在 Java 里创建数组有两种基本方法。

1）创建一个空数组。

```
int list[] = new int[5];
```

2）用初始数值填充数组。

```
String names[] = {"liujin", "wangym", "Liuzc"};
```

在 Java 语言中，数组分为一维数组和多维数组两类。数组的维数用方括号"[ ]"的个数来确定，一维数组只有一对方括号，多维数组有多对方括号，如二维数组有两对方括号，三维数组有三对方括号，在本书中只讲述一维数组和二维数组。

1.　一维数组

声明一个数组其实就是要确定数组名、数组的维数和数组元素的数据类型。声明数组的语法格式有两种：

```
数组元素类型 数组名[];或　数组元素类型[] 数组名;
```

如：

```
int iSno[] 或 int[] iSno
```

- iSno：数组名，是符合 Java 标识符定义规则的用户标识符。

- int：表示数组元素的数据类型为整型。数组元素可以是 Java 语言的任何数据类型，如基本类型（int、float、double、char 等）、对象（object）、类（class）或接口（interface）等。
- 方括号[ ]：数组的标志，它可以出现在数组名的后面，也可以出现在数组元素类型的后面，两种定义方法没有什么差别。

声明数组后，要想使用数组需要为它开辟内存空间，即创建数组空间。创建数组空间的语法格式为：

```
数组名 = new 数组元素类型[数组元素的个数];
```

如：

```
iSno = new int[6];
```

在创建数组空间时必须指明数组的长度，以便确定所开辟内存空间的大小。数组一旦创建，就不能改变它的大小。

创建数组空间的工作也可以与声明数组合在一起，用一条语句来完成。如：

```
int iSno = new int[6];
```

对于数组元素类型是基本类型的数组，在创建数组空间的同时，还可以同时给出各数组元素的初值，这时可以省略创建空间的 new 算符。如：

```
int iSno[] = {1,2,3,4,5,6};
```

这个语句创建了一个包含 6 个整型元素的数组，同时给出了每个元素的初值。数组元素的个数为 6，每个 int 型数据的存储空间是 4 字节。这样一个语句为 Java 分配存储空间提供了所需要的全部信息，系统可为这个数组分配 $6 \times 4 = 24$ 个字节的连续存储空间。经过初始化后，其存储空间分配及各数组元素的初始值见表 1-8。

表 1-8　存储空间分配及各数组元素的初始值

数组元素	iSno[0]	iSno[1]	iSno[2]	iSno[3]	iSno[4]	iSno[5]
初值	1	2	3	4	5	6

说　明

- 在声明数组时"[ ]"中不允许指定数组元素的个数，如 int iSno[6]将导致语法错误。
- 不能在声明语句之外使用如"iSno[]={1，2，3，4，5，6，7，8，9，10};"语句给数组元素赋值。
- 正确区分"数组的第 5 个元素"和"数组元素 5"很重要，因为数组下标从 0 开始，"数组的第 5 个元素"的下标是 4，而"数组元素 5"的下标是 5，实际是数组的第 6 个元素。

当数组初始化后就可通过数组名与下标来引用数组中的每一个元素。一维数组元素的引用格式如下：

```
数组名[数组下标]
```

其中，数组名是经过声明和初始化的数组；数组下标是指元素在数组中的位置，数组下标的取值从 0 开始，下标值可以是整数型常量或整数型变量表达式。对 iSno 数组来说下面两条赋值语句是合法的：

```
iSno[4] = 32;
iSno[3 + 2] = 86;
```

但 "iSno[6] = 12;" 是错误的。这是因为 Java 为了保证安全性，对引用的数组元素进行下标是否越界的检查。这里的数组 iSno 在初始化时确定其长度为 6，下标从 0~5，不存在下标为 6 的数组元素 iSno[6]。

2. 多维数组

日常生活中处理的许多数据，从逻辑上看是由许多行和列组成的，如矩阵、行列式、二维表格等。为了存放这种类型的数据，就需要使用多维数组，多维数组可以简单地理解为在数组中嵌套数组。在实际编程过程中，最常使用的就是二维数组，下面将针对二维数组进行详细的讲解。

其实，Java 中只有一维数组，不存在二维数组的数据结构。在 Java 里，数组实际上是一个对象，对一个一维数组而言，其数组元素可以是数组，这就是二维数组在 Java 中的实现方法。也就是说，在 Java 语言中，把二维数组的每个元素看成一个一维数组。可以使用如表 1-9 所示的二维数组数据结构。

表 1-9 二维数组数据结构

行	列			
	0 列	1 列	2 列	3 列
0 行	A[0][0]	A[0][1]	A[0][2]	A[0][3]
1 行	A[1][0]	A[1][1]	A[1][2]	A[1][3]
2 行	A[2][0]	A[2][1]	A[2][2]	A[2][3]

二维数组的声明与一维数组相似，只是需要给出两对方括号。格式如下：

```
类型标识符 数组名[][];或 类型标识符[][] 数组名;
```

如：

```
int arr[][];或 int[][] arr;
```

其中，两个方括号中前者表示行，后者表示列。

二维数组的初始化主要有如下两种方式。

1）直接指定初值的方式。

在数组声明时对数组元素赋初值就是用指定的初值对数组初始化。如：

```
int[][] arr1 = {{3,-9,6},{8,0,1},{11,9,8}};
    //声明并初始化数组 arr1，它有 3 个一维数组的元素
```

用指定初值的方式对数组初始化时，各子数组元素的个数可以不同。如：

```
int[][] arr1 = {{3,-9},{8,0,1,},{10,11,9,8}};
```

2）用 new 操作符初始化数组。

用 new 操作符初始化数组有两种方式。

① 先声明数组再初始化数组。在数组已经声明以后，可用下述两种格式中的任意一种来初始化二维数组。格式如下：

```
数组名 = new 类型说明符[数组长度][];
数组名 = new 类型说明符[数组长度][数组长度];
```

其中，数组名、类型说明符和数组长度的要求与一维数组一致。如：

```
int arra[][];              //声明二维数组
arra = new int[3][4];      //初始化一个 3 行 4 列的二维数组 arra
```

其中，语句 arra = new int[3][4];实际上相当于下面 4 条语句。

```
arra = new int[3][];       //创建一个有 3 个元素的数组，且每个元素也是一个数组。
arra[0] = new int[4];      //创建 arra[0]元素的数组，并含有 4 个元素。
arra[1] = new int[4];      //创建 arra[1]元素的数组，并含有 4 个元素。
arra[2] = new int[4];      //创建 arra[2]元素的数组，并含有 4 个元素。
```

② 在声明数组时初始化二维数组。格式如下：

```
类型说明符[][] 数组名 = new 类型说明符[数组长度][];
```

或

```
类型说明符 数组名[][] = new 类型说明符[数组长度][数组长度];
```

如：

```
int[][] arr = new int[4][];
int arr[][] = new int[4][3];
```

说　明

- 在初始化二维数组时，可以只指定数组的行数而不给出数组的列数，每一行的长度由二维数组引用时决定，但不能只指定列数而不指定行数。
- 不指定行数只指定列数是错误的，如下面数组的初始化是错误的。

```
int[][] arr = new int[][4];
```

1.8.2　数组的常用操作

1. 数组的遍历

数组最常用的操作就是访问数组元素，包括对数组元素进行赋值和读取数组元素的值，访问数组元素是通过在数组名称后面紧跟一个方括号，方括号里是数组元素的索引值，这样就可以访问该索引值所对应的数组元素了。Java 语言的数组索引是从 0 开始的，也就是说，数组第一个元素的索引值为 0，最后一个元素的索引值为数组的长度减去 1。在具体操作数组时，通常需要依次访问数组的每一个元素，这种操作称为数组的遍历。下面的程序使用 for 循环来遍历数组。

```java
import java.util.Scanner;
public class arrTraversal {
    public static void main(String[] args) {
        Scanner sc = new Scanner(System.in);
        int arr[] = new int[5];
        for(int i = 0; i < 5; i ++) {
            System.out.printf("请输入数组第%d 个元素的值: ",i);
            arr[i] = sc.nextInt();
        }
        for(int j = 0; j < 5; j ++) {
            System.out.println("arr[" + j + "] = " + arr[j]);
        }
    }
}
```

上面的程序中，定义了一个长度为 5 的数组 arr，数组的索引为 0~4，程序使用 for 循环遍历数组。在 for 循环中定义变量 i 初始化为 0，i 的值在循环过程中的变化范围为 0~4，与数组索引值的变化范围一致，因此可作为数组的索引值依次访问数据元素。该程序首先依次由键盘输入数据为数据元素赋值，然后再遍历数组，将数组元素逐个输入。程序运行结果如图 1-47 所示。

图 1-47　程序运行结果

从 Java5 之后，Java 提供了一种更简洁的方式来遍历数组，就是使用 foreach 循环，使用 foreach 循环来遍历数组时，无须获得数组的长度，也不需要使用索引值来访问数组元素，foreach 循环会自动遍历数组的每一个元素。对上述 arrTraversal.java 程序进行修改，使用 foreach 循环来访问数组元素。程序运行结果如图 1-48 所示。

```java
import java.util.Scanner;
public class arrTraversal {
    public static void main(String[] args) {
        Scanner sc = new Scanner(System.in);
        int arr[] = new int[5];
        for(int i = 0; i < 5; i ++) {
            System.out.printf("请输入数组第%d 个元素的值：",i);
            arr[i] = sc.nextInt();
        }
        for(int n:arr) {
            System.out.println(n);
        }
    }
}
```

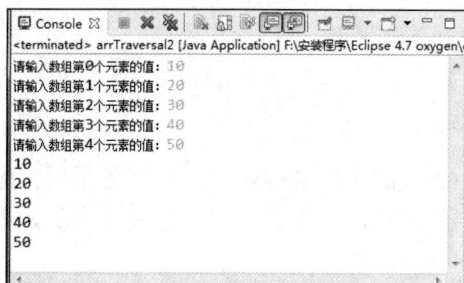

图 1-48　程序运行结果

从上面的程序中不难看出，当使用 foreach 循环来遍历访问数组元素时，foreach 中的变量 n 就相当于一个临时变量，系统会把数组元素依次赋值给这个临时变量 n，而这个临时变量并不是数组元素，它只是保存了数组元素的值。因此，如果希望改变数组元素的值，则不能使用这种 foreach 循环，foreach 循环不能改变数组元素的值，不要对 foreach 的循环变量进行赋值。

2. 数组的最值

在数组的实际使用中，经常需要获取数组中元素的最大值或最小值，下面通过一个程序演示如何获取一个数组的最大值和最小值。

```java
public class MaxAndMin {
    public static void main(String[] args) {
```

```
int[] array = {8,25,67,29,22,3,95,21};
System.out.println("---获取数组元素的最大值和最小值---");
int max = array[0];
int min = array[0];
for(int i = 1;i < array.length;i ++)
{
   if(array[i] > max)
   {
      max = array[i];
   }
   if(array[i] < min)
   {
      min = array[i];
   }
}
System.out.println("数组元素最大值: max = " + max);
System.out.println("数组元素最小值: min = " + min);
   }
}
```

上面的程序中定义了两个变量：max 保存最大值、min 保存最小值。首先默认数组中的第一个元素为最大和最小值；然后使用 for 循环对数组进行遍历，在遍历的过程中将数组中的元素逐个与 max 和 min 进行比较运算，如果遇到比 max 大的值，就将其赋值给 max，如果遇到比 min 小的值，就将其赋值给 min；当循环执行结束后，变量 max 中就保存了数组中的最大值，变量 min 中就保存了数组中的最小值。程序运行结果如图 1-49 所示。

图 1-49　MaxAndMin 运行结果

任务实施

1.8.3　任务分析

从键盘输入一组数字，用数组存储，按照由小到大的顺序进行排序。本任务采用冒泡排序算法，其基本思路为不断地比较两个相邻数字的大小，较小者上浮，较大者下沉，类似水中气泡上升的过程，具体步骤如下。

第一步，从第一个数字开始，将相邻的两个数字依次进行比较，如果前一个数字比后一个数字大，则交换它们的位置，直到最后两个数字完成比较。一轮比较完成后，数组中最后一个数字即为最大值。例如，对数字序列（76，18，99，35，12）进行第一轮排序的过程如图 1-50 所示。

第二步，最后一个数字除外，将剩余数字继续进行两两比较，与第一步的过程相同，这样就可以找出本轮中最大的数字，即整个数组中第二大的数字放在数组的倒数第二个位置。

第三步，重复上面的步骤，每一轮都会减少一个数字参与比较，同时找出一个本轮中的最大值，直到没有任何一对数字需要比较为止，如图 1-51 所示。

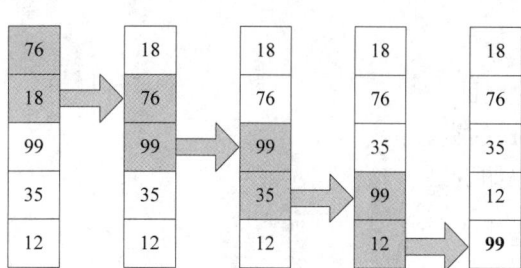

图 1-50　第一轮排序过程

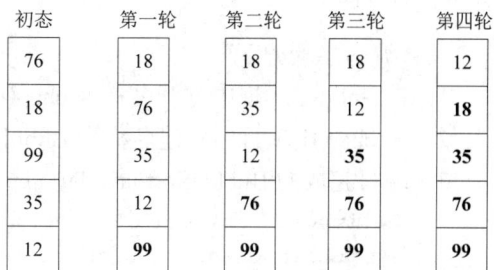

图 1-51　冒泡排序过程

1.8.4　绘制程序流程图

本任务的参考流程图如图 1-52 所示。

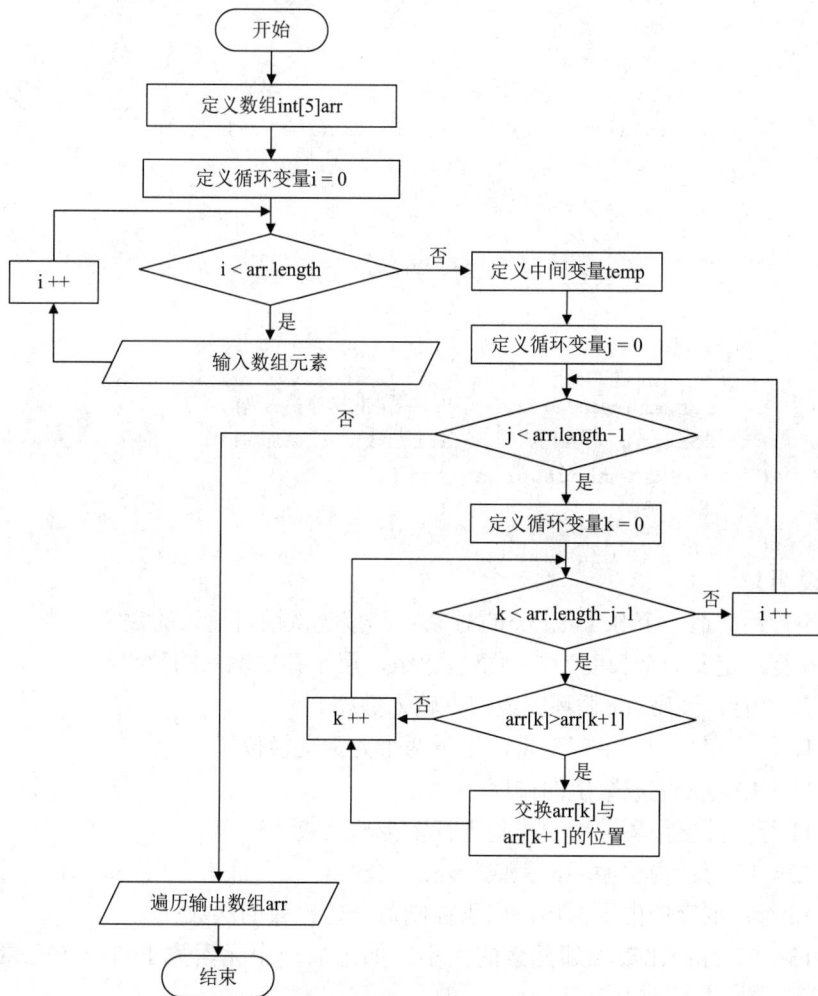

图 1-52　BubbleSort 参考流程图

1.8.5　编写程序

具体编写步骤如下。

1）在 Eclipse 环境中打开名称为 chap01 的项目。

2）在 chap01 项目中新建名称为 BubbleSort 的类。

3）编写完成的 BubbleSort.java 的程序代码如下。

```java
1  import java.util.Scanner;
2  public class BubbleSort {
3    public static void main(String[] args) {
4      Scanner sc = new Scanner(System.in);
5      System.out.println("---请输入 5 个的数字:");
6      int [] arr = new int[5];
7      for(int i = 0; i < arr.length; i ++)
8        arr[i] = sc.nextInt();
9      sc.close();
10     int temp = 0;
11     for(int j = 0; j < arr.length-1; j ++) {
12       for(int k = 0; k < arr.length-j-1; k ++) {
13         if(arr[k] > arr[k + 1]) {
14           temp=arr[k];
15           arr[k] = arr[k + 1];
16           arr[k + 1] = temp;
17         }
18       }
19     }
20     System.out.println("---冒泡排序后：");
21     for(int i = 0; i < arr.length; i ++)
22       System.out.print(arr[i] + "  ");
23   }
24 }
```

【程序说明】

- 第 4 行：构造一个 Scanner 类的对象 sc，接收从键盘输入的数字。
- 第 6 行：定义一个长度为 5 的整型数组，用于存放输入的数字。
- 第 7、8 行：使用 for 循环完成键盘输入数据。
- 第 10 行：定义一个中间变量，用于两个元素交换位置。
- 第 11～19 行：完成数组的排序。
- 第 11 行：外层循环，用于控制进行多少轮比较。
- 第 12～18 行：内层循环，完成一轮的比较。
- 第 12 行：嵌套的内层循环，用于控制每一轮比较的次数。
- 第 13～17 行：比较相邻元素的大小，如果前一个元素大于后一个元素，则交换位置。
- 第 21、22 行：使用 for 循环遍历输出数组。

1.8.6　编译并运行程序

保存并修正程序错误后，程序运行后输入数字为 76，18，99，35，12，运行结果如图 1-53 所示。

图 1-53　BubbleSort 运行结果

知识链接：排序算法的效率

排序是数据处理中一种很重要也很常用的运算。一般情况下，排序操作在数据处理过程中要花费许多时间，为了提高计算机的运行效率，各种各样的排序算法被不断提出和改进，这些算法也从不同角度展示了算法设计的重要原则和技巧。

排序方法	时间复杂度（平均）	时间复杂度（最坏）	时间复杂度（最好）	空间复杂度	稳定性
冒泡排序	$O(n^2)$	$O(n^2)$	$O(n)$	$O(1)$	稳定
选择排序	$O(n^2)$	$O(n^2)$	$O(n^2)$	$O(1)$	不稳定
插入排序	$O(n^2)$	$O(n^2)$	$O(n)$	$O(1)$	稳定
希尔排序	$O(n^{1.3})$	$O(n^2)$	$O(n)$	$O(1)$	不稳定
快速排序	$O(n\log_2 n)$	$O(n^2)$	$O(n\log_2 n)$	$O(n\log_2 n)$	不稳定
归并排序	$O(n\log_2 n)$	$O(n\log_2 n)$	$O(n\log_2 n)$	$O(n)$	稳定
堆排序	$O(n\log_2 n)$	$O(n\log_2 n)$	$O(n\log_2 n)$	$O(1)$	不稳定
基数排序	$O(n * k)$	$O(n * k)$	$O(n * k)$	$O(n + k)$	稳定

任务评价和拓展

【测一测】

1. 运行下列程序片段后，关于数组 a，b，c 的描述，正确的是（　　　）。

```
int a[] = {2,4,6,8};
int b[];
int []c = {1,3,5,7};
b = a;
c = a;
```

　A. 数组 a，b，c 具有相同的元素，元素值依次为 2，4，6，8

　B. 数组 a，b，c 均为空 null

    C. 数组 a，b 为空 null，c 为 2，4，6，8

    D. 以上说法均错误

2．创建一个二维数组 a，其中较高一维含有两个元素，每个元素又由 3 个整型变量构成，下列 Java 语句中能实现上述要求的是（　　）。

    A. int a[ ][ ];
                        B. int a = new int[2][3];

    C. int a[ ][ ] = new int[2][3];
          D. int a[][] = int [2][3];

3．已知如下代码：

```java
public class Test {
    public static void main(String[] args) {
        long a[] = new long[6];
        System.out.println(a[6]);
    }
}
```

下面表述正确的是（　　）。

    A. 程序输出 null

    B. 程序输出 0

    C. 因为 long[ ] 数组声明不正确，程序不能编译

    D. 程序被编译，但在运行时将抛出一个 ArrayIndexOutOfBoundsException 异常

【练一练】

分析下列数据的规律，编写程序完成如下所示的输出。

```
1
1   1
1   2   1
1   3   3   1
1   4   6   4   1
1   5   10  10  5   1
```

提示：上述数字构成的三角形状为我国古代数学之瑰宝"杨辉三角"，试使用数组和循环打印该图示。

知识链接：杨辉三角

    杨辉三角（又称贾宪三角），是二项式系数在三角形中的一种几何排列，在南宋时期数学家杨辉 1261 年所著的《详解九章算法》一书中出现。在欧洲，帕斯卡（1623—1662）在 1654 年发现这一规律，因此这个表又叫作帕斯卡三角形。帕斯卡的发现比杨辉要迟 393 年，比贾宪迟 600 年。

    贾宪，北宋人，约于 1050 年完成《黄帝九章算经细草》，原书佚失，但其主要内容被杨辉著作所抄录，因此传世。杨辉《详解九章算法》载有"开方作法本源"图，注明"贾宪用此术"，这就是著名的"贾宪三角"或称"杨辉三角"。《详解九章算法》同时录有贾宪进行高次幂开方的"增乘开方法"。

模 块 小 结

　　模块 1 主要带领大家了解、认识 Java 语言，掌握 Java 语言的基本语法，能够编写简单的 Java 程序。本模块的核心知识点包括：①掌握 Java 语言的特性及运行机制；②理解变量和数据类型的概念；③掌握顺序、选择和循环三种基本程序控制语句；④熟练掌握数组类型的使用。本模块的技能点见表 1-10，大家可依据自己的掌握情况进行自我评价并在小组内展开相互评价，然后可将此表反馈给老师。

表 1-10　学习情况评价表

序号	知识与技能	自我评价					小组评价					老师评价				
		A	B	C	D	E	A	B	C	D	E	A	B	C	D	E
1	能完成 Java 开发环境的搭建															
2	能在命令行提示符下编译、运行 Java 程序															
3	能在 Eclipse 环境中编写、编译和运行 Java 程序															
4	能够规范使用变量和常量															
5	能正确使用运算符和类型转换															
6	会编写条件判断程序															
7	会编写循环结构程序															
8	能合理使用选择语句和循环语句的嵌套															
9	能正确使用跳转语句															
10	能熟练使用数组															

　　说明：评价等级分为 A、B、C、D、E 五个等级。能够熟练、独立完成为 A 等；能顺利完成，但需要花费较长时间为 B 等；能独立完成 75% 以上内容为 C 等；能独立完成 60% 以上内容为 D 等；大部分内容都无法独立完成为 E 等。

领略Java面向对象编程

任务 2.1　编写描述"学生"的 Java 类

任务描述

面向对象程序设计（object oriented programming，OOP）是一种基于对象概念的软件开发方法，是目前软件开发的主流方法。Java 语言是一种完全面向对象的程序设计语言。本任务将使用面向对象程序设计方法编写一个描述"学生"的 Java 类。本任务将带领你学习面向对象的基本概念，掌握 Java 语言中类和对象的使用。通过本任务的学习，你将：

- 掌握面向对象程序设计的基本概念；
- 了解面向对象的三个基本特性；
- 掌握 Java 类的定义及对象的创建与使用；
- 能够实现客观事物到 Java 类的抽象；
- 能够定义 Java 类，创建对象和使用对象的成员；
- 进一步增强获取新知识的能力。

微课：编写描述"学生"的 Java 类

知识准备

2.1.1　面向对象的基本概念

客观世界是由各种各样的事物（即对象）组成的，每个事物都有自己的静态特性和动态行为，不同事物间的相互联系和相互作用就构成了各种不同的系统，进而构成了整个客观世界。人们为了更好地认识客观世界，把具有相似静态特性和动态行为的事物（即对象）综合为一个种类（即类）。这里的类是具有相似静态特性和动态行为的事物的抽象，客观世界就是由不同类的事物以及它们之间相互联系和相互作用所构成的一个整体。

对于什么是"面向对象方法"，至今还没有统一的概念。本书把它定义为：按人们认识客观世界的思维方式，采用基于对象的概念建立客观世界的事物及其之间联系的模型，由此分析、设计和实现软件的办法。下面为大家解释面向对象思想中的核心概念：对象（object）、类（class）、接口（interface）和消息（message）。

1. 对象

对象就是客观世界客观存在的任何事物。一本书、一个人、一家图书馆、一家极其复杂的自动化工厂、一架航天飞机都可看作是对象。每个对象都有自己的静态特性和动态行为，图 2-1 所示的是一台笔记本电脑，它的屏幕尺寸是 14.9in（1in≈2.54cm），它的颜色是银灰色，它的价格是 4500 元，它的重量是 2.28kg。同时，在这台笔记本电脑的机身上提供了"开机""指纹识别""读卡器""USB 接口"等功能按钮或功能接口，方便用户使用。按照面向对象思想，把笔记本电脑的"屏幕尺寸""颜色""价格""重量"等对象的静态特征称为属性，把"开机""指纹识别""读卡器"等对象的动态行为称为方法。动态行为是类本身的动作或对于属性改变的操作。

图 2-1　笔记本电脑对象

2. 类

类是对象的模板，即类是对一组有相同静态特性和相同动态行为的对象的抽象，一个类所包含的属性和方法描述一组对象的共同属性和行为。类是在对象之上的抽象，对象则是类的具体化，是类的实例。例如，柏拉图对人做了如下定义：人是没有毛，能直立行走的动物。在柏拉图的定义中"人"是一个类，具有"没有毛、直立"等静态特性和"行走"等动态行为，以区别于其他非人类的事物；而具体的张三、李四、王五等"没有毛且能直立行走"的人，是"人"这个类的具体的"对象"。

3. 接口

如果把客观世界看成由不同的系统（或类）组成，这些系统（或类）之间需要通过一个公共的部件进行交流，把这个公共的部件称为接口。例如，DVD 面板上提供的"播放""暂停""快进""后退"等按钮就是接口，就是"人"和"DVD"交流的界面。DVD 内部电路被外壳封装，用户只需要通过面板上的相关按钮来操作 DVD，而不需要了解内部电路和内部设备间的具体运作方式。另外，在使用计算机时，如果要复位计算机，通常的做法是按主机箱上的"RESET"按钮，而不需要打开机箱，直接短接实现复位的主板上的跳线。这里的"RESET"按钮也就是一个接口。

4．消息

独立存在的对象没有任何意义，对象之间必须发生联系。消息就是对象之间进行通信的一种规格说明，是对象之间进行交互作用和通信的工具。在面向对象程序设计中，只有通过对象间的交互作用，程序员才可以获得高阶的功能以及更为复杂的行为。例如，如果DVD 独自摆放，它就是一堆废铁，它没有任何的活动，也不能实现任何的功能。只有当有其他的对象（如人）来和它交互（点按相关的按钮）的时候才是有用的，才可能实现播放DVD 达到娱乐的目的。

2.1.2 面向对象的基本特性

一般认为，面向对象的基本特性包括封装性、继承性和多态性。

1．封装性

封装是一种信息隐蔽技术，它体现于类的说明，是对象的重要特性。封装将数据和操作该数据的方法（函数）封装为一个整体，以实现独立性很强的模块，使得用户只能见到对象的外部特性（对象能接受哪些消息，就具有哪些处理能力），而对象的内部特性（保存内部状态的私有数据和实现处理能力的算法）对用户是隐蔽的。封装的目的在于把对象的设计者和对象的使用者分开，使用者不需要知道行为实现的细节，只需用设计者提供的消息来访问该对象。借助于封装，有助于提高类和系统的安全性。

2．继承性

继承是类不同抽象级别之间的关系，是子类自动共享父类数据和方法的机制。通过继承，可以在无须重新编写父类的情况下，对父类的功能进行扩展。例如，有一个汽车类，该类描述汽车的普通特性和功能，而在卡车的类中不仅有普通车的特性和功能，同时还应该增加卡车特有的功能，这时，就可以让卡车继承汽车类，然后在卡车类中单独添加其特有的方法和属性即可。继承不仅可以增强代码的复用性，提高开发效率，还能够为程序的扩展提供便利。

3．多态性

对象根据所接收的消息产生行为，同一消息被不同的对象接收时可产生完全不同的行动，这种现象称为多态性。例如，如果你是公司的老总，你说"我明天要到上海出差"，你的秘书听到这个消息，会马上帮你准备好出差用的文件资料和预订机票；而如果是你的爱人听到这消息，她会马上帮你准备出差的衣物和生活用品等。你发出同样的"消息"，不同的"对象"接收后产生不同的行为。例如，动物都会吃，但羊和狼吃的方式和内容都不一样；动物都会叫，猫的叫声是"喵喵"，而狗的叫声是"汪汪"。类的多态性如图 2-2所示。

多态允许对任意指定的对象自动地使用正确的方法，它通过在程序运行过程中将对象与恰当的方法进行动态绑定来实现。

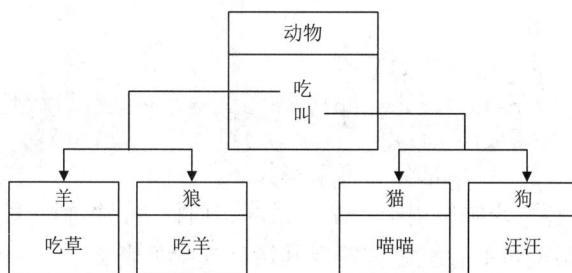

图 2-2　类的多态性

2.1.3　Java 中的类

Java 是一种纯粹的面向对象的程序设计语言，所有的 Java 程序都是基于类的。类可以理解为 Java 中的一种重要的复合数据类型，是组成 Java 程序的基本要素。创建一个新类，就是创建一个新的数据类型；实例化一个类，就是创建类的一个对象。

1. 类的定义

在前面的例子中，提到了许多类。这些类在 Java 语言中怎样进行描述呢？Java 中类的定义包括类声明和类体两部分内容。其一般格式如下：

```
类声明
{
    类体
}
```

类声明的格式如下：

```
[public] [abstract] [final] class 类名 [extends 父类名] [implements 接口名表]
```

类体紧跟在类声明之后，用一对花括号"{ }"括起来。类体定义类的成员变量和方法。类体的通用格式如下：

```
[public][abstract][final] class 类名 [extends 父类名] [implements 接口名表]
{
    成员变量定义部分；
    成员方法定义部分；
}
```

2. 成员变量定义

（1）成员变量的分类

类的对象也称为类的实例，当创建一个对象时，它将包含类中定义的所有成员变量和成员方法。成员变量描述了类的静态特性。类的静态特性包括两部分：类的特性和对象的特性信息。对应的 Java 也将成员变量分为两种：类变量和实例变量。

类变量描述类的静态特性，被该类所有的对象所共享，即使没有创建类的对象，这些变量也存在。若类变量的值发生改变，类的所有对象都将使用改变后的值。

实例变量与具体对象相关，创建一个对象的同时也创建类的实例变量，因此每一个对象均有自己的实例变量副本和赋值。这些实例变量，记录了对象的状态和特征值，使每个对象具有各自的特点，以区分于不同的对象。

（2）成员变量的声明

类的成员变量定义的一般格式如下：

> [存取修饰符] [final] [transient] [static] [volatile] 类型　变量名　[= 值 或表达式][,变量名 [= 值或表达式]……];

成员变量声明语句中各组成部分含义解释如下。

① 存取修饰符。存取修饰符用于控制变量的访问权限，控制变量在不同类（或包）中的访问权限，类的成员变量的存取修饰符及其访问权限见表 2-1。

表 2-1　存取修饰符及其访问权限

存取修饰符	类	包中所有类	包外子类	所有类
private	√	×	×	×
默认（无控制符）	√	√	×	×
protected	√	√	√	×
public	√	√	√	√

说　明

- 表 2-1 中"√"表示可以访问，"×"表示不可访问。
- 这里的包是指相关类的组合。
- 为了体现类的封装性，类的成员变量修饰符通常定义为 private。

② final 关键字。final 关键字表示将变量声明为最终变量。声明为 final 的变量，不可对其重新赋值，必须在声明时包含一个初始化语句来对其赋值。因此 final 常用于声明常量，在定义常量时，标识符所有字母一般均用大写。

③ transient 关键字。transient 关键字表示将实例变量声明为持久对象的特殊部分（参阅对象序列化）。

④ static 关键字。成员变量前使用 static 修饰符，说明定义的是类变量。反之，说明定义的实例变量。

⑤ volatile 关键字。volatile 关键字说明变量是并发控制中的异步变量。在每次使用 volatile 类型的变量时都要将它从存储器中重新装载并在使用后存回存储器中。

⑥ 类型。这里的类型可以是任意的 Java 数据类型。

⑦ 变量名。变量名使用合法的 Java 标识符，在一个类中变量名不可重名。

3. 成员方法定义

（1）方法的定义

方法是一个包含一条或多条语句的代码块，用来完成一个相对独立的功能。方法有自己的名称以及可以重复使用的变量。程序员根据"自顶向下，逐步求精"的原则，将一个大型和复杂的程序分解成多个易于管理的模块（表现为方法）；同时，根据面向对象设计的原则，对类的动态行为加以描述（表现为方法）。方法一旦定义好，程序员可以根据需要在程序多个不同的地方，通过使用方法名称来调用执行它以完成特定的功能。方法执行时，可能会返回一个值，也可能不返回值。不返回值的方法只在调用语句中完成相关的操作；而返回值的方法通常在表达式中被调用，返回的值常用于表达式求值。

（2）方法的分类

与类成员变量一样，方法也分为类方法（也称为静态方法）和实例方法两种。类方法描述类的动态行为（或操作），即使该类没有对象时，也可以执行类方法。实例方法描述对象的动态行为（或操作），只可以在特定的对象中执行，如果没有对象存在时，就无法执行任何实例方法。

说　明

- 由于类方法在没有对象存在时也可执行，因此类方法不能引用实例变量。
- main()方法作为 Java 应用程序的入口点，必须始终声明为类方法，因为在应用程序开始之前，任何对象均不存在。

（3）方法的声明

类的成员方法定义的一般格式如下：

```
    [存取修饰符][final][static][abstract][native][synchronized][方法返回类型]
方法名（[形式参数表]）[throws 异常表]
    {
        可执行代码；
    }
```

成员方法声明语句中各组成部分含义解释如下。

- 存取修饰符：与成员变量一样，用于控制方法的访问权限，成员方法修饰符通常为 public。
- final 关键字：关键字 final 用在方法的定义中，以禁止子类用同名、同参数方法覆盖它。
- static 关键字：当方法声明中使用 static 关键字时，所声明的方法是类方法。类方法也被称为静态方法，相应的实例方法也称为非静态方法。
- abstract 关键字：关键字 abstract 将方法声明为抽象方法，且只有方法的声明，声明由 "；" 结束。抽象方法没有方法体，方法体由子类实现。
- native 关键字：将方法声明为本地方法，并说明方法是由平台相关的语言实现（如 C 语言）的，而不是用 Java 语言实现的。本地方法说明它不是 Java 本身的方法，没有方法体。与 abstract 方法一样，声明由 "；" 结束。
- synchronized 关键字：将方法声明为同步方法，这一属性与多线程有关。
- 方法返回类型：除类的构造方法外，在方法定义时必须指明返回类型。返回类型可以是任意基本数据类型或抽象数据类型；如果方法不返回值，则应显式的声明返回类型为 void。
- 形式参数表：方法的形式参数表置于方法名后括号中，各形式参数用 "，" 分隔，形式参数指定了方法被调用时需要传递的信息，当方法被调用时提供给形参的值称为实参。实参与形参一一对应，在方法体中通过形参来引用实参的值。如果方法没有形式参数则让括号为空。

- throws 异常表：指明方法可能抛出的异常。

（4）方法体

方法所完成的操作包含在方法体中，方法体包含了所有合法的 Java 指令。它可以拥有自己的局部变量，可以引用类（或其父类）的成员变量和方法。本任务第二节中定义的获取学生信息的方法如下。

```
   访问权限      返回值      方法名称
   |            |          |
public void getInfo()                                          方法体
{                                                              /
    System.out.print("姓名:" + strName + " \ t");      ⎫
    System.out.print("性别:" + blGender + " \ t");      ⎬
    System.out.print("年龄:" + intAge + "岁 \ t");      ⎬
    System.out.print("身高:" + dblHeight + "厘米 \ t"); ⎬
    System.out.println("体重:" + dblWeight + "公斤");    ⎭
}
```

4. 创建对象

（1）创建对象的步骤

在已经定义好的类的基础上，创建对象的过程分为以下 3 步。

① 创建对象引用变量。

② 创建类的实例对象。

③ 将对象的引用赋值给对象引用变量。

在实际编写中，通过语句"Student liuzc = new Student();"即可完成上述所有操作，该语句也可以修改为：

```
Student liuzc;              //创建对象引用变量
liuzc = new Student ();     //创建对象，并将对象引用赋值给对象引用变量
```

其中，第一条语句声明创建了一个存放 Student 类型的对象引用变量 liuzc，而不创建对象；在第二条语句中，用 new 运算符在堆中创建 Student 对象，并把该对象的引用赋值给变量 liuzc。

（2）new 运算符

通过 new 运算符创建对象时，Java 虚拟机将在堆中开辟一个内存空间，用于存放对象的实例变量，并根据指定的构造方法和类的定义初始化这些实例变量。new 运算符的一般格式为：

```
对象引用变量 = new 对象构造方法;
```

（3）调用对象的成员

对象的成员（实例变量与实例方法）的调用采用"."运算符，引用的一般格式为：

```
对象引用变量.类的成员
```

如：

```
liuzc.getInfo();       //对象调用实例方法
liuzc.getCounter();    //对象调用类方法
Student.getCounter();  //类调用类方法
```

■ **任务实施** ▬▬▬▬▬▬

2.1.4　学生对象分析

通过对学生的属性和信息处理情况分析，可以得到学生类相关的属性和方法，见表 2-2。

表 2-2　学生类相关的属性和方法

项目	名称	含义
属性	sName	表示学生姓名，String 类型
	bGender	表示学生性别，boolean 类型，false 代表"女"
	iAge	表示学生年龄，int 类型
	dHeight	表示学生身高，double 类型，单位为厘米
	dWeight	表示学生体重，double 类型，单位为千克
	iCounter	表示学生总人数，int 类型
方法	setInfo	用于设置学生相关信息的方法
	getInfo	用于获得学生相关信息的方法
	getCounter	用于获得学生总人数的方法

2.1.5　编写程序

具体编写步骤如下。

1）在 Eclipse 环境中创建名称为 chap02 的项目。

2）在 chap02 项目中新建名称为 Student 的类。

3）编写完成的 Student.java 的程序代码如下。

```java
 1 public class Student {
 2     public static int iCounter = 0;
 3     String sName;
 4     boolean bGender = false; //false 代表"女"，true 代表"男"
 5     int iAge;
 6     double dHeight;    //单位为厘米
 7     double dWeight;    //单位为千克
 8     public static void getCounter() {
 9         System.out.println("学生总数:" + ++ iCounter);
10     }
11     public void getInfo(){
12         System.out.print("姓名:" + sName + "\n");
13         System.out.print("性别:" + bGender + "\n");
14         System.out.print("年龄:" + iAge+"岁\n");
15         System.out.print("身高:" + dHeight + "厘米\n");
16         System.out.println("体重:" + dWeight + "千克");
17     }
18     public void setInfo(String n,boolean g,int a,double h,double
19 w){
20         sName = n;
21         bGender = g;
```

```
22          iAge = a;
23          dHeight = h;
24          dWeight = w;
25      }
26      public static void main(String[] args) {
27          Student stu = new Student();
28          stu.setInfo("zhangsan",true,18,178,65);
29          Student.getCounter();
30          stu.getInfo();
31      }
32  }
```

【程序说明】

- 第 2 行：声明一个 static（静态的）类成员变量 iCounter，用来保存学生总人数。
- 第 3～7 行：定义学生类的 5 个属性。
- 第 4 行：学生的性别属性 bGender，类型为 boolean 型，其中 false 代表"女"，true 代表"男"设置默认值为 false。
- 第 8～10 行：定义获得学生总人数的静态方法 getCounter。
- 第 11～17 行：定义获得学生信息的方法 getInfo。
- 第 18～25 行：定义设置学生信息的方法 setInfo。
- 第 26～31 行：定义 Java 程序入口 main 方法，在 main 方法中使用学生类。
- 第 27 行：创建对象，并将对象引用赋值给对象引用变量。
- 第 28 行：调用方法 setInfo 设置学生对象的相关信息。
- 第 29 行：调用方法 getCounter 获取学生总人数。
- 第 30 行：调用方法 getInfo 获取学生对象的相关信息。

类声明中的关键字及其含义见表 2-3。

表 2-3　类声明中的关键字及其含义

编号	关键字	含义	说明
1	public	被声明为 public 的类称为公共类，它可以被其他包中的类存取，否则只能在定义它的包中使用	在一个 Java 源文件中，最多只能有一个 public 类，不允许同时包含多个 public 类或接口
2	abstract	将类声明为抽象类，抽象类中只有方法的声明，没有方法的实现	包含抽象方法的类称为抽象类，抽象方法在抽象类中不做具体实现，具体实现由子类完成
3	final	将类声明为最终类，最终类不能被其他类所继承，没有子类	一个类不能同时是抽象类又是最终类，即 abstract 关键字和 final 关键字，不能在类声明中同时使用
4	class	说明当前定义的是类，而不是接口或其他抽象数据类型	接口使用 interface 关键字
5	extends	后接父类名，表示所定义的类继承于指定的父类	由于 Java 是单继承，所以在关键字 extends 之后，只能指定一个父类。如果未指定该项，Java 默认其直接继承于 java.lang.Object 类
6	implements	后接接口名表，表示所定义类将实现接口名表中所指定的所有接口，接口名之间用","分隔	Java 虽是单继承的，但可同时实现多个接口，所以在关键字 implements 后可根据需要指定任意多个接口

> **说　明**
> - 在类声明各部分中，关键字 class 和类名是必须的，其他部分可根据需要选用。
> - public、abstract、final 关键字顺序可以互换，但 class、extends 和 implements 顺序不能互换。

2.1.6　编译并运行程序

保存并修正程序错误后，程序运行结果如图 2-3 所示。

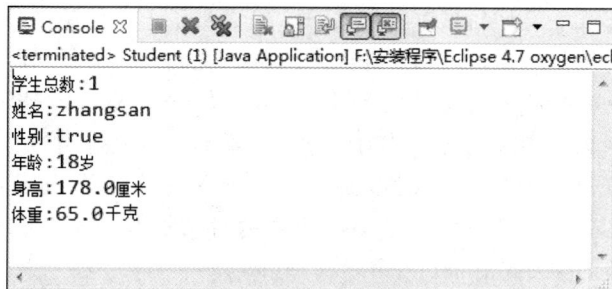

图 2-3　Student 运行结果

任务评价和拓展

【测一测】

1．继承是面向对象编程的一个重要特征，它可降低程序的复杂性并使代码（　　）。
  A. 可读性好　　　　　B. 可重用　　　　　C. 可跨包访问　　　　　D. 运行更安全
2．以下不属于面向对象技术范畴的概念是（　　）。
  A. 封装　　　　　B. 结构　　　　　C. 继承性　　　　　　　D. 多态性
3．下列类声明语句中，正确的是（　　）。
  A. public abstract final class newClass
  B. abstract public newClass class
  C. public final abstract class newClass extends superClass
  D. public class newClass extends superClass
4．以下关于 Java 中类声明和方法声明的叙述中，不正确的是（　　）。
  A. 在类的内部可以再声明类，即 Java 中允许嵌套进行类声明
  B. 在方法的内部可以再声明方法
  C. 类的成员变量的所属类型可以是 Java 中的任意合法类型
  D. 方法的局部变量的所属类型可以是 Java 中的任意合法类型

【练一练】

设计一个圆类（Circle），该类中包含半径（radius）这个成员变量，还包括 setRadius()

方法设置半径值、getPerimeter()方法求圆周长和 getArea()方法求圆面积。设计完成后，创建测试程序，包含 main 方法，在 main 方法中创建 Circle 类的对象并求圆的周长和面积。

任务 2.2 | 封装描述"学生"的 Java 类

任务描述

封装是面向对象程序设计的核心特征之一，它提供了一种信息隐藏技术。封装试图提供一种软件模块化的设计机制，就像硬件组装一样，类的设计者提供标准化的软件模块，使用者根据实际需要选择所需的类模块，组装成大型软件系统。本任务将对描述"学生"的 Java 类进行封装处理，具体包括：①对"学生"类的成员变量进行私有化处理；②为私有成员变量提供设置值和获取值的成员方法；③定义主类并实现 main()方法，在 main()方法中使用学生类。本任务将带领你学习 Java 中类的封装技术、构造方法与垃圾回收、this 关键字。通过本任务的学习，你将：

- 理解封装的基本思想；
- 理解构造方法的功能，掌握构造方法的定义；
- 了解 Java 的垃圾回收机制；
- 能够实现类的封装；
- 能够正确使用 this 关键字；
- 进一步提高软件规划和设计能力。

微课：封装描述"学生"的 Java 类

知识准备

2.2.1 类的封装

封装是面向对象的核心思想，它是指将对象的属性和行为封装起来，隐藏在对象内部，不允许外部的程序直接访问对象的内部信息，但是可以通过类提供的方法访问和操作对象的内部信息。通过对一个类或对象实现良好的封装，可以达到以下目的。

- 提高安全性。不允许直接访问细节，需要通过公共的方式来访问，以实现可控性，从而提高安全性。
- 可以在预定的方法中进行数据检查，有利于保证对象信息的完整性和合理性。
- 便于修改，能提高代码的可维护性。
- 提高了代码的易用性和复用性。

Java 提供了 4 个级别的存取控制权限，由 3 个存取修饰符：private、protected、public 和一个不加任何修饰符的默认访问控制级别构成。4 个级别的存取控制权限见表 2-4。

表 2-4 存取控制权限

存取修饰符	作用
private	私有的，不允许该类之外的任何方法访问
protected	受保护的，同一个包中可以访问，不同包中对子类可见
public	公共的，可以从任何地方访问
默认（无控制符）	同一个包中的任何地方都可以访问，不同包不允许访问

下面的程序使用存取控制定义了一个 Person 类，实现了类的封装。

```java
public class Person {
  private String name;
  public void setName(String pName) {
    if(pName.length() < 2 || pName.length() > 4) {
      System.out.println("对象的姓名不符合要求！");
      return;
    }
    else {
      name = pName;
    }
  }
  public String getName() {
    return name;
  }
  public static void main(String[] args) {
    Person p = new Person();
    p.setName("叫张三的人");
    System.out.println("姓名: " + p.getName());
    p.setName("张三");
    System.out.println("姓名: " + p.getName());
  }
}
```

在上述程序中，使用 private 关键字将属性 name 声明为私有属性，同时提供了公有方法实现对属性的存取访问。其中，setName()方法用于设置 name 属性的值，在方法中对传入的参数进行合理性检查，要求姓名必须为 2～4 位的字符串，否则输出错误提示，getName()方法用于获取 name 属性的值。在 main()方法中创建一个 Person 对象，首先调用 setName()传入一个字符串"叫张三的人"，长度超过 4 位，程序输出错误提示，对象的 name 属性为 null，再次调用 setName()传入字符串"张三"，程序执行正常。程序的运行结果如图 2-4 所示。

图 2-4 运行结果

2.2.2　构造方法与垃圾回收

1. 构造方法的定义

在创建类的实例时，经常需要同时初始化这个实例的字段，就是在实例化对象的同时就为这个对象的属性赋值，可以通过构造方法来实现。构造方法的主要用途有两个：一是通知 Java JVM 创建类的对象，二是对创建的对象进行初始化。在一个类中定义构造方法需要同时满足以下 3 个条件。

- 方法名与类名相同。
- 在方法名前面没有返回值类型的声明。
- 在方法中不能使用 return 语句返回一个值，但是可以单独写 return 语句作为方法的结束。

下面以任务 1 为例，为 Student 类添加一个构造方法。

```java
public Student() {
    iAge = 36;
    dHeight = 170;
    dWeight = 65;
}
```

在 main 方法中利用构造方法构造一个对象，如下：

```java
public static void main(String args[]){
    Student liuzc = new Student();
    liuzc.getInfo();
    Student.getCounter();
}
```

程序运行结果如图 2-5 所示。

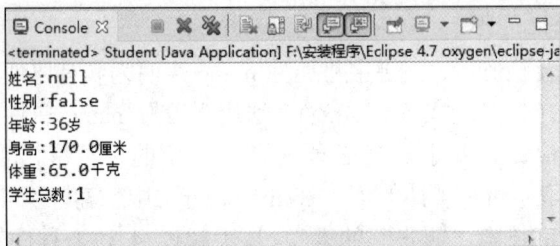

图 2-5　运行结果

由以上可以看出，在使用 new Student()语句时，自动调用了构造方法，完成了创建对象和初始化对象的工作。

2. 默认构造方法

如果在程序中没有显式定义类的构造方法，Java 编译器将自动提供一个构造方法，称为默认构造方法。这个构造方法没有参数，在方法体中也没有任何语句，形如：

```java
public Student()
{
```

```
  }
```

　　Java 编译器只有在程序中没有显式定义构造方法的情况下，才自动提供默认构造方法；如果在类中显式地定义了构造方法，又还想使用这个默认构造方法，必须在程序中显式地定义它（将该方法书写在程序中）。

- 在以后学习 Java API 时，不仅要知道哪个类提供了哪些成员方法，还需要知道通过什么途径（构造方法）可以创建对象。
- 创建对象时，将会为对象分配内存，而对象所占有的资源的释放是由垃圾回收机制自动完成的，不需要程序员主动干预。

3. 垃圾回收

　　在 Java 程序中，往往会创建并使用许多对象。这些对象不再被程序使用后，便成了系统中的垃圾，进入了消亡期，等待系统将其清扫。这些垃圾的清扫工作，由 Java JVM 中的垃圾收集器（garbage collection，GC）自行安排完成，程序可不做干预。垃圾收集器的清扫工作需要占据大量的资源，包括内存的整理、对象的移动等工作。

　　垃圾收集器的清扫工作是有计划、有安排的，并不是一有垃圾就清扫。如果在程序中显式地调用 System.gc()方法，系统会立刻进行清扫。正如城市清洁工，一般固定早上 4 点到 6 点打扫街道卫生，但在上级特殊命令的情况下，也可随时做清扫工作。

　　当一个对象在内存中被释放时，它的 finalize()方法会被自动调用，因此可以在类中定义 finalize()方法来观察对象何时被释放。下面的程序定义了一个类，在类中实现了 finalize()方法，可以演示 Java JVM 执行垃圾回收的过程。

```java
class Test{
  String name;
  public Test(String Tname) {
    name = Tname;
    System.out.println(name + "---被创建了---");
  }
  public void finalize() {
    System.out.println(name + "---垃圾回收执行了---");
  }
}
public class FinalizeTest {
  public static void main(String[] args) {
    Test p1 = new Test("对象p1");
    Test p2 = new Test("对象p2");
    p1 = null;
    System.gc();
  }
}
```

　　上述程序的 Test 类定义了一个构造方法和一个 finalize()方法。程序在 main()方法中创建了两个对象，调用了 Test 类的构造方法，然后将对象 p1 置为 null，意味着对象 p1 成为

垃圾了，接着通过 System.gc()语句通知 Java JVM 进行垃圾回收。在回收前调用了对象的
finalize()方法，程序的运行结果如图 2-6 所示。

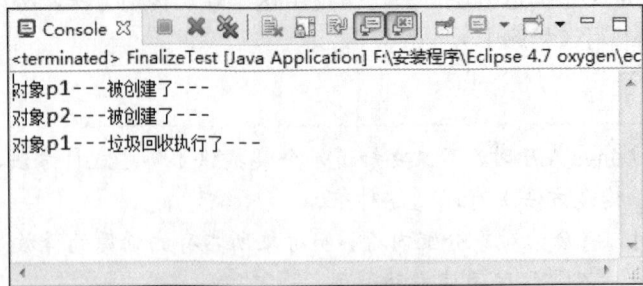

图 2-6　运行结果

2.2.3　this 关键字

this 代表当前对象本身。通过 this 变量不仅可以引用当前对象的实例变量，也可引用当前对象的实例方法；但由于类变量与类方法不属于具体的类对象，因此不能通过 this 变量引用类变量和类方法，在类方法中也不能使用 this 变量。

在实例方法中，引用实例变量时也可不显式地指明 this 变量，但如果方法中形式参数名与实例变量重名时，为了将局部变量和实例变量进行区分，在引用实例变量时必须显式地使用 this 变量。实际上，在引用实例变量时，使用 this 变量是一种很好的习惯，它能使程序更加清晰，且不容易出错。下面列出 this 关键字在程序中的几种常见用法。

（1）使用 this 关键字区分局部变量和实例变量

通过 this 关键字可以明确地访问一个类的实例变量，可以解决方法的局部变量与类的实例变量名称冲突问题。在下面的代码中，setName()方法的参数被定义为 name，属于局部变量，但是在类中同时还定义了一个实例变量，名称同样为 name，在方法 setName()中如果使用 name，则表示访问局部变量，如果使用 this.name，则表示访问实例变量。

```java
public class Person {
    String name;
    public void setName(String name) {
        this.name = name;
    }
}
```

（2）使用 this 关键字调用类的实例方法

下面的程序中，initPerson()方法使用 this 关键字调用了 setName()，注意，这里的 this 关键字也可以省略不写。

```java
public class Person {
    String name;
    public void setName(String name) {
        this.name = name;
    }
    public void initPerson(String name) {
        this.setName(name);
        System.out.print("名称: " + this.name);
```

```
        }
    }
```

（3）在构造方法中使用 this 关键字调用其他构造方法

构造方法是 Java JVM 在创建对象时自动调用的，在程序中不能像调用其他方法一样去调用构造方法，但是如果程序中提供了多个构造方法，则可以在一个构造方法中使用 this()的形式去调用其他的构造方法。

```java
class Person {
    String name;
    public Person () {
        System.out.print("调用了无参的构造方法! ");
        System.out.println("对象名：" + this.name);

    }
    public Person (String name) {
        this();
        this.name = name;
        System.out.print("调用了有参的构造方法! ");
        System.out.println("对象名：" + this.name);
    }
}
public class TestClass{
    public static void main(String[] args) {
        Person p1 = new Person("对象p1");
    }
}
```

程序的运行结果如图 2-7 所示。

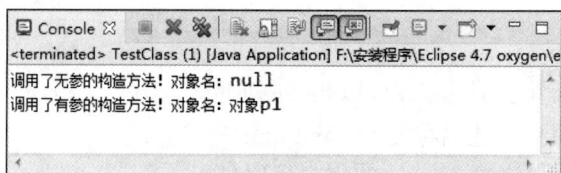

```
Console ☒  ▣ ✖ ✖ | ▤ ▦ ▣ ▣ ▣ | ▣ ▾ ▢ ▾ ▭ ▭
<terminated> TestClass (1) [Java Application] F:\安装程序\Eclipse 4.7 oxygen\e
调用了无参的构造方法! 对象名：null
调用了有参的构造方法! 对象名：对象p1
```

图 2-7　运行结果

说　明

- 只能在构造方法中使用 this 调用其他构造方法，不能在成员方法中使用。
- 使用 this 调用构造方法的语句必须位于第一行，且只能出现一次。
- 不能在一个类的两个构造方法中使用 this 相互调用。

任务实施

2.2.4　任务分析

对任务 2.1 中定义的学生类进行封装处理，将类中的属性私有化，同时提供公有的操作方法，封装后学生类的属性和方法见表 2-5。

表 2-5　学生类的属性和方法

项目	名称	存取修饰符	含义
属性	sName	private	表示学生姓名，String 类型
	bGender	private	表示学生性别，boolean 类型，false 代表"女"
	iAge	private	表示学生年龄，int 类型
	dHeight	private	表示学生身高，double 类型，单位为厘米
	dWeight	private	表示学生体重，double 类型，单位为千克
	iCounter	public	表示学生总人数，int 类型
方法	setName	public	用于设置学生的姓名属性
	getName	public	用于获取学生姓名的属性值
	setGender	public	用于设置学生的性别属性
	getGender	public	用于获取学生性别的属性值
	setAge	public	用于设置学生的年龄属性
	getAge	public	用于获取学生年龄的属性值
	setHeight	public	用于设置学生的身高属性
	getHeight	public	用于获取学生身高的属性值
	setWeight	public	用于设置学生的体重属性
	getWeight	public	用于获取学生体重的属性值
	getCounter	public	用于获取学生总人数的方法

2.2.5　编写程序

具体编写步骤如下。

1）在 Eclipse 环境中打开名称为 chap02 的项目。

2）在 chap02 项目中新建名称为 StudentMain 的类。

3）编写完成的 StudentMain.java 的程序代码如下。

```
1  class Student1 {
2    public static int iCounter = 0;
3    private String sName;
4    private boolean bGender = false;//false 代表"女"，true 代表"男"
5    private int iAge;
6    private double dHeight;    // 单位为厘米
7    private double dWeight;    // 单位为千克
8    public void setName(String name) {
9      this.sName = name;
10   }
11   public String getName() {
12     return sName;
13   }
14   public void setGender(boolean gender) {
15     this.bGender = gender;
16   }
```

```java
17      public boolean getGender() {
18        return bGender;
19      }
20      public void setAge(int age) {
21        if(age <= 0||age >= 150)
22          System.out.println("对不起，年龄值不符合要求！");
23        else
24          this.iAge = age;
25      }
26      public int getAge() {
27        return iAge;
28      }
29      public void setHeight(double heigh) {
30        if(heigh <= 0||heigh >= 300)
31          System.out.println("对不起，身高值不符合要求！");
32        else
33          this.dHeight = heigh;
34      }
35      public double getHeight() {
36        return dHeight;
37      }
38      public void setWeight(double weight) {
39        if(weight <= 0||weight >= 300)
40          System.out.println("对不起，体重值不符合要求！");
41        else
42          this.dWeight = weight;
43      }
44      public double getWeight() {
45        return dWeight;
46      }
47      public static void getCounter() {
48        System.out.println("学生总数:" + ++ iCounter);
49      }
50    }
51    public class StudentMain {
52      public static void main(String[] args) {
53        Student1 stu = new Student1();
54        Student1.getCounter();
55        stu.setName("张三");
56        stu.setGender(true);
57        stu.setAge(19);
58        stu.setHeight(180.0);
59        stu.setWeight(68.0);
60        System.out.println("姓名:" + stu.getName());
61        System.out.println("性别:" + stu.getGender());
62        System.out.println("年龄:" + stu.getAge() + "岁");
63        System.out.println("身高:" + stu.getHeight() + "厘米");
64        System.out.println("体重:" + stu.getWeight() + "千克");
65      }
66    }
```

【程序说明】

- 第 2 行：定义一个 static（静态的）类成员变量 iCounter，用来保存学生总人数。
- 第 3～7 行：定义学生类的 5 个属性，使用 private 修饰为私有属性。
- 第 8～13 行：封装设置和获取姓名属性的公有方法。
- 第 14～19 行：封装设置和获取性别属性的公有方法。
- 第 20～25 行：定义设置学生年龄的方法，并实现对数据的检查。
- 第 29～34 行：定义设置学生身高的方法，并实现对数据的检查。
- 第 38～43 行：定义设置学生体重的方法，并实现对数据的检查。
- 第 47～49 行：定义获得学生总人数的静态方法 getCounter()。
- 第 51～66 行：定义一个主类，实现 main()方法，在 main()方法中使用学生类。
- 第 53 行：创建对象。
- 第 54 行：调用 getCounter()方法获取学生总人数。
- 第 55～59 行：调用属性设置方法设置学生对象的相关信息。
- 第 60～64 行：调用获取属性值方法输出学生对象的相关信息。

2.2.6 编译并运行程序

保存并修正程序错误后，程序运行结果如图 2-8 所示。

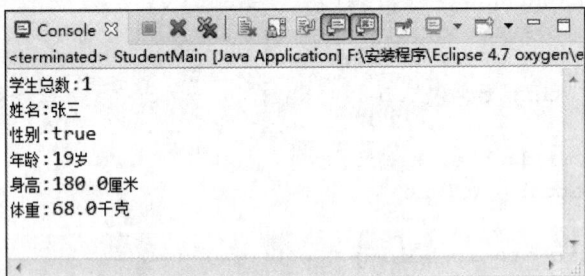

图 2-8 StudentMain 运行结果

▍▍**任务评价和拓展**

【测一测】

1. 以下关于 Java 中类的构造方法的说法，错误的是（   ）。
    A. 构造方法必须与其所属类同名
    B. 构造方法可以用 new 运算符调用（系统自动调用）
    C. 一个类只能有一个构造方法
    D. 构造方法只能有入口参数，而没有返回值
2. 下列关于 Java 对象释放的说法中不正确的是（   ）。
    A. Java 中，程序员只需要创建对象，而释放对象的工作则由虚拟机自动完成
    B. Java 中垃圾收集是比较费时的，因此其优先级较低，一般在系统空闲时才执行
    C. Java 中，垃圾收集可通过程序调用 System.gc()方法在任意时刻进行

　　　　D. Java 中对象释放是由程序员编写析构函数来完成的

3．用于定义类成员访问控制权限的一组关键字是（　　　）。

　　A. class　float　double　public　　　　B. float　boolena　int　long

　　C. char　extends　float　double　　　　D. public　private　protected

4．下列关于构造方法的描述，正确的是（　　　）。

　　A. 一个类的构造方法可以有多个

　　B. 构造方法在类定义时被调用

　　C. 构造方法只能由对象中的其他方法调用

　　D. 构造方法可以和类同相名，也可以和类名不同

【练一练】

　　实际应用中，经常会有对日期数据的操作。设计一个日期类，该类中包括年、月、日三个成员变量，分别定义有参数和无参数构造方法，按照类的封装性原则，完成类的封装。

　　说明：构造方法可以调用定义在后面的成员方法。

　　在设置日期值时需要对月和日这两个属性值进行合理性判断。

任务 2.3　编写描述"大学生"的 Java 类

任务描述

　　继承性是面向对象的核心特征之一，是一种由已有的类创建新类的机制。继承机制是面向对象程序设计中实现软件可重用的最重要手段。本任务将基于"学生"类编写描述"大学生"的 Java 类，"大学生"类继承自"学生"类。具体要求：①"大学生"类除继承自父类的成员变量还应包括自己的成员变量；②定义"大学生"类的构造方法；③重写父类的相关成员方法以满足新的需求。本任务将带领你了解面向对象中继承的概念，掌握 Java 语言中继承的实现方式以及类中方法重载和方法重写。通过本任务的学习，你将：

微课：编写描述"大学生"的 Java 类

- 理解继承的基本思想以及父类和子类的关系；
- 掌握方法重载和方法重写的含义和应用场合；
- 能够在父类的基础上创建子类；
- 能够根据需要正确地使用 super 关键字；
- 能在实际应用中合理选择方法重载或方法重写；
- 进一步提高对面向对象程序设计思想的理解能力。

2.3.1 类的继承

在 Java 中，从一个现有类的基础上定义新类的过程称为派生。新定义的类称为派生类，也称为直接子类。基础类称为父类或超类。这种一个类派生出另一个类的关系即为继承关系，一个派生类将继承其父类的所有特性和操作。例如，对于学生来说，有大学生、中学生和小学生等，它们具有学生的一般特点，如在学校学习科学文化知识。但也有不同，对大学生来说，他们都有一个专业，而中学生和小学生没有。学生类的继承关系如图 2-9 所示。

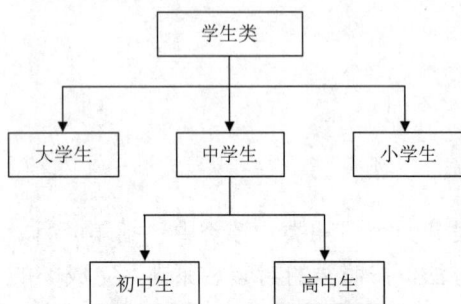

图 2-9　学生类的继承关系

如果要创建一个继承父类的子类，只需在类的声明中通过 extends 关键字指定要继承的类名就可以。子类定义的一般格式如下：

```
[public][abstract][final] class 类名 extends 父类名
{
    类体
}
```

继承是面向对象编程中非常强大的一种机制，它首先可以复用代码。当让大学生类 College 继承学生类 Student 时，College 就获得了 Student 的所有功能，程序只需要为 College 编写新增的功能。

下面是 Student 类的定义：

```
public class Student {
    public static int iCounter = 0;
    String sName;
    boolean bGender = false;
    int iAge;
    double dHeight;
    double dWeight;
    public static void getCounter() {……}
    public void getInfo(){……}
    public void setInfo(String n,boolean g,int a,double h,double w){……}
}
```

编写 College 类继承自 Student 类，同时为 College 类新增属性 sMajor。

```
public class College extends Student {
    //不需要重复 Student 类中的属性和方法
    //只需定义新增的 sMajor 属性和方法
    private String  sMajor;
    public String getMajor (){……}
    public void setMajor (String n){……}
}
```

- 子类可继承父类的所有特性，但其可见性由父类成员变量和方法的存取修饰符决定。
- 类的存取修饰符也会影响类的继承。对于不是定义为 public 的类，由于只能在包中被访问，因此这种类型也只能被包中的子类继承，包外的子类不可继承它。
- 如果某对象是类 A 的实例，并且类 A 是类 B 的子类，则这个对象也是类 B 的实例。

2.3.2 super 关键字

super 代表当前类的父类。通过 super 可以调用父类的构造方法和父类的成员（成员变量和成员方法）。

（1）调用父类构造函数

由于子类对象中包含了父类的对象，因此初始化子类时，最好调用父类的构造函数初始化父类对象。直接父类构造函数的调用可用 super 关键字，其一般格式为：

```
super([实参列表]);
```
其中，[实参列表]对应于直接父类构造函数的定义。

- 在调用父类构造函数时，必须将父类构造函数调用语句——"super([实参列表]);"放在构造函数的第一行。
- 在类的层次结构中构造函数的调用是按照继承的顺序，即从父类到子类来进行的。

（2）引用父类成员

使用 super 关键字，还可以引用父类的可见成员。在子类成员变量与方法出现重名时，可通过 super 关键字引用父类的成员变量和方法。下面的程序定义了一个 college 类继承 student 类，并在 college 类中使用 super 关键字引用父类的成员变量和方法。

```java
class student{
  String name = "学生";
  void study() {
    System.out.println("正在学习......");
  }
}
class college extends student{
  String name = "大学生";
  void showName() {
    System.out.println("父类的成员变量name:" + super.name);
  }
  void study() {
    super.study();
  }
}
public class studentExample {
  public static void main(String[] args) {
```

```
            college cstu = new college();
            cstu.showName();
            cstu.study();
        }
    }
```

程序运行结果如图 2-10 所示。

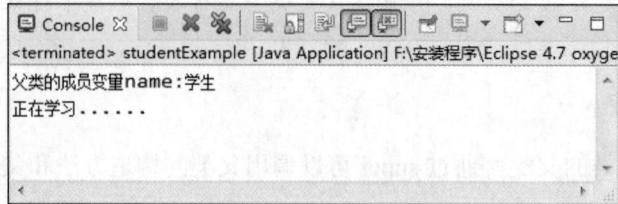

图 2-10　运行结果

2.3.3　方法重载与方法重写

方法重载指类的同名方法在给其传递不同的参数时可以有不同的动作，实现不同的功能。在对象间相互作用时，即使接收消息的对象采用相同的接收办法，但如果消息内容的详细程度不同，接收消息对象内部的动态行为也可能不同。例如，餐厅经理指派员工买东西。当经理没指明买什么时，采购员可能默认买菜；如果经理指明要买大米，采购员就会去买大米；如果经理告诉了要买 100 斤大米，采购员可能到最近的超市买 100 斤大米；如果经理指明要到步步高超市去买，采购员可能到步步高超市买 100 斤大米；如果经理指明要等到下午再去买，采购员可能在下午到步步高超市买 100 斤大米。同样是买的动作，但给定的条件不一样，产生的行为也会不一样，这就是方法重载的含义，如图 2-11 所示。

	买（菜）
采	买（大米）
购	买（大米，100 斤）
员	买（大米，100 斤，步步高超市）
	买（大米，100 斤，步步高超市，下午）

图 2-11　方法重载

下面的程序实现了采购员去超市买东西的方法重载。

```
public class OverLoadDemo {
    void purchase(){
        System.out.println("买菜");
    }
    void purchase(String what){
        System.out.println("买" + what);
    }
    void purchase(String what,int number){
        System.out.println("买" + number + "斤" + what);
    }
    void purchase(String what,String where){
```

```
        System.out.println("到" + where + "买" + what);
    }
    void purchase(String what,int number,String where){
        System.out.println("到" + where + "买" + number+ "斤" + what);
    }
    void purchase(String what,int number,String where,String when){
        System.out.println(when + "到" + where + "买" + number + "斤" + what);
    }
    public static void main(String args[]){
        OverLoadDemo old = new OverLoadDemo();
        old.purchase();
        old.purchase("大米");
        old.purchase("大米",100);
        old.purchase("大米","步步高超市");
        old.purchase("大米",100,"步步高超市");
        old.purchase("大米",100,"步步高超市","下午");
    }
}
```

上面的程序中，一共写了 6 个重载 purchase()方法，通过调用不同参数的 purchase()方法，得到不同的购买行为。程序运行结果如图 2-12 所示。

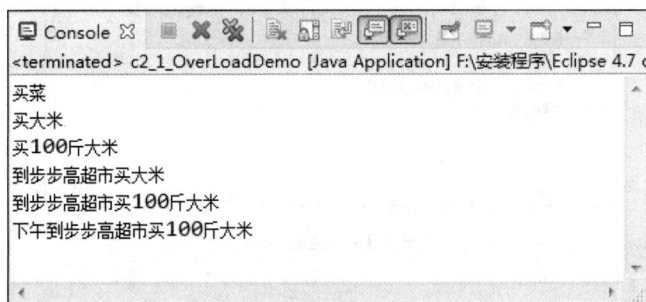

图 2-12　运行结果

有时候，子类从父类中继承方法时，需要修改父类中定义的方法（即只修改方法体，方法的参数类型、个数、顺序以及返回值保持相同），这就是方法的重写。

下面的程序定义了一个学生类 Stu，定义了一个学生类的子类 CollegeStu。在子类中重写了父类中的 display 方法。

父类 Stu 定义如下：

```
class Stu{
    String sName;
    void display(String name){
        System.out.println("我是一名学生,我的名字是:" + name);
    }
}
```

子类 CollegeStu 定义如下：

```
class CollegeStu extends Stu{
    String sMajor;
    void display(String name){
        System.out.println("-----------------------");
```

```
            System.out.println("我是一名大学生,我的名字是:" + name);
            sMajor = "计算机";
            System.out.println("我学习的专业是:" + sMajor);
        }
    }
```

编写含 main()方法的测试类如下：

```
public class OverrideDemo {
    public static void main(String[] args) {
        Stu stu1=new Stu();
        CollegeStu cstu = new CollegeStu();
        stu1.display("刘津");
        stu1 = cstu;
        stu1.display("王咏梅");
    }
}
```

上面的程序中，创建了一个 Stu 的对象 stu1，调用 display()方法，再将 CollegeStu 对象赋值给 stu1，再次调用 display()方法，可以看出，具体显示的内容由调用时 stu1 的类型决定。程序运行结果如图 2-13 所示。

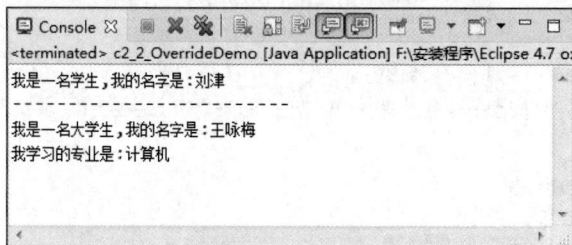

图 2-13 运行结果

说　明

- 方法重载时，同名的方法可以是参数类型不同、参数个数不同、参数顺序不同或返回值不同。
- 方法重写时，子类对父类中的方法保持名字不变，参数类型、个数和顺序不变，只改变方法体，以使子类和父类通过相同的方法完成不同的操作。
- 方法重写体现了动态多态性，即在程序运行时而不是在程序编译时决定执行哪一个方法，如 OverrideDemo 程序中的 s.display()方法的调用。
- 父类中的实例方法是可访问时（取决于访问修饰符）才可以被重写。
- 类方法（静态方法）可以被继承，但不能被重写。
- 方法重载和方法重写都是 OOP 多态性的表现。

任务实施

2.3.4　大学生对象分析

通过对大学生的特性和对大学生相关信息处理情况的分析，在继承学生类的基础上，可以得到大学生类相关的属性和方法，见表 2-6。

表 2-6　大学生类相关的属性和方法

项目	名称	含义
属性	sName	表示学生姓名，String 类型，继承自父类
	bGender	表示学生性别，boolean 类型，false 代表"女"，继承自父类
	iAge	表示学生年龄，int 类型，继承自父类
	dHeight	表示学生身高，double 类型，继承自父类
	dWeight	表示学生体重，double 类型，继承自父类
	iCounter	表示学生总人数，int 类型，继承自父类
	sMajor	表示学生专业，String 类型
方法	setInfo()	用于设置学生相关信息的方法，继承自父类
	getInfo()	用于获得学生相关信息的方法，重写父类的 getInfo()方法
	getCounter()	用于获得学生总人数的方法，重写父类的 getCounter()方法
	College()	构造方法
	setMajor()	用于设置大学生专业
	getMajor()	用于获得大学生专业

2.3.5　编写程序

具体编写步骤如下。

1）在 Eclipse 环境中打开名称为 chap02 的项目。

2）在 chap02 项目中新建名称为 College 的类。

3）编写完成的 College.java 的程序代码如下。

```java
 1  public class College extends Student{
 2      private String sMajor;
 3      public College() {
 4          ++ iCounter;
 5      }
 6      public College(String major) {
 7          super();
 8          this.sMajor = major;
 9          ++ iCounter;
10      }
11      public void setMajor(String major) {
12          this.sMajor = major;
13      }
14      public String getMajor() {
15          return this.sMajor;
16      }
17      public static void getCounter() {
18          System.out.println("大学生总数:" + iCounter);
19      }
20      public void getInfo() {
```

```
21          System.out.printf("姓名:%s;性别:%s\n",sName,bGender);
22          System.out.printf("身高:%.1fcm;",dHeight);
23          System.out.printf("体重:%.1fkg\n",dWeight);
24          System.out.printf("年龄:%d;专业:%s\n",iAge,sMajor);
25          System.out.println("------------------------");
26      }
27      public static void main(String[] args) {
28          Student stu = new Student();
29          stu.setInfo("zhangsan", true, 18, 178, 65);
30          stu.getInfo();
31          College collStu1 = new College("计算机");
32          collStu1.getInfo();
33          College collStu2 = new College();
34          collStu2.setInfo("nnzhang", false, 16, 168, 46);
35          collStu2.setMajor("软件工程");
36          collStu2.getInfo();
37          College.getCounter();
38      }
39  }
```

【程序说明】

- 第 1 行：使用 extends 关键字实现由父类 Student 继承得到子类 College。
- 第 2 行：声明子类的属性 sMajor（专业），private 修饰符说明该属性为子类私有的属性。
- 第 3～5 行：定义 College 类的无参构造方法。
- 第 6～10 行：定义 College 类的有参构造方法。
- 第 11～13 行：定义 College 类的 setMajor()方法，用于设置大学生专业。
- 第 14～16 行：定义 College 类的 getMajor()方法，用于获取大学生专业。
- 第 17～19 行：重写父类的 getCounter()方法，用于获取大学生人数。
- 第 20～26 行：重写父类的 getInfo()方法，用于显示大学生所有属性。
- 第 28 行：构造一个 Student 学生类对象。
- 第 29～30 行：调用 Student 类方法设置和获取学生信息。
- 第 31 行：调用 College 类的有参构造方法，构造一个 College 类对象 collStu1。
- 第 32 行：对象 collStu1 调用重写父类的 getInfo()方法，显示学生信息。
- 第 33 行：调用 College 类的无参构造方法，构造一个 College 类对象 collStu2。
- 第 34 行：对象 collStu2 调用父类的 setInfo()方法，设置学生信息。
- 第 35 行：对象 collStu2 调用 setMajor()方法，设置学生专业。
- 第 36 行：对象 collStu2 调用重写父类的 getInfo()方法，显示学生信息。
- 第 37 行：调用静态方法 getCounter()获取大学生总人数。

2.3.6 编译并运行程序

保存并修正程序错误后，程序运行结果如图 2-14 所示。

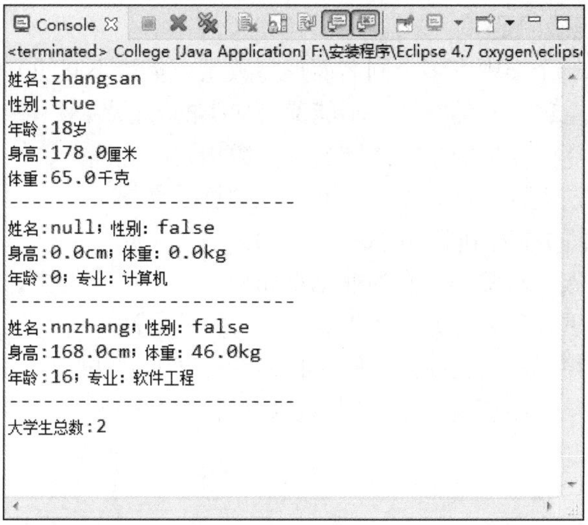

图 2-14　College 运行结果

知识链接：感动中国年度人物——徐梦桃

"没有等来的辉煌，只有拼来的精彩。"北京冬奥会，徐梦桃完美一跳，拿下自由式滑雪女子空中技巧金牌。练习自由式滑雪空中技巧 20 年，徐梦桃用坚韧、拼搏还有奋斗，实现了自己的梦想，诠释了奥林匹克精神。感动中国给予徐梦桃的颁奖语是："烧烤炉温暖的童年，伤病困扰的青春，近在咫尺的金牌，最终披上肩膀的国旗。全场最高难度，这是创纪录的翻转，更是人生的翻转。桃之夭夭，灼灼其华，梦之芒芒，切切其真。"

"青年强，则国家强"。我们当代大学生，要向徐梦桃学习，将"个人梦"与"中国梦"紧密结合。加快体育强国建设，全面助力社会主义现代化强国建设，是当代青年的应有担当。作为新时代青年，生逢其时，要坚定不移听党话、跟党走，怀抱梦想又脚踏实地，敢想敢为又善作善成，踔厉奋发，担当作为，让青春在全面建设社会主义现代化国家的火热实践中绽放绚丽之花。

■ 任务评价和拓展

【测一测】

1. 在 Java 中，一个类可同时定义许多同名的方法，这些方法的形式参数的个数、类型或顺序各不相同，传回的值可以不相同。这种面向对象程序设计的特性称为（　　）。

    A. 隐藏　　　　　　　B. 覆盖　　　　　　　C. 重载　　　　　　　D. Java 不支持此特性

2. 下列方法中，与方法 public void add(int a){}为合理重载的方法是（　　）。

    A. public int add(int a)　　　　　　　　B. public void add(long a)

    C. public void add(int a)　　　　　　　　D. public void add(int a,int b)

3. 下列说法中正确的是（　　　）。

    A. 重载是指一个类中有多个同名而形参数量或类型不同的方法

    B. 子类只能重载父类的方法而不能覆盖父类的方法

    C. 子类不能声明与父类中方法同名且参数相同的方法

    D. 可以将方法返回值类型作为判断重载的标准之一

4. 下列关于继承的描述中正确的是（　　　）。

    A. 子类能直接继承父类所有的非私有属性

    B. 子类只能重载父类的方法而不能覆盖父类的方法

    C. 子类不能声明与父类中方法同名且参数相同的方法

    D. 可以将方法返回值类型作为判断重载的标准之一

【练一练】

设计一个水果类（fruit），包含颜色（color）和产地（address）两个成员变量，还包括构造方法，以及设置水果信息的 setInfo()方法、获取水果信息的 getInfo()方法和吃水果的 eatFruit()方法。

由水果类（fruit）继承得到苹果（apple）类，添加一个品种（type）的成员变量和获取品种的成员方法（getType()）。定义构造方法和重写父类的 eatFruit()方法。

由水果类（fruit）继承得到香蕉（banana）类，定义构造方法和重写父类的 eatFruit()方法。

创建测试程序，包含 main()方法，在 main()方法中分别创建苹果和香蕉对象，调用其相关的方法。

任务 2.4　编写描述"形状"的 Java 类

任务描述

定义类时，除了可以声明类的访问权限，还可以声明一个类是抽象类还是最终类，这就需要用到 abstract 修饰符和 final 修饰符。本任务将定义一个描述"形状"的 Java 抽象类，再定义"形状"抽象类的子类 Circle 类和 Rectangle 类，在子类中实现计算图形面积的方法。本任务将带领你学习类的静态成员、abstract 修饰符和 final 修饰符的使用。通过本任务的学习，你将：

- 掌握 static 关键字的使用；
- 掌握 final 修饰符在不同场景下的应用；
- 理解抽象类和抽象方法的概念；
- 能够根据需要熟练使用 static 关键字和 final 修饰符；
- 能根据实际应用编写抽象类和具体类；
- 进一步养成认真细致的工作作风。

微课：编写描述"形状"的 Java 类

▌知识准备

2.4.1　static 关键字

Java 中的 static 关键字，可用于修饰类的成员方法和类的成员变量，还可以编写 static 代码块优化程序性能。在类中，用 static 声明的成员称为类成员，也称为静态成员，它是属于类的，不依附于任何对象。简单来说，就是被 static 关键字修饰的方法或者变量不需要依赖对象来进行访问，只要类被加载了，就可以通过类名进行访问。

1. static 变量

在 Java 中定义类时，只是描述了类的属性和方法，只有当构造类的对象时，才完成了类的实例化，并产生与对象相关的数据。类的每一个对象都有独自的内存空间，分别存储各自的数据。但有时希望类中的某个数据能够被该类所有的对象共享，如一个学校里的所有学生都有相同的学校名称，此时就不必为每一个学生对象都分配一个空间来存储学校名称，学校名称就可以定义为静态成员变量，从而实现对所有学生对象的共享。

static 变量也称作静态变量，静态变量和非静态变量的区别是：静态变量被所有的对象所共享，在内存中只有一个副本，它当且仅当在类初次加载时会被初始化。非静态变量是对象所拥有的，在创建对象时被初始化，存在多个副本，各个对象拥有的副本互不影响。在 Java 中，可以直接使用"类名.变量名"的形式访问静态变量。

```
class Student{
    public static String schoolNmae = "湖南铁道";
    public String name;
    public Student(String name) {
        this.name = name;
    }
}
public class staticTest {
    public static void main(String[] args) {
        Student stu1 = new Student("张三");
        Student stu2 = new Student("李四");
        System.out.println("姓名: " + stu1.name + "; 学校: " + Student.schoolNmae);
        System.out.println("姓名: " + stu2.name + "; 学校: " + Student.schoolNmae);
    }
}
```

上述程序在 Student 类中定义了一个静态成员变量 schoolNmae，用于表示学生所在的学校。schoolNmae 能够被所有的对象共享，可以直接使用 Student.schoolNmae 的方式来访问静态成员变量 schoolNmae，也可以使用对象名进行访问，程序运行结果如图 2-15 所示。

图 2-15　运行结果

2. static 方法

static 方法一般称作静态方法，与静态成员变量一样，访问静态方法也不依赖任何对象。因此，对于静态方法来说，是没有 this 的，因为它不依附于任何对象，既然都没有对象，就谈不上 this 了。并且由于这个特性，在静态方法中不能访问类的非静态成员变量和非静态成员方法，因为非静态成员必须依赖具体的对象才能够被调用。

下面的程序在 Student 类中增加了一个静态成员变量 iCounter，用于记录创建学生对象的数量，每当构造一个 Student 对象时，iCounter 的值就会加 1，同时定义了静态方法 getCounter 用于获取 iCounter 的值，程序如下。

```java
class Student{
    public static String schoolNmae = "湖南铁道";
    public String name;
    public static int iCounter = 0;
    public Student(String name) {
        this.name = name;
        iCounter ++;
    }
    public static void getCounter() {
        System.out.println("学生总数:" + iCounter);
    }
}
public class staticTest {
    public static void main(String[] args) {
        Student stu1 = new Student("张三");
        Student stu2 = new Student("李四");
        System.out.println("姓名:" + stu1.name + "; 学校:" + Student.schoolNmae);
        System.out.println("姓名:" + stu2.name + "; 学校:" + stu2.schoolNmae);
        Student.getCounter();
    }
}
```

程序运行结果如图 2-16 所示。

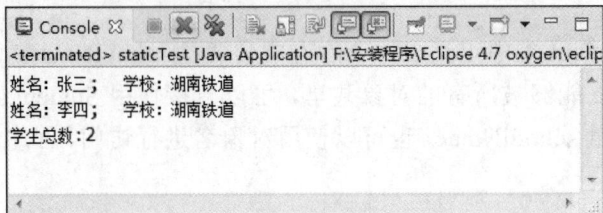

图 2-16　运行结果

说　明

在一个静态方法中只能访问用 static 修饰的静态成员，因为没有被 static 修饰的成员需要先创建对象才能访问，而静态方法不用创建任何对象就可以被调用。

3. static 代码块

static 关键字还有一个比较重要的作用就是用来形成静态代码块以优化程序性能。Java 中的代码块就是使用一对大括号包围起来的若干行代码，用 static 修饰的代码块就是静态代码块。在类初次被加载的时候，就会执行 static 代码块，由于类只加载一次，所以 static 代码块只会执行一次。

```java
class Student{
    static  {
        System.out.println("Student 类中的静态代码块被执行了..." );
    }
}
public class staticTest {
    static  {
        System.out.println("staticTest 类中的静态代码块被执行了..." );
    }
    public static void main(String[] args) {
        Student stu1 = new Student();
        Student stu2 = new Student();
    }
}
```

在上面的程序中，分别在 staticTest 类和 Student 类中都定义了一个 static 代码块。在执行时，Java JVM 会先加载含 main()方法的 staticTest 类，此时 staticTest 类中 static 代码块被执行，紧接着执行 main()方法，在 main()方法中构造了两个 Student 对象，但 Student 类中的 static 代码块只会执行一次。程序的运行结果如图 2-17 所示。

图 2-17　运行结果

2.4.2　final 修饰符

Java 中的继承、方法重载和方法重写功能强大，有利于面向对象思想的表现。但是，有时也不希望被继承或实现方法重载等。例如，在嵌入式编程中，可能会把硬件设备的初始化操作封装成类，在这种情况下，不希望用户重写初始化方法。否则，有可能造成设备的损坏或工作不正常。因此，出于保密或其他设计上的原因，希望类或类中成员变量、成员方法不被修改或重写，可以通过 Java 提供的 final 修饰符来实现。

1. final 关键字修饰类

Java 中的类被 final 关键字修饰后，该类将不可以被继承，也就是该类不能拥有子类。下面的程序定义了 Student 类，使用 final 关键字修饰，再定义子类 middleStudent 继承 Student 类时，就会出现编译错误，如图 2-18 所示。

```
final class Student {   //使用 final 关键字修饰 Student 类
}
class middleStudent extends Student{   //定义子类 middleStudent 继承 Student 类
}
public class Test {
    public static void main(String[] args) {
        middleStudent mstu = new middleStudent(); //创建 middleStudent
                                                  类的实例对象
    }
}
```

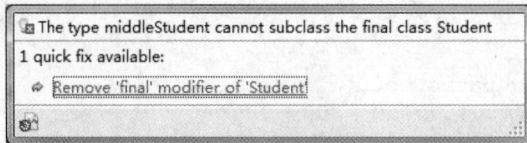

图 2-18　编译错误

2. final 关键字修饰方法

Java 中当一个类的方法被 final 关键字修饰后，该类的子类将不可以重写该方法。下面的程序在 Student 类中定义了使用 final 关键字修饰的 getInfo()方法，在其子类 middleStudent 中重写 getInfo()方法时，就会出现编译错误，如图 2-19 所示。

```
class Student {
    public final void getInfo() {      //使用 final 关键字修饰 getInfo()方法
    }
}
class middleStudent extends Student{
    public void getInfo() {             //重写父类的 getInfo()方法
    }
}
public class Test {
public static void main(String[] args) {
    middleStudent mstu = new middleStudent(); //创建 middleStudent 类
                                              的实例对象
    }
}
```

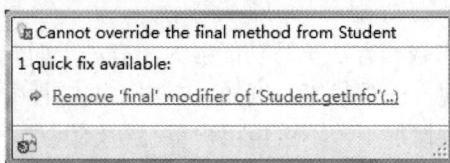

图 2-19　编译错误

3. final 关键字修饰变量

Java 中当一个变量被 final 关键字修饰后，该变量就只能被赋值一次，也就是说被 final 关键字修饰的变量一旦被赋值，其值不能改变。如果再次赋值，程序编译就会报错，如下面的程序就会出现编译错误。

```java
public class Test {
    public static void main(String[] args) {
        final int i = 3;    //final 关键字修饰变量 i
        i = 5;              //再次赋值会报错
    }
}
```

2.4.3　抽象类与抽象方法

在面向对象分析设计时，可将一些实体做高度抽象定义成抽象类。抽象类没有任何对象，只可作为一个模板用于创建子类，以及为面向对象提供更灵活的多态机制。

例如，在描述交通工具时，每个交通工具都具有共同的特点（如大小）和操作（如驱动）等，但这些操作的形式均不一样。在面向对象分析、设计时，可将这些共同点抽取出来定义成抽象的"交通工具"类，"交通工具"也会有驱动操作，但由于没有具体的对象，驱动操作方法没有办法实现。因此，在"交通工具"类中对这些方法一般只做声明，由于没有具体的实现细节，这些方法被称为抽象方法（如 drive()方法）。汽车、轮船继承于"交通工具"类，并实现其中的具体驱动操作（如汽车驱动车轮滚动、轮船转动螺旋桨等）。这些类也被称为具体类。抽象类和具体类示例如图 2-20 所示。

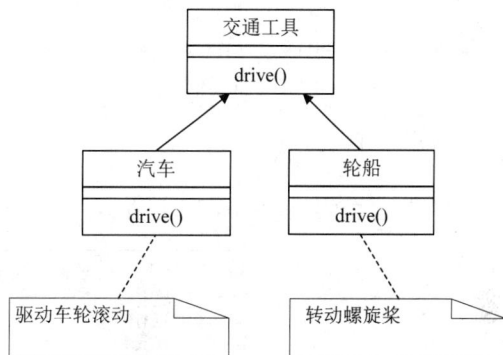

图 2-20　抽象类和具体类示例

抽象类定义的一般格式如下：

```
[public] abstract class 类名 [extends 父类名] [implements 接口名表]
{
    方法体;
}
```

抽象类的声明，必须在 class 关键字之前添加 abstract 关键字。抽象类与其他类一样，可继承于其他类，也可实现接口。但定义抽象类的主要目的就是创建子类，因此 abstract 类不可以是 final 类。抽象类中可以不包含抽象方法，但包含抽象方法的类必须是抽象类。抽象方法声明的一般格式如下：

```
[存取修饰符] abstract [方法返回类型] 方法名([形式参数表]) [throws 异常表];
```

抽象方法在声明时必须在方法返回类型前添加 abstract 关键字；方法的定义只需一个声明，无须方法体，声明以"；"结束。private 方法对于其他类不可见，static、final 方法不允许子类方法覆盖，native 方法是本地方法无须由 Java 实现，synchronized 关键字用于限制方法体同步，因此抽象方法的声明不可使用 private、final、static、native、synchronized 关键字。子类方法实现抽象方法实质是对父类中抽象方法的重写，因此在实现抽象方法时应按重写方法的要求实现。实现方法需与抽象方法具有相同的名称、存取修饰符及返回类型。

下面的程序定义一个交通工具抽象类 Traffic，包含一个抽象方法 drive()，同时定义了该抽象类的两个子类，实现了 drive()方法，程序如下。

```java
//定义交通工具抽象类
abstract class Traffic{
    public abstract void drive();//定义抽象方法
}
class Car extends Traffic{
    public void drive() {
        System.out.println("驾驶汽车在路上行驶...");
    }
}
class Ship extends Traffic{
    public void drive() {
        System.out.println("驾驶轮船航行在大海上...");
    }
}
public class TrafficMain {
    public static void main(String args[]) {
        Car car = new Car();
        Ship ship = new Ship();
        car.drive();
        ship.drive();
    }
}
```

程序的运行结果如图 2-21 所示。

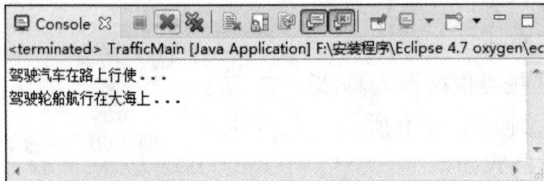

图 2-21　运行结果

任务实施

2.4.4　任务分析

本任务定义一个描述"形状"的 Java 抽象类，再定义"形状"抽象类的子类 Circle 类和 Rectangle 类，在子类中实现计算图形面积的方法，通过对相关信息处理情况的分析，可以得到相关类的属性和方法，见表 2-7。

表 2-7　类的属性和方法

类	成员	含义
Shape	getArea()	表示获得图形面积，抽象方法

续表

类	成员	含义
Circle	PI	常量，PI=3.1415926
	dRadius	圆半径
	Circle	构造方法
	getArea()	实现父类的抽象方法，计算圆面积
Rectangle	dLength	矩形长
	dWidth	矩形宽
	Rectangle	构造方法
	getArea()	实现父类的抽象方法，计算矩形面积

2.4.5　编写程序

具体编写步骤如下。

1）在 Eclipse 环境中打开名称为 chap02 的项目。

2）在 chap02 项目中新建名称为 AbstractDemo 的类。

3）编写完成的 AbstractDemo.java 的程序代码如下。

```
1  abstract class Shape{
2     public abstract void getArea();
3  }
4  class Circle extends Shape{
5     final double PI = 3.1415926;
6     double dRadius;
7     public void getArea(){
8        System.out.println("圆的面积为:" + PI * dRadius * dRadius);
9     }
10    public Circle(double r)  {
11       this.dRadius = r;
12    }
13 }
14 class Rectangle extends Shape{
15    double dLength;
16    double dWidth;
17    public void getArea(){
18       System.out.println("矩形的面积为:" + dLength * dWidth);
19    }
20    public Rectangle(double l,double w){
21       this.dLength = l;
22       this.dWidth = w;
23    }
24 }
25 public class AbstractDemo{
26    public static void main(String args[]){
27       Circle cc = new Circle(5.6);
28       cc.getArea();
29       Rectangle rt = new Rectangle(8,6);
```

```
30          rt.getArea();
31      }
32  }
```

【程序说明】

- 第 1~3 行：定义描述形状的抽象类 Shape。
- 第 2 行：定义计算形状面积的抽象方法 getArea()。
- 第 4~13 行：继承抽象类 Shape 得到具体的圆类 Circle。
- 第 7~9 行：在 Circle 类中重写 Shape 类中的 getArea()方法，实现计算圆的面积。
- 第 10~12 行：Circle 类的构造方法，用于构造指定半径的圆。
- 第 14~24 行：继承抽象类 Shape 得到具体的矩形类 Rectangle。
- 第 17~19 行：在 Rectangle 类中重写 Shape 类中的 getArea()方法，实现计算矩形的面积。
- 第 20~23 行：Rectangle 类的构造方法，用于构造指定长度和宽度的矩形。
- 第 25~32 行：主类，创建圆和矩形对象，并计算其面积。
- 第 28 行，第 30 行：分别调用 getArea()方法计算圆和矩形的面积。

2.4.6　编译并运行程序

保存并修正程序错误后，程序运行结果如图 2-22 所示。

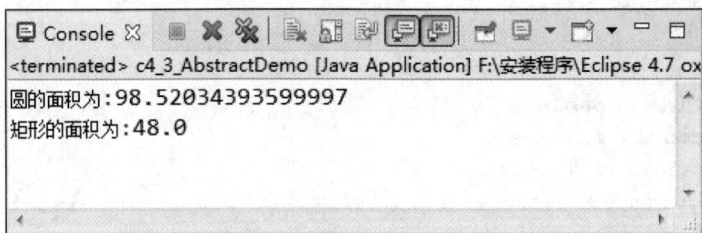

图 2-22　AbstractDemo 运行结果

说　明

- 抽象类中不一定包含抽象方法，但包含抽象方法的类一定是抽象类。
- 使用抽象类就是为了继承，抽象类中一般只有成员方法。
- 继承抽象类的子类必须要重写抽象类中的抽象方法。

▌ 任务评价和拓展

【测一测】

1．修饰不能再派生子类的类，应该使用的修饰符是（　　　）。
　　A．private　　　　　　B．abstract　　　　　　C．final　　　　　　D．public
2．下列说法中正确的是（　　　）。
　　A．一个 Java 源程序文件中最多只能有一个 public 类

B. 引用一个类的属性或调用其方法必须以这个类的对象名为前缀

C. 抽象类默认是 public 类

D. final 类中的属性和方法都必须被 final 修饰符修饰

3. 下列有关 final 修饰符的描述中，错误的是（　　）。

A. 用 final 修饰的变量，一旦赋值，就不能改变，也称 final 修饰的变量为常量

B. 由 final 修饰的方法不能被子类中的相同方法覆盖

C. 由 final 修饰的类不能实例化生成相应的对象

D. 由 final 修饰的类不能派生子类

4. 下列关于抽象类的描述中，错误的是（　　）。

A. 在类定义中，如果类被关键字 abstract 修饰，该类就是一个抽象类

B. 抽象类中可以没有抽象方法，而包含抽象方法的类必须是抽象类

C. abstract 和 final 可以同时修饰同一个类

D. 抽象类本身不能被实例化，它只能作为其他类的父类。子类继承抽象类并实现父类的抽象方法后，就能实例化子类的对象

5. MAX_SUM 是 int 型 public 成员变量，值保持为常量 1000，下列定义正确的是（　　）。

A. public int MAX_SUM = 1000;

B. final int MAX_SUM = 1000;

C. final public int MAX_SUM = 1000;

D. public final int MAX_SUM = 1000;

【练一练】

定义一个描述宠物的抽象类 Pet，包含重量（weight）和年龄（age）两个成员变量，以及构造方法和显示宠物资料的 showInfo() 方法，还包括一个显示宠物叫声的抽象方法 cry()。

由 Pet 类继承得到猫类 Cat 和狗类 Dog，分别添加构造方法和实现父类的 cry() 抽象方法。

创建测试程序，包含 main() 方法，在 main() 方法中创建猫类 Cat 和狗类 Dog 对象，调用显示宠物资料的方法输出对象的详细信息，调用 cry() 方法显示宠物的叫声。

任务 2.5　编写描述电视机遥控器的 Java 类

任务描述

为了提高程序执行效率，降低程序复杂度，Java 引入了接口机制。接口提供了方法声明与方法实现相分离的机制，使多个类之间表现出共同的行为特征。本任务将编写基于"遥控器"接口实现"电视机遥控器"的 Java 类，具体包括：①定义一个描述家用电器遥控器

的标准接口；②定义一个实现该接口的电视机遥控器类；③定义主类并实现 main()方法，在 main()方法中使用电视机遥控器类。本任务将带领你学习接口的概念及定义方法、多态、Java 中的包与 Java 类库。通过本任务的学习，你将：

- 理解接口的概念，掌握接口的定义方法；
- 理解 Java 中包的作用，掌握包的定义和引入方法；
- 了解 Java 常用的类库；
- 能够根据实际应用编写接口；
- 能够使用接口实现多继承；
- 进一步提高抽象思维能力。

微课：编写描述电视
机遥控器的 Java 类

▌ 知识准备 ▌

2.5.1　接口

1. 接口定义

在面向对象程序设计过程中，需要定义一个类必须做什么而不是如何做，前面所学习的抽象类可以达到这一目标。另外，在 Java 语言中还提供了接口 interface 用于区分类的接口和实现方式。在 Java 语言中，接口被描述为一组方法声明和常量的集合。接口只定义了一组方法协议（或称标准），但没有做任何具体实现。接口的定义与类的定义相似，其一般格式如下：

```
[public] interface 接口名 [extends 父辈接口列表]
{
        常量定义
        方法声明
}
```

1）关键字 public 与类的声明一样，public 说明该接口可被任何包中的类实现。如果没有 public 修饰符，则它只能被同一个包中的类实现。

2）关键字 interface 说明当前定义的是接口，而不是类或其他抽象类型。

3）接口名与类名一样，采用一个合法的 Java 标识符，一般以大写字母"I"开头或以"able"结尾。

4）extends 父接口列表与类的继承一样，用于声明当前接口继承于哪些接口。与类不同的是，类只能实现单继承，只能继承自某一个父类；而接口可同时继承自多个父辈接口，接口之间用"，"分隔。

2. 接口体

在接口体中可包含一组方法和常量声明。在接口中定义的任何成员变量都被认为是常量，系统将自动默认为 public、static、final 类型。因此，在接口体中定义成员变量时应采用大写字母。

接口方法的声明，一般格式如下：

```
[public] [abstract]  [方法返回类型] 方法名( [形式参数表]) [throws 异常表];
```

与抽象方法的声明类似，在接口中的方法声明中只允许用 public 和 abstract 修饰符，且可省略，系统将自动默认其为 public、abstract 类型。这些接口方法也可进行重载声明（即方法名相同，但参数不一致）。接口不是类，它无须构造函数，也无法声明构造函数。

3. 接口实现

实现接口的定义格式如下：

```
[public][abstract][final] class 类名 [extends 父类名] implements 接口名表
{
    //接口体内容 1
//接口方法实现
    //接口体内容 2
}
```

与普通类的定义不同，接口实现必须包含"implements 接口名表"部分。这里使用接口名表，表示一个接口实现类可同时实现多个接口，接口名之间使用"，"分隔。

接口只定义了一个系统或包的接口界面，该接口界面需由具体的类给予实现。在实现类中，一般必须重写接口中声明的所有方法。重写方法的名称、返回值、修饰符必须与接口中声明的方法一致。

2.5.2　多态

封装隐藏了类的内部实现机制，可以在不影响使用的情况下改变类的内部结构，同时也保护了数据。对外界，它的内部细节是隐藏的，暴露给外界的只是它的访问方法。继承是为了重用父类代码，同时继承也为实现多态做了铺垫，那么多态的实现机制又是什么？

多态就是指程序中定义的引用变量所指向的具体类型和通过该引用变量发出的方法调用在编程时并不确定，而是在程序运行期间才确定，即一个引用变量到底会指向哪个类的实例对象，该引用变量发出的方法调用到底是哪个类中实现的方法，必须在程序运行期间才能决定。因为在程序运行时才确定具体的类，这样，不用修改源程序代码，就可以让引用变量绑定到各种不同的类实现上，从而导致该引用调用的具体方法随之改变，即不修改程序代码就可以改变程序运行时所绑定的具体代码，让程序可以选择多个运行状态，这就是多态性。

下面的程序定义一个交通工具接口 iTraffic，包含一个抽象方法 drive()，同时定义了汽车类 Car 和轮船类 Ship 实现了接口 iTraffic，程序如下。

```java
interface iTraffic{
    void drive();
}
class Car implements iTraffic{
    public void drive() {
        System.out.println("驾驶汽车在路上行驶...");
    }
}
class Ship implements iTraffic{
    public void drive() {
        System.out.println("驾驶轮船航行在大海上...");
    }
}
public class iTrafficMain {
```

```
    public static void main(String[] args) {
        iTraffic tr1 = new Car();
        iTraffic tr2 = new Ship();
        TrafficDrive(tr1);
        TrafficDrive(tr2);
    }
    public static void TrafficDrive(iTraffic traffic) {
        traffic.drive();
    }
}
```

上述程序中的汽车类 Car 和轮船类 Ship 都实现了接口 iTraffic 中的 drive()方法，但是不同类中的 drive()方法操作不同。在程序的第 21 行的 TrafficDrive()方法中，需要传入 iTraffic 类型的参数。在 main()方法中实现了父类类型变量引用不同的子类对象。当调用 TrafficDrive()方法将两个不同的子类对象分别传入后，结果分别执行了子类各自的 drive()方法，这就体现了多态性，使程序变得更加灵活。程序的运行结果如图 2-23 所示。

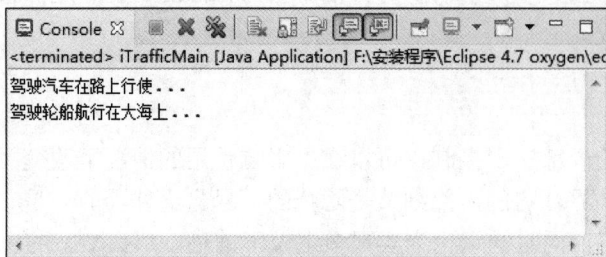

图 2-23   运行结果

2.5.3   包与 Java 类库

1. 定义包

客观世界中不同对象间的相互联系和相互作用构成了各种不同的系统，不同系统间的相互联系和相互作用构成了更庞大的系统，进而构成了整个世界。在 Java 语言中，与客观世界中系统相对应的概念称为包（package）。包是一种分组机制，设计者可将一组高内聚、低耦合、关联性较强的模型元素（可以是类、接口、包）组织在一起，形成一个更高层次的单元。包中的模型元素也可以是包，从而构成包的嵌套。正如计算机，从外表来看主要由主机、显示器、键盘、鼠标及其他外设组成，而主机由 CPU（中央处理器）、主板、内存、显卡、声卡、硬盘、光驱、电源变压器等封装而成。同时 CPU 又是由运算器、控制器、寄存器等部分集成。这里的计算机可以看成最高层次的包，下面依次是子包主机和子包 CPU。

包由一组类和接口组成。它是管理大型名字空间，避免名字冲突的工具。每一个类和接口的名字都包含在某个包中。按照一般的习惯，它的名字由"."号分隔的单词构成，第一个单词通常是开发这个包的组织的名称。

使用包的作用有两个：一是划分类名空间，二是控制类之间的访问。首先，既然包是一个类名空间，同一个包中的类（包括接口）不能重名，不同包中的类可以重名。其次，类之间的访问控制是通过类修饰符实现的，若类声明修饰符为 public，则表明该类不仅可供同一包中的类访问，也可以被其他包中的类访问。若类声明无修饰符，则表明该类仅供同一包中的类访问。

定义包由 package 语句定义。如果使用 package 语句，编译单元的第一行必须无空格，也无注释，其一般格式如下：

```
package packageName;
```

若编译单元无 package 语句，则该单元被置于一个缺省的无名的包中。在编译过程中，若不存在 packageName 指定的文件夹，则系统在工作目录中自动创建与包名同名的文件夹。

2. 引入包

在一个类中，如果要使用其他包中的类和接口需要用 import 关键词来标明来自其他包中的类。一个编译单元可以自动将指定的类和接口导入到自己的包中。在使用一个外部类或接口时，必须要声明该类或接口所在的包，否则会产生编译错误。

Java 提供 import 关键词引用包，指定包的名字包括路径名和类名，用 "*" 匹配符可以调入多个类。通常一个类只能引用与它在同一个包中的类，如果需要使用其他包中的 public 类，则可以使用如下几种方法。

1）在要使用的类前加包名。

在使用其他类时在类名前加包名，即包名.类名。这种类名前加包名的方式适用于在源文件中使用其他类较少的情况下。例如：

```
java.awt.Label lblFont = new java.awt.Label();
```

2）用 import 关键字加载需要使用的类。

程序开始处使用 "import 包名.类名"，然后在程序中就可以直接写类名加以使用。

```
import java.awt.Label;
Label lblFont = new Label();
```

3）用 import 关键字加载整个包。例如：

若希望引入整个包，可以在程序开始处使用 "import 包名.*;"，例如：

```
import java.awt.*;
```

4）设置 CLASSPATH 环境变量。

另一个能指明.class 文件夹所在位置的是环境变量 CLASSPATH。当一个程序找不到它所需使用的其他类的.class 文件时，系统会自动到 CLASSPATH 环境变量所指明的路径中去寻找。所以，可以通过设置 CLASSPATH 环境变量设置类的搜索路径。

3. Java 中常用的类库

在使用 Java 语言进行面向对象程序设计时，需要用到许多 Java API 中提供的类库，Java 常用的类库及其功能见表 2-8。

表 2-8　Java 常用的类库及其功能

编号	包名	功能
1	java.awt	包含图形界面设计类、布局类、事件监听类和图像类
2	java.io	包含文件系统输入/输出相关的数据流类和对象序列化类

续表

编号	包名	功能
3	java.lang	包含对象、线程、异常出口、系统、整数和字符等类等 Java 编程语言的基本类库
4	java.net	包含支持 TCP/IP 类、Socket 类、URL 类等实现网络通信应用的所有类
5	java.util	包含程序的同步类、Date 类和 Dictionary 类等常用工具包
6	javax.swing	包含一系列轻量级的用户界面组件（swing 组件）类
7	Java.sql	包含访问和处理来自 Java 标准数据源数据的相关类（JDBC 类）
8	java.applet	包含设计 applet 的类
9	java.beans.*	提供开发 Java Beans 需要的所有类
10	java.math.*	提供简明的整数算术及十进制算术的基本函数
11	java.rmi	提供与远程方法调用相关的所有类
12	java.security.*	提供设计网络安全方案需要的一些类
13	java.test	包括以一种独立于自然语言的方式处理文本、日期、数字和消息的类和接口
14	javax.accessibility	定义用户界面组件之间相互访问的一种机制
15	javax.naming.*	为命名服务提供一系列类和接口

说　明

- 学习 Java 语言的过程，在一定程度上，就是学习这些类库中的类的使用（包括成员变量、成员方法和构造方法）。
- 学习过程中要充分利用 Java 的中英文帮助文档，学习 Java 类及其层次关系。

任务实施

2.5.4　任务分析

下面通过现实生活中的一个例子来进一步说明接口的应用。在现代生活中，普通家庭都有电视（TV）、DVD 播放器、高保真音响（HI-FI）、录像机（VCR）等电子设备。这些设备都有各自的遥控器，所有的遥控器功能都差不多，主要功能包括开关、声音放大、声音减小和静音等。设备越多相应的遥控器也越多，这给高质量生活带来许多不便。为此，电子设备生产商联合起来，共同定义了遥控器标准，使各厂商生产的电子设备可以共用一个遥控器标准。

在这里，遥控器标准可看作一个接口，它定义了一组标准功能操作；每一个厂商均可根据这个遥控器标准实现电子设备的遥控功能。每一个具体的遥控器，都可看作是一个遥控器接口变量；每一个具体的 TV、HI-FI 等电子设备，都可看作是遥控器标准实现类对象。当遥控器指向某一个具体电子设备做声音放大遥控操作时，相应电子设备的声音将放大。本任务就是要完成电子设备的遥控器接口定义。

本任务定义一个描述家用电器遥控器标准接口，再定义一个实现该接口的电视机遥控器类 TVRemoteCtrl，通过对相关信息处理情况的分析，可以得到接口及实现类相关的属性和方法，见表 2-9。

表 2-9 接口及实现类相关的属性和方法

类型	成员	含义
接口 IRemoteCtrl	VOLUME_MIN	表示最小音量值
	VOLUME_MAX	表示最大音量值
	powerOnOff()	成员方法，电源开关
	volumeUp()	成员方法，声音放大
	volumeDown()	成员方法，声音减小
	Mute()	成员方法，静音功能
实现接口 TVRemoteCtrl	CHANNEL_MIN	表示最小频道值
	CHANNEL_MAX	表示最大频道值
	sMaker	生产厂家
	power	电视电源状态
	iVolume	音量
	iChannel	频道
	TVRemoteCtrl	构造方法
	powerOnOff()	重写接口方法，打开或关闭电源
	volumeDown()	重写接口方法，减小音量
	volumeUp()	重写接口方法，增加音量
	mute()	重写接口方法，设置静音
	channelDown	实现下一频道
	channelUp	实现上一频道
	setChannel	设置频道

2.5.5　编写程序

1. 编写接口程序

具体编写步骤如下。

1）在 Eclipse 环境中打开名称为 chap02 的项目。

2）在 chap02 项目中新建名称为 IRemoteCtrl 的接口。

3）编写完成的 IRemoteCtrl.java 的程序代码如下。

```
1  interface IRemoteCtrl{
2      int VOLUME_MIN = 0;
3      int VOLUME_MAX = 100;
4      boolean powerOnOff(boolean b);      //电源开关
5      int volumeUp(int increment);        //声音放大
6      int volumeDown(int decrement);      //声音减小
7      void mute();                        //静音
8  }
```

【程序说明】

- 第 1 行：通过 interface 关键字声明遥控器接口 IRemoteCtrl。
- 第 2～3 行：声明最大音量和最小音量两个常量，默认为 public、final。

- 第 4~7 行：声明 4 个成员方法，默认为 public、abstract。

2. 编写实现接口的程序

对于上面提到的遥控器标准，各电器生产厂家在生产遥控器时要根据电器的具体情况实现其功能。编写实现电视机遥控器程序的步骤如下。

1）在 Eclipse 环境中打开名称为 chap02 的项目。

2）在 chap02 项目中新建名称为 TVRemoteCtrl 的类。

3）编写完成的 TVRemoteCtrl.java 程序代码如下。

```java
1  import static java.lang.Math.min;
2  import static java.lang.Math.max;
3  class TVRemoteCtrl implements IRemoteCtrl{
4    private int CHANNEL_MIN = 0;
5    private int CHANNEL_MAX = 999;
6    private String sMaker = "";
7    private boolean power;
8    private int iVolume;
9    private int iChannel = CHANNEL_MIN;
10   public TVRemoteCtrl(String m){
11      this.sMaker = m;
12   }
13   public boolean powerOnOff(boolean b){   //打开或关闭电源
14      this.power = b;
15      System.out.println(sMaker + " 电视机");
16      System.out.println("电源:" + (this.power?"开":"关"));
17      return this.power;
18   }
19   public int volumeDown(int decrement){   //减小音量
20      if(!this.power)
21         return 0;   //电源关闭，遥控信号均无效
22      this.iVolume -= decrement;
23      this.iVolume = max(this.iVolume,VOLUME_MIN);
24      System.out.println("电视声音减小为:"+this.iVolume);
25      return this.iVolume;
26   }
27   public int volumeUp(int increment){   //增加音量
28      if(!this.power)
29         return 0;   //电源关闭，遥控信号均无效
30      this.iVolume += increment;
31      this.iVolume = min(this.iVolume,VOLUME_MAX);
32      System.out.println("电视声音增加到:" + this.iVolume);
33      return this.iVolume;
34   }
35   public void mute(){   //设置静音
36      if(!this.power)
37         return;   //电源关闭，所以遥控信号均无效
38      this.iVolume = VOLUME_MIN;
39      System.out.println("电视设为静音状态");
40      return ;
```

```
41        }
42        public int channelDown(){  //实现下一频道
43          if(!this.power)
44            return 0;  //电源关闭，遥控信号均无效
45
46          this.iChannel = this.iChannel > CHANNEL_MIN?-- this.iChannel:
47    CHANNEL_MAX;
48          System.out.println("下一频道:" + this.iChannel);
49          return this.iChannel;
50        }
51        public int channelUp(){  //实现上一频道
52          if(!this.power)
53            return 0;  //电源关闭，遥控信号均无效
54          this.iChannel = this.iChannel < CHANNEL_MAX? ++ this.iChannel:
55    CHANNEL_MIN;
56          System.out.println("上一频道:" + this.iChannel);
57          return this.iChannel;
58        }
59        public int setChannel(int ch){  //设置频道
60          if(!this.power)
61            return 0;  //电源关闭，遥控信号均无效
62          if(ch > CHANNEL_MAX)
63            this.iChannel = CHANNEL_MAX;
64          else if(ch < CHANNEL_MIN)
65            this.iChannel = CHANNEL_MIN;
66          else
67            this.iChannel = ch;
68          System.out.println("频道设置为:" + this.iChannel);
69          return this.iChannel;
70        }
71    }
```

【程序说明】

- 第 1、2 行：引入 java.lang.Math 类中的 min（求最小）和 max（求最大）方法。
- 第 3～71 行：实现 IRemoteCtrl 接口的 TVRemoteCtrl 类。
- 第 4～9 行：声明 TVRemoteCtrl 类的成员变量和常量。
- 第 10～12 行：TVRemoteCtrl 类的构造方法，构造指定厂家的 TV 遥控器。
- 第 13～18 行：实现打开或关闭电源 powerOnOff()的方法。
- 第 19～26 行：实现减小音量 volumeDown()的方法。
- 第 27～34 行：实现增加音量 volumeUp()的方法。
- 第 35～41 行：实现静音 mute()的方法。
- 第 42～50 行：实现下一频道 channelDown()的方法。
- 第 51～58 行：实现上一频道 channelUp()的方法。
- 第 59～70 行：实现设置频道 setChannel()的方法。

3. 编写测试接口的主类

具体编写步骤如下。

1）在 Eclipse 环境中打开名称为 chap02 的项目。

2）在 chap02 项目中新建名称为 TestTvCtrl 的类。

3）编写完成的 TestTvCtrl.java 的程序代码如下。

```java
 1  public class TestTvCtrl {
 2    public static void main(String[] args){
 3      TVRemoteCtrl tv = new TVRemoteCtrl("海尔-H600");
 4      tv.powerOnOff(true);
 5      tv.setChannel(45);
 6      tv.channelDown();
 7      tv.mute();
 8      tv.volumeUp(2);
 9      tv.volumeUp(3);
10    }
11  }
```

【程序说明】

- 第 3 行：创建 TV 遥控器对象 tv。
- 第 4 行：调用电视遥控器类 TVRemoteCtrl 的 powerOnOff()方法打开电源。
- 第 5 行：调用电视遥控器类 TVRemoteCtrl 的 setChannel()方法将频道设置为 45。
- 第 6 行：调用电视遥控器类 TVRemoteCtrl 的 channelDown()方法设为下一频道。
- 第 7 行：调用电视遥控器类 TVRemoteCtrl 的 mute()方法设置静音。
- 第 8 行：调用电视遥控器类 TVRemoteCtrl 的 volumeUp()方法增加音量。

2.5.6 编译并运行程序

保存 TestTvCtrl 程序并修正程序错误后，程序运行结果如图 2-24 所示。试将第 4 行语句 "tv.powerOnOff(true)" 修改为 "tv.powerOnOff(false)"，并查看程序运行结果。

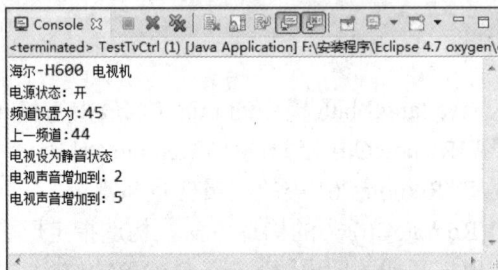

图 2-24 TestTvCtrl 运行结果

> 说　明

- 一个类可同时实现多个接口，要求这些接口中不能存在具有相同名称，但返回类型或修饰符不一样的方法声明。
- 在实现接口时，如接口中定义了常量，则这些常量将自动成为实现该接口类的常量。在使用时，与本类定义的常量无区别。
- 抽象类与子类属于同一种类型（如交通工具和汽车），而接口和实现该接口的类可以不属于同一类型（如遥控器和电视机）。

知识链接：OOP 规约

1）不要通过一个类的对象引用访问此类的静态变量或静态方法，会增加编译器解析的成本，直接用类名来访问即可。

2）所有的覆写方法，必须加@Override 注解。

说明：getObject()与 get0bject()的问题。一个是字母 O，一个是数字 0，加@Override 可以准确判断是否覆盖成功。另外，如果在抽象类中对方法签名进行修改，其实现类会马上编译报错。

3）相同参数类型，相同业务含义，才可以使用 Java 的可变参数，避免使用 Object。

说明：可变参数必须放置在参数列表的最后（建议开发者尽量不用可变参数编程）。

正例： public List<User> listUsers(String type, Long... ids) {...}

4）外部正在调用或者二方库依赖的接口，不允许修改方法签名，避免对接口调用方产生影响。过时接口必须加@Deprecated 注解，并清晰地说明采用的新接口或者新服务是什么。

5）Object 的 equals()方法容易抛空指针异常，应使用常量或确定有值的对象来调用 equals()。

6）构造方法中禁止加入任何业务逻辑，如果有初始化逻辑，请放在 init()方法中。

7）当一个类有多个构造方法或多个同名方法时，这些方法应该按顺序放置在一起，便于阅读，此条规则优先于下一条。

8）类内方法定义的顺序依次是：公有方法或保护方法>私有方法>getter()/setter()方法。

9）在 setter()方法中，参数名称与类成员变量名称一致，this.成员名 = 参数名。在 getter()/setter()方法中，不要增加业务逻辑，以免增加排查问题的难度。

（摘自：阿里巴巴集团技术团队编写的《Java 开发手册》）

任务评价和拓展

【测一测】

1. 下列叙述中，错误的是（　　）。

　　A. Java 中，方法的重载是指多个方法可以共享同一个名字

　　B. Java 中，用 abstract 修饰的类称为抽象类，它不能实例化

　　C. Java 中，接口是不包含成员变量和方法实现的抽象类

　　D. Java 中，对象的方法不占用内存

2. 在 Java 中，若要使用一个包中的类时，首先要求对该包进行导入，其关键字是（　　）。

　　A. import　　　　　　B. package　　　　　C. include　　　　　　D. packet

3. 接口中，除了抽象方法之外，还可以含有（　　）。

　　A. 变量　　　　　　B. 常量　　　　　　C. 成员方法　　　　　　D. 构造方法

4. 在使用 interface 声明一个接口时，只可以使用（　　）符修饰该接口。

　　A. private　　　　　B. protected　　　　C. private protected　　　D. public

【练一练】

定义一个平面图形接口 PlaneGraphics，接口中包含计算平面图形面积的抽象方法 area() 和计算周长的抽象方法 perimeter()。

定义一个立体图形接口 SolidGraphics，接口中包含计算立体图形体积的抽象方法 volume()。

定义球体类 Globe 同时实现接口 PlaneGraphics 和接口 SolidGraphics，实现 area()方法 计算球体的表面积，实现 volume()方法计算球体的体积，因为球体没有周长，perimeter() 方法可直接返回 0。

创建测试程序，包含 main()方法，在 main()方法中创建球体类对象，调用其相关的 方法。

任务 2.6 实现 Java 程序的异常处理

任务描述

一款好的软件系统不仅要求功能强大，还必须具有高度的可靠性、稳定性和容错性。异常 处理是捕获和处理程序运行时错误的一种机制，当程序运行时发生了错误，异常处理机制能够 捕获并及时处理，使程序能够恢复并继续运行，而不会出现程序运行非正常终止。本任务将编 写一个自定义异常类，在测试方法中抛出异常，在 main()方法中捕获并处理异常。本任务将带 领你学习 Java 中异常的基本概念、异常处理机制、自定义异常。通过本任务的学习，你将：

- 掌握异常的定义和异常的类型；
- 熟悉 Java 语言中的异常处理机制；
- 掌握自定义异常类的实现方法；
- 能对程序中可能出现的异常进行处理；
- 能够根据需要实现自定义异常类；
- 进一步增强质量意识和安全意识。

微课：实现 Java 程 序的异常处理

知识准备

2.6.1 异常概述

程序在运行过程中可能会出现错误而中断正常的执行过程，这种不正常的现象称为异 常。异常处理是程序设计中一个非常重要的方面，也是程序设计的一大难点，对异常处理 的实现可追溯到 20 世纪 60 年代的操作系统，BASIC 语言中的"on error goto"语句可以认 为是异常处理的一个典型。Java 语言在设计时就考虑到了异常处理的问题，并且提出了异 常处理框架，所有的异常都可以用一个类型来表示。Java 语言在 1.4 版本以后增加了异常 链机制，从而便于跟踪异常。帮助程序员开发出更健壮的程序。

在学习 Java 的异常概念之前，首先查看并运行 MathEx.java 的程序代码。

```java
1  public class MathEx {
2      public static void main(String args[]){
3          int b = args.length;
4          int a = 42 / b;
5          System.out.println("a 的值为:" + a);
6      }
7  }
```

【程序说明】

- 第 3 行：通过 args.length 获得 main()方法中参数的个数赋值给 b。
- 第 4 行：将表达式"42 / b"的值赋给 a。

保存程序后，直接运行程序将会出现如图 2-25 所示的提示信息。

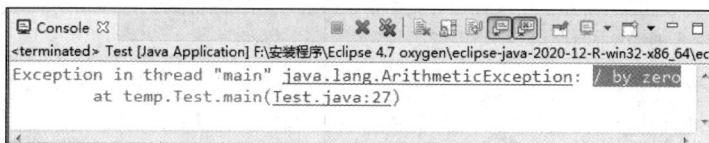

图 2-25 MathEx 运行提示信息

如果在运行程序时，没有提供参数，args.length 取值为 0。Java 语言中规定除数不能为 0，如果违反了这一规则，程序就会非正常中止（即产生异常）。

如上所述，异常就是在程序的运行过程中所发生的反常事件，它中断指令的正常执行。异常的表现有多种形式，包括内存用完、资源分配错误、找不到文件、I/O 错误、网络连接错误、算术运算错误（数的溢出和被零除等）和数组下标越界等。

Java 语言通过类对所有的异常进行描述，同时也为常见的运行时错误预定义了异常类，这些异常类就是 Java 的内置异常。Java 中异常类层次结构图如图 2-26 所示。

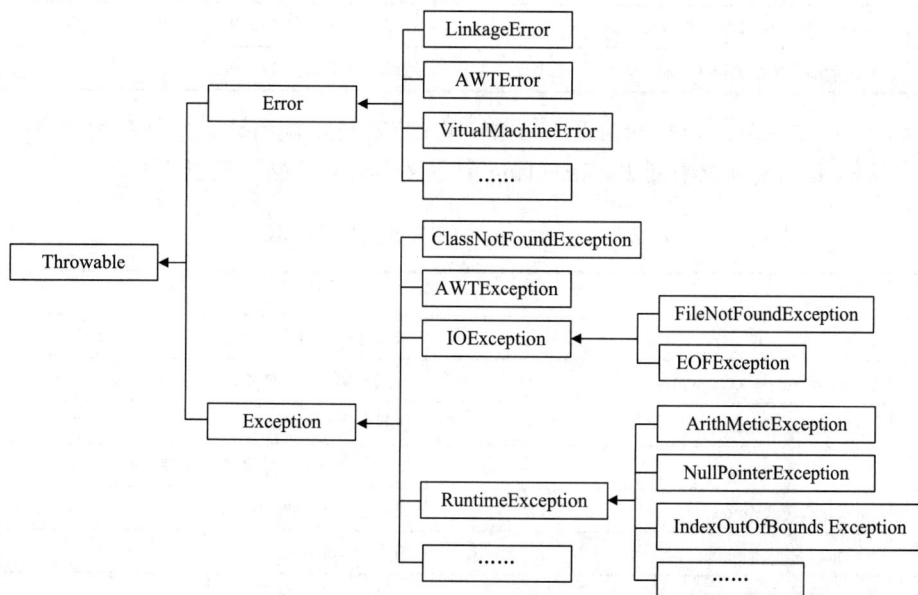

图 2-26 Java 异常类层次结构图

由图 2-26 可知，Java 程序错误通常包括 Error 和 Exception 两种类型，其中 Error 是指错误，如动态链接失败、虚拟机错误等，通常 Java 程序不会处理这类错误。Exception 才是真正意义上的异常，包括运行时异常和非运行时异常两种类型。

（1）运行时异常

从 RuntimeException 继承的类都属于运行时异常，如算术运算错误（除零错）、数组下标越界等。由于这些异常产生的位置是未知的，Java 编译器允许程序员在程序中不对它们做出处理，这些异常也称为不检查异常，java.lang 中定义的不检查异常见表 2-10。

表 2-10　java.lang 中定义的不检查异常

编号	异常类	产生原因
1	ArithmeticException	数学错误，如被零除
2	ArrayIndexOutOfBounds	错误索引越界
3	ArrayStoreException	向类型不兼容的数组元素赋值
4	ClassCastException	强制数据类型转换错误
5	IllegalArgumentException	调用方法的非法参数
6	IllegalMonitorStateException	非法的监控操作，如等待未锁定的线程等
7	IllegalThreadStateException	被请求的操作与当前线程状态不兼容
8	IllegalStateException	环境或应用状态非法
9	IndexOutOfBoundsException	某种类型的索引越界
10	NegativeArraySizeException	在负数范围内创建数组错误
11	NullPointerException	非法使用空引用
12	NumberFormatException	字符串到数字格式的转换错误
13	SecurityException	试图违反安全性
14	StringIndexOutOfBoundsException	程序试图访问字符串中不存在的字符位置
15	UnsupportedOperationException	遇到不支持的操作

java.lang 中还定义了一些受检查的异常。如果方法可以抛出这类异常却无法进行处理，必须在方法的 throws 列表中列出。java.lang 中定义的受检查异常见表 2-11。

表 2-11　java.lang 中定义的受检查异常

编号	异常类	产生原因
1	ClassNotFoundException	未找到相应的类
2	CloneNotSupportedException	试图复制一个不能实现 Cloneable 接口的对象
3	IllegalAccessException	访问某类被拒绝
4	InstaniationException	试图创建一个抽象类或抽象接口的对象
5	InterruptedException	线程被另一个线程中断
6	NoSuchFieldException	请求的域不存在
7	NoSuchMethodException	请求的方法不存在

（2）非运行时异常

除了运行时异常之外的其他由 Exception 继承得到的异常类都是非运行时的异常，如 FileNotFoundException（文件未找到异常）。Java 编译器要求在程序中必须捕获这种异常或者声明抛出这种异常。

> **说　明**
>
> - 运行时异常和错误之间的区别主要在于对系统所造成的危害轻重不同，恢复正常的难易程度也不一样。
> - 错误可以说是一种致命的异常。例如，当遇到诸如 Linkage Error、Vritual Machine Error 之类的错误时，系统是没有办法恢复的。
> - 对于除数为零的运行时异常 ArithmeticException，程序员可以给出捕获语句加以处理，不至于导致系统崩溃。

2.6.2　Java 中的异常处理

1. 异常处理机制

在 Java 语言中，异常也被看作对象，而且和一般对象没有什么区别，只不过异常必须是 Throwable 类及其子类所产生的对象实例。当 Java 创建异常对象后，它会发送给 Java 程序，这个动作称为抛出异常，程序捕捉这个异常后，可以为该异常编写异常处理代码。Java 中提供了一种独特的处理异常的机制，通过异常来处理程序设计中出现的错误。

Java 语言中的异常处理包括声明异常、抛出异常、捕获异常和处理异常 4 个环节，通过 5 个关键字 try、catch、throw、throws、finally 进行管理。基本过程是用 try 语句块包住要监视的语句，如果在 try 语句块内出现异常，则异常会被抛出；在 catch 语句块中可以捕获到这个异常并做处理；还有一部分系统生成的异常在 Java 运行时自动抛出，可以通过 throws 关键字在方法上声明该方法要抛出异常，然后在方法内部通过 throw 抛出异常对象；finally 语句块是不管有没有出现异常都要执行的内容。

对于可能出现异常的代码，有以下两种处理办法。

1）在方法中用 try...catch 语句捕获并处理异常，catch 语句可以有多个，用来匹配多个异常。一般格式如下：

```
public void test1(int x) {
    try {
        ... //这里是可能会产生异常的代码
    } catch(Exception e) {
        ... //这里是处理异常的代码
    } finally {
        ... //无论程序是否发生异常，该部分代码都会执行
    }
}
```

2）对于处理不了的异常或者要转型的异常，在方法的声明处通过 throws 语句抛出异常。一般格式如下：

```
public void test2() throws MyException { //声明方法将抛出异常
```

```
    ...
    if(...){
        throw new MyException();    //抛出异常
    }
}
```

2. 声明异常（throws）

RuntimeException 类及其子类都被称为运行时异常，这种异常的特点是 Java 编译器不去检查它。也就是说，当程序中可能出现这类异常时，即使没有用 try...catch 语句捕获它，也没有用 throws 字句声明抛出它，还是会编译通过。如果程序中包含代码"a/0"，编译时不会出现错误，但在运行时，遇到除数为零时，就会抛出 java.lang.ArithmeticException 异常。除了 Error 类、RuntimeException 类及其子类外，其他的 Exception 类及其子类都属于受检查异常，这种异常的特点是要么用 try...catch 捕获处理，要么用 throws 语句声明抛出，否则程序不能通过编译。

在方法的声明中显式地指明方法执行时可能出现的错误的形式称为声明异常。如前所述，任何程序都可能出现 Error 和 RuntimeException，因此，这一类错误或异常，不需要显式声明。但如果方法要抛出那些受检查的异常，必须在方法中显式声明它们，一般格式如下：

```
public void test() throws IOException
```

或

```
public void test() throws Exception1, Exception2, Exception3
```

说　明

- 声明异常是指声明抛出异常，即声明该方法在运行过程中可能会产生的异常，在方法的后边通过 throws 关键字进行声明。
- 一旦方法声明了抛出异常，throws 关键字后异常列表中的所有异常要求调用该方法的程序对这些异常进行处理（通过 try-catch-finally 等）。
- 如果方法没有声明抛出异常，仍有可能会抛出异常，但这些异常不要求调用程序进行特别处理。

3. 抛出异常（throw）

在 Java 的异常处理机制中，程序应能够捕获异常并进行异常处理，但前提条件是在方法执行过程中能够将产生的异常抛出。Java 语言中异常的对象有两个来源：一是 Java 运行时环境自动抛出系统生成的异常，这些异常总要被抛出（如除数为 0 的异常）；二是程序员自己抛出的异常，这个异常可以是程序员自己定义的，也可以是 Java 语言中定义的，用 throw 关键字抛出异常，这种异常能用来向调用者汇报异常的一些信息。

因此，对于 RuntimeException 来说，方法始终可以抛出这类异常以便调用该方法的程序进行捕获和处理。对于受检查的异常和用户自定义的异常而言，必须手工进行抛出。抛出异常的一般格式如下：

```
throw new ThrowedException
```

或

```
ThrowedException e = new ThrowedException();
throw e
```

说　明

- 抛出异常只能抛出方法声明中 throws 关键字后异常列表中的异常或 Error、RuntimeException 及其子类。
- 通常情况下，通过 throw 抛出的异常是用户自己创建的异常类的实例。

4. 捕获和处理异常

如前所述，捕获异常是通过 try-catch-finally 语句实现的。

try-catch 块语法的一般格式为：

```
try {
    ... //这里是可能会产生异常的代码
} catch(Exception e) {
    ... //这里是处理异常的代码
} finally {
    ... //无论程序是否发生异常，该部分代码都会执行
}
```

（1）try

捕获异常的第一步是用 try{…}选定捕获异常的范围，由 try 所限定的代码块中的语句在执行过程中可能会生成异常对象并抛出。对于一个 try 块，可以有一个或多个 catch 块。finally 块属于可选项，当 try 部分的代码全部执行完或 catch 部分的代码执行完后，将执行 finally 块中的代码。

（2）catch

每个 try 代码块可以伴随一个或多个 catch 语句，用于处理 try 代码块中生成的异常事件。catch 语句只需要一个形式参数指明它所能捕获的异常类型，这个类必须是 Throwable 的子类，运行时系统通过参数值把被抛出的异常对象传递给 catch 块。

catch 块中是对异常对象进行处理的代码，与访问其他对象一样，可以访问一个异常对象的变量或调用它的方法。getMessage()是类 Throwable 提供的方法，用来得到有关异常事件的信息，类 Throwable 还提供了方法 printStackTrace()，用来跟踪异常事件发生时执行堆栈的内容。

捕获异常的顺序和 catch 语句的顺序有关，当捕获到一个异常时，剩下的 catch 语句就不再进行匹配。因此，在安排 catch 语句的顺序时，首先应该捕获最特殊的异常，然后再逐渐一般化，也就是一般先安排子类，再安排父类。

（3）finally

捕获异常的最后一步是通过 finally 语句为异常处理提供一个统一的出口，使得在控制流转到程序的其他部分以前，能够对程序的状态做统一的管理。不论在 try 代码块中是否发生了异常事件，finally 块中的语句都会被执行。

实际编程过程中，如果对程序代码可能出现的异常不进行捕获，Java 的编译环境就拒绝执行，并要求用户对其做出处理。对异常进行处理时，用户往往想知道异常的具体信息，

可利用 Throwable 类提供的方法 getMessage()得到有关异常事件的信息。方法 printStackTrace()可用来跟踪异常事件发生时执行堆栈的内容。

- try、catch、finally 三个语句块均不能单独使用，三者可以组成 try...catch...finally、try...catch、try...finally 三种结构。catch 语句可以有一个或多个，finally 语句最多一个。
- try、catch、finally 三个代码块中变量的作用域为代码块内部，分别独立而不能相互访问。如果要在三个块中都可以访问，则需要将变量定义到这些块的外面。
- 当有多个 catch 块时，只会匹配其中一个异常类并执行 catch 块代码，而不会再执行其他 catch 块。匹配 catch 语句的顺序是由上到下。

2.6.3　自定义异常

Java 语言中异常类主要有两个来源：一是 Java 语言本身定义的一些基本异常类型，即内置异常类（如前面所提到的 IllegalAccessException 等）；二是用户通过继承 Exception 类或其子类自己定义的异常（自定义异常类）。

尽管 Java 的内置异常能够处理大多数常见错误，但有时还是需要建立自己的异常类型来处理特殊情况。因此，只需要从 Exception 或其子类继承，就可以定义自己的异常类。Exception 类并未定义自己的方法，而是继承了 Throwable 提供的方法。在创建自定义异常类时可以重写 Throwable 提供的方法。Throwable 提供的方法见表 2-12。

表 2-12　Throwable 类的常用方法

编号	方法名称	方法功能
1	Throwable fillInStackTrace()	返回一个包含完整堆栈轨迹的 Throwable 对象，该对象可能被再次引发
2	String getLocalizedMessage()	返回一个异常的局部描述
3	String getMessage()	返回一个异常的描述
4	void printStackTrace()	显示堆栈跟踪记录
5	void printStackTrace(PrintStream stream)	把堆栈跟踪记录送到指定的流
6	void printStackTrace(PrintWriter stream)	把堆栈跟踪记录送到指定的流
7	String toString()	返回一个包含异常描述的 String 对象

下面的程序中自定义异常类 MyException 为 Exception 的子类，覆盖了 toString()方法，用 println()显示异常的描述。

```java
class MyException extends Exception{
    private int detail;
    MyException(int a){
        detail = a;
    }
    @Override
    public String toString(){
```

```
            return "自定义的 MyException[" + detail + "]";
        }
    }
    public class ExceptionTest {
        static void compute(int a) throws MyException{
            System.out.println("调用 compute(" + a + ")");
            if(a > 10)
                throw new MyException(a);
            System.out.println("正常退出");
        }
        public static void main(String[] args) {
            try {
                compute(1);
                compute(20);
            }
            catch (MyException e){
                System.out.println("捕获的异常为: " + e);
            }
        }
    }
```

上述程序中的第 1～10 行定义了 MyException 类，包含一个构造方法和一个重写的显示异常值的 toString()方法；第 12 行 compute()方法中声明了异常 MyException，说明了该方法可能会产生 MyException 异常；第 14 行当 compute()方法的整型参数值大于 10 时，抛出自定义异常 MyException；然后在 main()方法中进行异常捕获和处理。然后用一个合法的值和不合法的值调用 compute()来显示执行经过代码的不同路径。程序运行结果如图 2-27 所示。

自定义异常类必须是 Throwable 的直接或间接子类。一个方法所声明抛出的异常是作为这个方法与外界交互的一部分而存在的。所以，方法的调用者必须了解这些异常，并确定如何正确地处理它们。

用户自定义异常步骤具体如下。

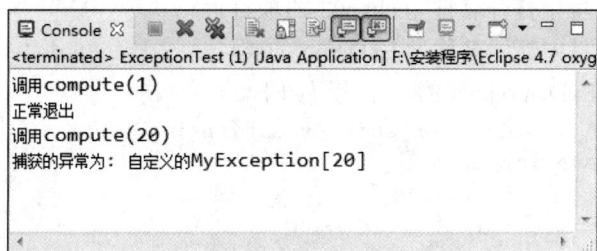

图 2-27　运行结果

1）定义异常类。
定义异常类的一般格式如下：

```
    class myException extends Exception{
        ……
    }
```

2）在方法中声明异常并抛出异常。

使用 throws 关键字声明异常，使用 throw 关键字抛出异常，一般格式如下：

```
static void compute(int a) throws MyException {
    System.out.println("调用 compute(" + a + ")");
    if(a > 10)
        throw new MyException(a);
    System.out.println("正常退出");
}
```

3）调用方法时捕获异常并处理异常。

使用 try-catch 捕获并处理异常，一般格式如下：

```
try{
    compute(1);
    compute(20);
}
catch (MyException e){
    System.out.println("捕获的异常为:" + e);
}
```

■∥ 任务实施

2.6.4　任务分析

该任务自定义了 MyException 异常类，包含一个构造方法和一个重写的显示异常值的 toString()方法。在测试类中定义 calculate()方法时声明异常 MyException，同时在方法中编写数组越界、除数为 0 的语句。在 main()方法中调用 calculate()方法时完成对异常的捕获和处理。任务主要演示 throws 语句声明异常、throw 语句抛出异常、try-catch-finally 语句处理异常。

2.6.5　编写程序

具体编写步骤如下。

1）在 Eclipse 环境中打开名称为 chap02 的项目。

2）在 chap02 项目中新建名称为 ExDemo 的类。

3）编写完成的 ExDemo.java 的程序代码如下。

```
1   class MyException extends Exception{
2       private int detail;
3       MyException(int a){
4           detail = a;
5       }
6       @Override
7       public String toString(){
8           return "自定义的 MyException[" + detail + "]";
9       }
10  }
11  public class ExDemo {
12      static void calculate() throws MyException{
13          int c[] = {1,2};
```

```
14          System.out.println("数组的长度:" + c.length);
15          c[1] = 60;
16          int a = 10;
17          System.out.println("a = " + a);
18          int b = 50/a;
19          if(a > 10)
20              throw new MyException(a);
21      }
22      public static void main(String args[]){
23          try    {
24              calculate();
25          }
26          catch(MyException e){
27              System.out.println("自定义异常:" + e);
28          }
29          catch(ArrayIndexOutOfBoundsException e){
30              System.out.println("数组越界:" + e);
31          }
32          catch(ArithmeticException e){
33              System.out.println("被 0 整除:" + e);
34          }
35          finally{
36              System.out.println("最后执行的语句!");
37          }
38      }
39  }
```

【程序说明】

- 第 1～10 行：定义 MyException 异常类。
- 第 3～5 行：MyException 异常类的构造方法，需传递一个 int 型参数。
- 第 7～9 行：重写显示异常值的 toString()方法。
- 第 12 行：calculate()方法声明抛出 MyException 异常。
- 第 13 行：声明包括两个元素的整型数组 c。
- 第 15 行：使用 c[1]访问数组 c 中的第 6 个元素，引发数组越界异常。
- 第 18 行：将 a 赋值为 0，该语句引发被 0 除异常。
- 第 19、20 行：将 a 赋值为 10，a 的值大于 10 时，抛出自定义异常 MyException。
- 第 23～25 行：将可能出现异常的语句（calculate()方法的调用）包含在 try 块中。
- 第 26～34 行：对方法声明抛出的异常和运行时异常进行处理。
- 第 35～37 行：是否出现异常或不管出现什么异常都要执行的语句。

2.6.6　编译并运行程序

ExDemo 正常运行的结果如图 2-28（a）所示；如果将 "c[1] = 60" 修改为 "c[5] = 60"，程序运行的结果如图 2-28（b）所示；如果将 "int a = 10" 修改为 "int a = 0"，程序运行的结果如图 2-28（c）所示；如果将 "int a = 10" 修改为 "int a = 70"，程序运行结果如图 2-28（d）所示。

（a）程序正常运行

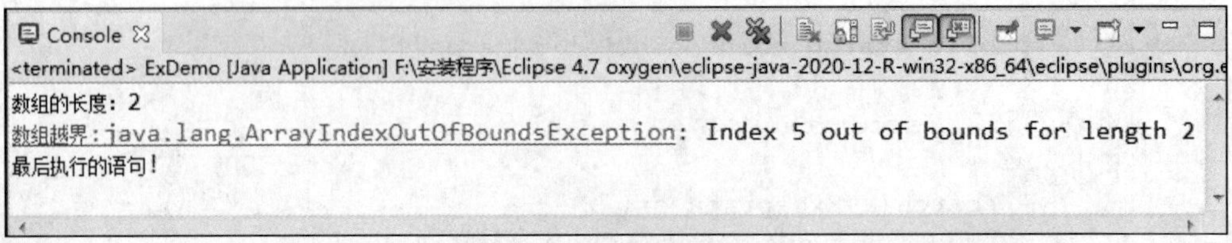

（b）数组越界异常

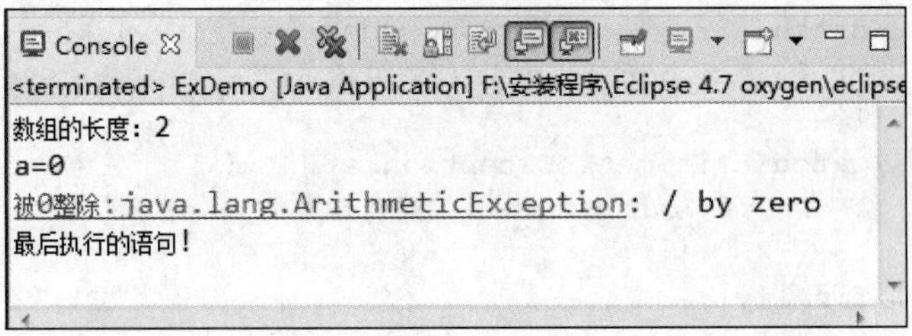

（c）被 0 除异常

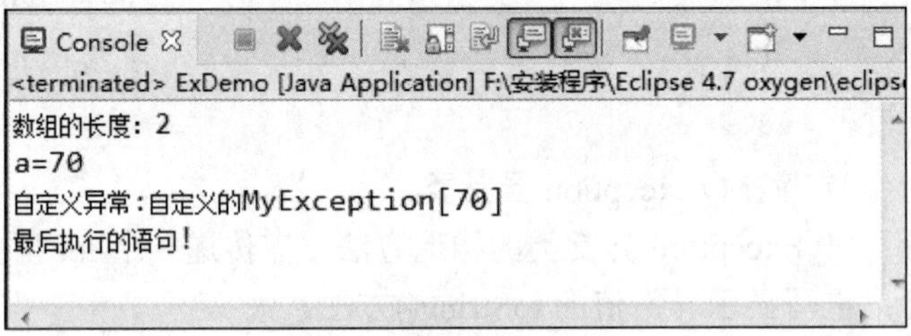

（d）自定义异常

图 2-28 ExDemo 运行结果

说 明

可以使用 catch(Exception e)捕获任意类型的异常。

如果 try 块中语句有异常被抛出（由系统抛出或由 throw 手工抛出），需要使用 catch 语句块对抛出的异常对象进行捕获和处理。

抛出的异常不能被 catch 语句块处理，系统把异常继续传递到调用该方法的方法，一直到 main()方法为止。如果一直没有相应的处理程序，程序就会终止并由控制台输出出错信息。

如果抛出的异常与 catch 语句块中的异常匹配，将会执行对应的异常处理操作。

在使用 catch 语句时，要将捕获子类异常的语句放在捕获父类异常的语句之前，以免产生无法到达的代码（不能通过编译）。

不管 try 语句块是否出现异常，也不管 catch 语句块是否捕获了异常，finally 子句都会执行。

任务评价和拓展

【测一测】

1. 关于异常的含义，下面描述中正确的是（　　）。
   A. 程序编译时发生的错误　　　　　B. 程序的语法错误
   C. 程序运行时发生的错误　　　　　D. 程序编译和运行时发生的错误

2. 自定义异常类的父类可以是（　　）。
   A. Error　　　　　　　　　　　　B. VirtuaMachineError
   C. Exception　　　　　　　　　　D. Thread

3. 关于对下列代码的描述，正确的一项是（　　）。

```
catch(Exception e) {
      System.out.println("An exception was thrown");
      throw e;
    }
```

   A. 程序终止　　　　　　　　　　　B. 编译出错
   C. 该异常不会被处理　　　　　　　D. 该异常会继续被上层处理

4. 下列关于抛出异常的描述中，错误的一项是（　　）。
   A. 异常可以由 try 代码段中的语句抛出
   B. 异常可以被从 try 代码段中调用的方法中抛出
   C. 异常的抛出并不影响代码段的执行顺序
   D. 异常还可能产生与数组下标越界及 Java JVM 内部的错误等

【练一练】

创建自定义异常类 AgeException，判断年龄应在 18~80 岁，如果年龄小于 18 岁或大于 80 岁，则抛出异常。在 AgeException 类中，使用 toString()方法返回"年龄应在 18~80 岁"的异常信息。

编写以年龄为参数的 getAge(int i)方法。如果 i 值小于 18 或者大于 80，则抛出异常 AgeException。

编写 main()方法，以 15 和 35 为参数分别调用 getAge()方法，通过 try-catch 进行异常捕获和处理，并输出相应的信息。

任务 2.7　编写回文串判断程序

任务描述

在使用浏览器登录网站时需要先输入用户名和密码，然后由服务器校验是否正确。用户名和密码是用户自定义的，通常由字母、数字和字符构成。在程序中需要对用户名和密码进行存储，该用什么数据类型呢？答案是字符串。本任务将编写一个回文串判断程序，具体功能包括：①根据提示由键盘输入一个字符串；②判读输入的字符串是否为回文串；③输出结果并进行下一次输入，直到输入的字符串为 "end"，程序执行结束。本任务将带领你学习 String 类和 StringBuffer 类的使用。通过本任务的学习，你将：

- 掌握 String 类和 StringBuffer 类的使用；
- 了解 String 对象和 StringBuffer 对象的异同；
- 能正确使用 String 类或 StringBuffer 类提供的方法完成字符串的操作；
- 进一步提升自主、开放的学习能力。

微课：编写回文串
判断程序

■■ **知识准备** ■■■■■■■

字符串是程序中的一个通用且重要的信息类型，它是由许多单个字符连接所形成的一连串字符，如由多个英文字母组成的英文单词。字符串中可以包含任意字符，因此在程序中经常需要把各种各样的信息以字符串的形式传递、通信和输出显示。Java 中定义了 String 和 StringBuffer 两个类来封装字符串，并提供了一系列操作字符串的方法，使用非常方便。

2.7.1 String 类

在 Java 中，String 是一个引用类型，它本身也是一个类。但是，Java 编译器对 String 有特殊处理，即可以直接用 "…" 来初始化一个字符串，具体代码如下：

```
String str = "abcd";
```

因为 String 太常用了，所以 Java 提供了这种简化的语法，用于创建并初始化 String 对象，其中，"abcd" 表示一个字符串常量。

除了直接使用字符串常量来初始化字符串对象，String 类还提供了 3 种构造方法，通过调用不同的参数来初始化字符串对象。

1）String()创建一个空字符串。

```
String str = new String();
```

2）String(String value)根据指定的字符串内容创建一个字符串对象。

```
String str = new String("abcd");
```

3）String(char[] value) 根据指定的字符数组创建一个字符串对象。

```
char[] charArray = new char[]{'a','b','c','d'};
String str = new String(charArray);
```

String 类在实际开发中的应用非常广泛，在程序中，通常需要对字符串进行一些基本操作，如获得字符串长度、获得指定位置的字符等。String 类针对每一个操作都提供了相应的方法，因此，灵活地使用 String 类的操作方法是非常重要的。String 类常用方法见表 2-13。

表 2-13 String 类常用方法

编号	方法名称	含义
1	charAt()	从字符串对象中返回指定位置的字符

续表

编号	方法名称	含义
2	getChars()	一次截取多个字符
3	getBytes()	将字符串解码为字节序列，保存到一个字节数组中
4	toCharArray()	返回字符串的一个字符数组
5	valueOf()	将基本数据类型转换成字符串
6	equals()	比较两个字符串是否相等（注意与==的区别）
7	equalsIgnoreCase()	比较两个字符串是否相等（忽略大小写的比较）
8	startsWith()	判断指定字符串是否从一个指定的字符串开始
9	endsWith()	判断指定字符串是否以一个指定的字符串结尾
10	compareTo()	判断指定字符串的大小
11	compareToIgnoreCase()	判断指定字符串的大小（比较时忽略大小写）
12	indexOf()	在字符串中搜索指定字符或子字符串的位置
13	lastIndexOf()	搜索字符或子字符串最后一次出现的位置
14	substring()	从字符串对象中截取子字符串
15	concat()	连接两个字符串，与+运算符执行相同的功能
16	replace()	用另一个字符代替调用字符串中一个字符的所有具体值
17	trim()	去掉指定字符串前面和后面的空格符
18	toLowerCase()	将指定字符串转换为小写（非字母字符，如数字等则不受影响）
19	toUpperCase()	将指定字符串转换为大写（非字母字符，如数字等则不受影响）

表 2-13 列出了 String 类的常用方法，使用这些方法就可以完成字符串的基本操作，下面的程序演示了字符串长度的获取、指定位置字符的获取、字符串大小写转换、字符串的替换等方法的使用。

```java
public class strExemple {
  public static void main(String[] args) {
    String str = "abcdefg";
    System.out.println("str 的长度为:" + str.length());
    System.out.println("str 中第三个字符为:" + str.charAt(2));
    System.out.println("str 中第一次出现字符 f 的位置是: " + str.indexOf('f'));
    System.out.println("str 中的字符 a 替换为字符 F:" + str.replace('a','F'));
    System.out.println("str 转换为大写:" + str.toUpperCase());
    String subStr = str.substring(2,6);
    System.out.println("str 中索引 2 到 6 的子串为:" + subStr);
    char[] charArray = str.toCharArray();
    for(int i = 0; i < str.length(); i ++) {
      System.out.println("charArray[" + i + "] = " + charArray[i]);
    }
    String s1 = "   好好学习，天天向上。   ";
    System.out.println("去除字符串 s1 前后的空格: "+ s1.trim());
  }
}
```

程序运行结果如图 2-29 所示。

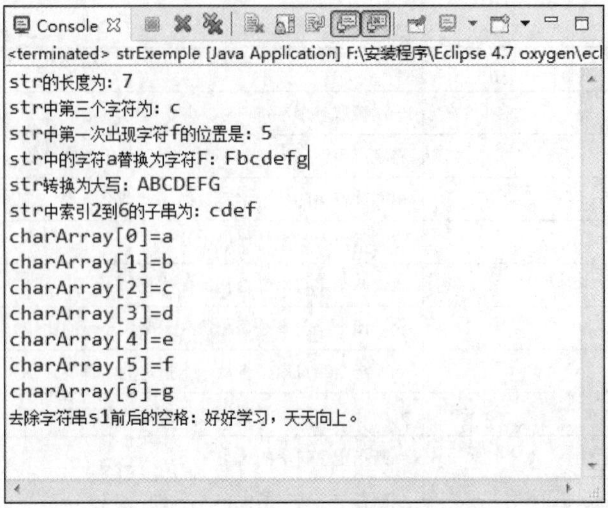

图 2-29　strExemple 运行结果

2.7.2　StringBuffer 类

StringBuffer 是字符串类 String 的对等类，提供了大量的字符串功能。String 表示定长，不可变的字符序列，而 StringBuffer 表示变长的和可修改的字符序列，可用于动态创建和操作动态字符串信息。StringBuffer 支持字符或子字符串的插入或追加操作，并可针对这些字符或子字符串的添加而自动地增加空间。Java 大量地处理字符串操作，如字符串连接"+"运算，是通过 StringBuffer 的后台处理来支持的。

StringBuffer 类有 3 个构造方法：StringBuffer()、StringBuffer(int size)、StringBuffer(String str)。第一种形式默认构造函数（无参数）预留了 16 个字符的空间；第二种形式接收一个整数参数，设置缓冲区的大小；第三种形式接收一个字符串参数，设置 StringBuffer 对象的初始内容，同时多预留了 16 个字符的空间。未指定缓冲区大小时，StringBuffer 分配了 16 个附加字符的空间，这是因为再分配在时间上代价很大，而且频繁地再分配可以产生内存碎片。

StringBuffer 类常用方法见表 2-14。

表 2-14　StringBuffer 类常用方法

编号	方法名称	含义
1	length()	得到当前 StringBuffer 的长度
2	capacity()	得到总的分配容量
3	ensureCapacity()	设置动态数组的大小
4	setLength()	设置缓冲区的大小
5	charAt()	从 StringBuffer 中获得指定字符的值
6	setCharAt()	将 StringBuffer 中的字符设置为指定值
7	getChars()	将 StringBuffer 的子字符串复制给数组
8	substring()	返回 StringBuffer 的一部分值，与 String 具有相同的功能
9	append()	将任一其他类型数据（可以是字符串、整数、对象等）的字符串形式连接到调用 StringBuffer 对象的后面

编号	方法名称	含义
10	insert()	将一字符串插入另一字符串中的指定位置
11	reverse()	将 StringBuffer 对象内的字符串翻转
12	delete()	删除字符串中指定位置的字符串
13	deleteCharAt()	删除字符串中指定位置的字符
14	replace()	将字符串的指定位置替换为新的字符串

从表中可以看出，对字符串进行添加、修改和删除的操作最为常用。其中，append()方法和 insert()方法都可以用于添加字符，不同的是 append()方法始终将字符添加至缓冲区的末尾，而 insert()方法则可以在任何指定的位置添加字符。setCharAt()方法和 replace()方法可以替换指定位置的字符或子串。deleteCharAt()方法可以删除指定位置的字符，而 delete()方法则可以删除指定范围的子串。下面的程序演示对字符串进行添加、修改和删除的基本操作。

```java
public class strBufferExample {
  public static void main(String[] args) {
    System.out.println("1. StringBuffer 类常用操作:添加");
    StringBuffer strBuff = new StringBuffer("abcd");
    strBuff.append("NEW");
    System.out.println("strBuff 末尾添加:" + strBuff);
    strBuff.insert(1,"NEW");
    System.out.println("strBuff 指定位置添加:" + strBuff);
    System.out.println("2. StringBuffer 类常用操作:修改");
    strBuff.setCharAt(0,'F');
    System.out.println("strBuff 修改指定位置字符:" + strBuff);
    strBuff.replace(1,4,"A");
    System.out.println("strBuff 替换指定范围子串:" + strBuff);
    System.out.println("3. StringBuffer 类常用操作:删除");
    strBuff.deleteCharAt(0);
    System.out.println("strBuff 删除指定位置字符:" + strBuff);
    strBuff.delete(4,7);
    System.out.println("strBuff 删除指定范围子串:" + strBuff);
  }
}
```

程序运行结果如图 2-30 所示。

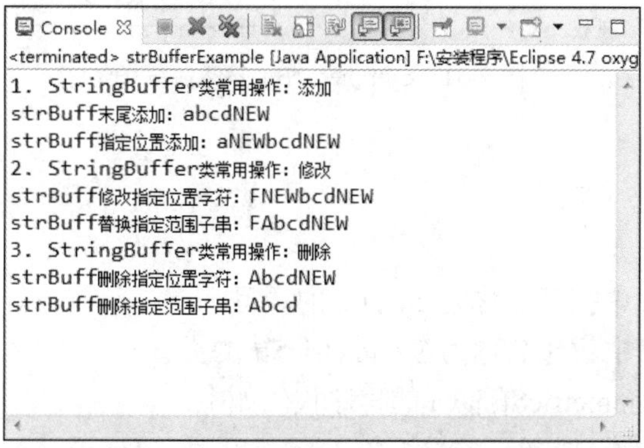

图 2-30 strBufferExample 运行结果

■ 任务实施

2.7.3 任务分析

循环从键盘输入字符串，判断其是否为回文字符串，输入"end"表示结束。所谓回文字符串就是该字符串的正序和逆序都是一样的。例如："abc"不是回文串，"aba""abba""aaa""mnanm"是回文串。任务实现思路为：首先将输入的字符串从中间一分为二，遍历一分为二的字符串，使用 charAt() 获取指定索引处的 char 值，然后判断正序的 char 值和逆序的 char 值是否相等，如果相等，就是回文串，如果不相等，就不是回文串。

2.7.4 绘制程序流程图

本任务的参考流程图如图 2-31 所示。

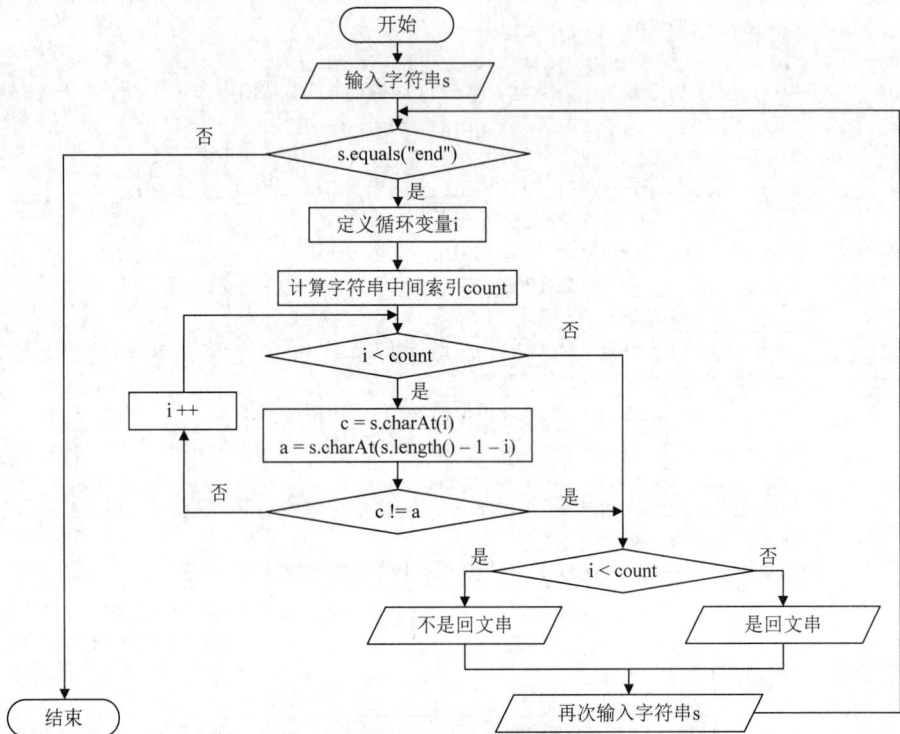

图 2-31　SymmetricStr 参考流程图

2.7.5 编写程序

具体编写步骤如下。

1）在 Eclipse 环境中打开名称为 chap02 的项目。

2）在 chap02 项目中新建名称为 SymmetricStr 的类。

3）编写完成的 SymmetricStr.java 的程序代码如下。

```
1  import java.util.Scanner;
2  public class SymmetricStr {
```

```
 3      public static void main(String[] args) {
 4        Scanner sc = new Scanner(System.in);
 5        System.out.print("请输入一个字符串:");
 6        String s = sc.next();
 7        while(!s.equals("end")) {
 8          int i;
 9          int count = s.length() / 2;
10          for(i = 0; i<count; i ++){
11            char c = s.charAt(i);
12            char a = s.charAt(s.length() - 1 - i);
13            if(c! = a)
14                break;
15          }
16          if(i < count)
17            System.out.println("字符串" + s + "不是回文串!");
18          else
19            System.out.println("字符串" + s + "是回文串!");
20
21          System.out.print("请输入一个字符串:");
22          s = sc.next();
23        }
24        sc.close();
25        System.out.print("---程序执行结束---");
26      }
27    }
```

【程序说明】

- 第 4 行：构造一个 Scanner 类的对象 sc，用于接受键盘输入。
- 第 6 行：接受用户输入的字符串。
- 第 7～23 行：进入 while 循环，直到用户输入"end"，循环结束。
- 第 9 行：计算字符串的中间索引值。
- 第 10～15 行：使用 for 循环将字符串从中间一分为二，并分别按正序和逆序取出字符进行比较。
- 第 11 行：按正序逐个取出前半部分的字符。
- 第 12 行：按逆序逐个取出后半部分的字符。
- 第 13 行：判断正序的 char 值和逆序的 char 值是否相等。
- 第 14 行：如果不相等，直接跳出循环，该字符串不是回文串。
- 第 16～19 行：输出结果，如果循环结束，正序的 char 值和逆序的 char 值全部相等，则是回文串，否则不是回文串。
- 第 21 行：提示用户再次输入字符串。
- 第 22 行：接受用户输入的字符串。
- 第 25 行：输出提示信息"程序执行结束"。

2.7.6　编译并运行程序

保存并修正程序错误后，分别输入字符串："abccba""abcdefg""1a2b3c""aba""end"，程序运行结果如图 2-32 所示。

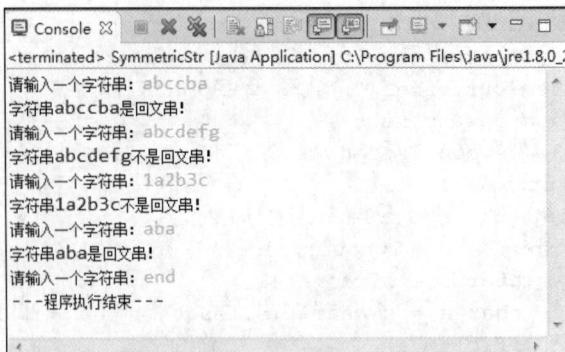

图 2-32　SymmetricStr 运行结果

知识链接：回文

在汉语中也有回文语法，即把相同的词汇或句子在下文中调换位置或颠倒过来，产生首尾回环的情况。回文运用得当，可以表现两种事物或现象相互依靠或排斥的关系。例如，《道德经》第八十一章就有"信言不美，美言不信。"的句子。

在古代，有很多脍炙人口、十分优美的回文诗词，体现了汉语的魅力和中华文化的博大精深。下面是我国宋代著名诗人苏轼的《记梦回文二首》：

其一：酡颜玉碗捧纤纤，乱点余花唾碧衫。

歌咽水云凝静院，梦惊松雪落空岩。

其二：空花落尽酒倾缸，日上山融雪涨江。

红焙浅瓯新火活，龙团小碾斗晴窗。

这是两首通体回文诗。又可倒读出下面两首，极为别致。

其三：岩空落雪松惊梦，院静凝云水咽歌。

衫碧唾花余点乱，纤纤捧碗玉颜酡。

其四：窗晴斗碾小团龙，活火新瓯浅焙红。

江涨雪融山上日，缸倾酒尽落花空。

任务评价和拓展

【测一测】

1. 在标准 String 类的方法中，能去除某字符串中首、尾空格的方法是（　　　　）。

A. trim()　　　　B. replace()　　　　C. regionMatches()　　　　D. replaceAll()

2. 设有 String s = new String("abc")；要使得运行结果为 s = abc10，可运行下列选项中的（　　　）。

A. s += 10; System.out.print("s ="+ s);

B. String s2 = new String("10"); s = s + s2; System.out.print("s ="+ s);

C. String s2 = new String("10"); System.out.print("s ="+ s.concat(s2));

D. 以上均可

3. 在标准 String 类的方法中，能实现两个字符串按词典顺序比较大小，且返回一个 int 类型值的方法是（　　）。

A. equals()　　B. equalsIgnoreCase()　　C. regionMatches()　　D. compareTo()

【练一练】

已知字符串数组 A，包含初始数据：a1，a2，a3，a4，a5；字符串数组 B，包含初始数据：b1，b2，b3，b4，b5。编写程序将数组 A、B 的每一对对应数据项相连接，然后存入字符串数组 C，并输出数组 C，输出结果为：a1b1，a2b2，a3b3，a4b4，a5b5。例如，数组 A 的值为{"Hello" "Hello" "Hello" "Hello" "Hello"}，数组 B 的值为{ "Jack" "Tom" "Lee" "John" "Alisa" }，则输出结果为{ "Hello Jack" "Hello Tom" "Hello Lee" "Hello John" "Hello Alisa" }。

注意：定义两个字符串数组 A、B，用于存储读取数据。定义数组 C，用于输出结果。

模 块 小 结

模块 2 主要学习了面向对象编程。本模块的核心知识点包括：①面向对象的基本概念和基本特性；②Java 语言中类的定义和对象的使用；③类的封装、构造方法和 this 关键字的使用；④类的继承和 super 关键字的使用；⑤抽象类和抽象方法；⑥接口和多态的特性；⑦Java 的异常处理机制；⑧String 类和 StringBuffer 类的使用。本模块的技能点见表 2-15，大家可依据自己的掌握情况进行自我评价并在小组内展开相互评价，然后可将此表反馈给老师。

表 2-15　学习情况评价表

序号	知识与技能	自我评价					小组评价					老师评价				
		A	B	C	D	E	A	B	C	D	E	A	B	C	D	E
1	会定义 Java 类，在程序中使用自定义类创建对象															
2	能够完成类的封装，会编写构造方法															
3	能够在父类的基础上创建子类															
4	能使用方法重载实现同名方法的不同功能															
5	能在子类中使用方法重写改变父类方法的功能															
6	能够正确使用 this 关键字和 super 关键字															
7	会编写抽象类和接口															
8	能够正确使用 static 关键字和 final 关键字															
9	能够编写异常处理程序															
10	能够在程序中熟练使用 String 类和 StringBuffer 类															

说明：评价等级分为 A、B、C、D、E 五个等级。能够熟练、独立完成为 A 等；能顺利完成，但需要花费较长时间为 B 等；能独立完成 75% 以上内容为 C 等；能独立完成 60% 以上内容为 D 等；大部分内容都无法独立完成为 E 等。

开发Java桌面程序

任务 3.1 | 创建应用程序主窗口

任务描述

用户界面是提供应用程序与用户进行数据交流的界面，是应用程序不可或缺的重要组成部分。通过用户界面，用户可以输入数据、执行操作命令，也可以查看计算结果。用户界面随着操作系统的特性而变化，例如，DOS 系统中的用户界面是字符方式的，而 Windows系统中的用户界面则是图形方式的。本任务将应用 Java 图形用户界面（graphics user interface，GUI）创建一个应用程序主窗口。本任务将带领你学习 Java GUI 的基本概念、利用容器创建程序窗口。通过本任务的学习，你将：

- 了解 Java GUI 的基本概念；
- 理解容器的基本思想，能区别 JFrame 和 Jpanel；
- 会使用 JFrame 构造用户界面；
- 会使用 JPanel 合理分隔应用程序界面；
- 进一步提高学习编程的乐趣，增强创新思维能力。

微课：创建应用程序主窗口

知识准备

GUI 是为应用程序提供图形化的界面、方便用户和应用程序实现友好交互的桥梁。图形用户界面借助菜单、工具栏和按钮等标准界面元素和鼠标操作，帮助用户向计算机系统发出执行命令操作，并将系统运行的结果以图形的方式显示给用户。自从微软公司和苹果公司推出图形化操作系统以来，GUI 已经成为现代计算机系统中很重要的一部分。

借助 Java 的 GUI 技术，程序员可以设计良好的用户界面，为用户和程序提供交互式接口。Java 的 java.awt 和 javax.swing 包中包含了许多有关图形界面的类，其中包含了基本组件（如标签、按钮、文本框、列表等）和容器（窗口、面板等）。程序员在设计用户界面时可以添加各种组件，安排各种组件在容器的位置，同时提供响应并处理外部事件的机制。为构建界面良好的应用程序提供了技术基础。

3.1.1　AWT 概述

抽象窗口工具包（abstract window toolkit，AWT）是 Java 提供的建立图形用户界面 GUI 的工具集，可用于生成现代的、鼠标控制的图形应用接口，并且无须修改，就可以在各种软硬件平台上运行。AWT 可用于 Java 的小程序和应用程序中，AWT 设计的初衷是支持开发小应用程序的简单用户界面。它支持的图形用户界面编程的功能包括：用户界面组件、事件处理模型、图形和图像工具（形状、颜色、字体等）和布局管理器，可以进行灵活的窗口布局而与特定窗口的尺寸和屏幕分辨率无关。

java.awt 包中提供了 GUI 设计所使用的类和接口，如 AWTEvent、Font、Component、Graphics、MenuComponent、Color 和各种布局管理类等，用于 GUI 的设计，而这些类又都继承于 java.lang.Object 类。AWT 类层次结构如图 3-1 所示。

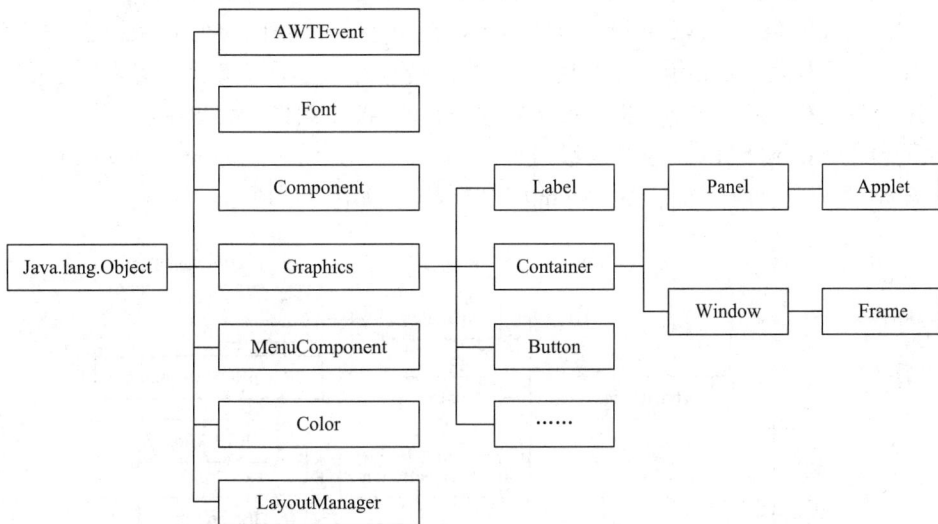

图 3-1　AWT 类层次结构

java.awt.Component 类是许多组件类（如 Button 和 Label）的父类。Component 类中封装了组件通用的方法和属性，如图形的组件对象、大小、显示位置、前景色和背景色、边界、可见性等。因此，许多组件类也就继承了 Component 类的成员方法和成员变量，这些成员方法是许多组件都共有的方法。Component 类常用方法见表 3-1。

表 3-1　Component 类常用方法

方法名称	方法功能
void setBackground(Color c)	设置组件的背景颜色
void setEnabled(boolean b)	设置组件是否可用

方法名称	方法功能
void setFont(Font f)	设置组件的文字
void setForeground(Color c)	设置组件的前景颜色
void setLocation(int x, int y)	设置组件的位置
void setName(String name)	设置组件的名称
void setSize()	设置组件的大小
void setVisible(boolean b)	设置组件是否可见
boolean hasFocus()	检查组件是否拥有焦点
int getHeight()	返回组件的高度
int getWidth()	返回组件宽度

3.1.2　Swing 简介

Swing 是 Java 语言在编写图形用户界面方面的新技术，Swing 采用模型-视图-控制器（model-view-controller，MVC）设计范式，可以使 Java 程序在同一个平台上运行时有不同的外观供用户选择。Swing 组件都是用 Java 语言编写的，它不依赖于本地平台，可以做到真正的跨平台运行。通常来讲，把依赖于本地平台的 AWT 组件称为重量级组件，把不依赖于本地平台的 Swing 组件称为轻量级组件。与 AWT 类似，大部分的 Swing 组件都是 JComponent 类的直接或间接子类。Swing 类层次结构如图 3-2 所示。

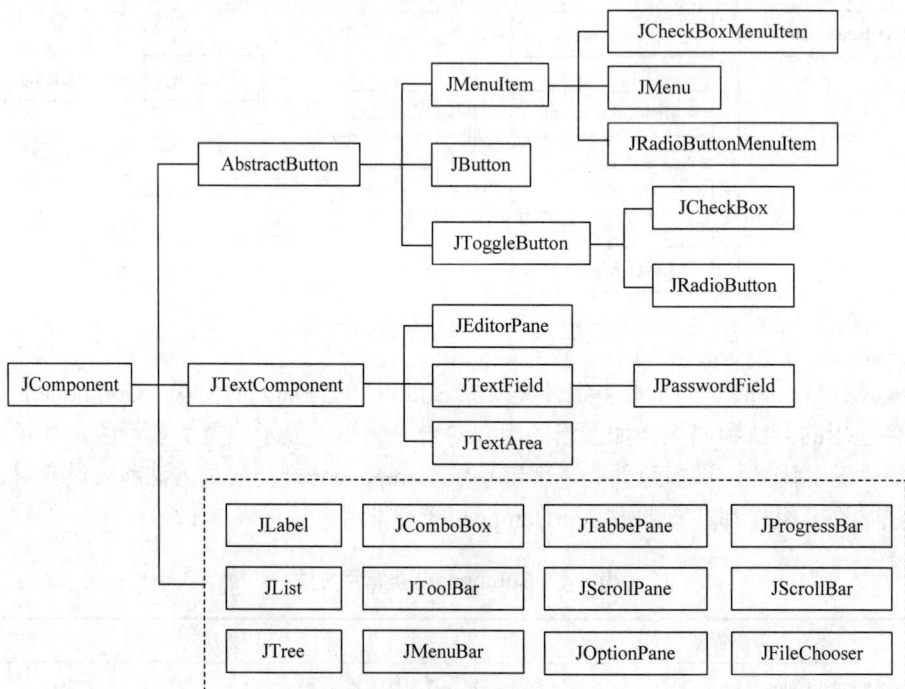

图 3-2　Swing 类层次结构

Swing 组件从功能上可以分为以下 6 类。

1）顶层容器：JFrame、JApplet、JDialog 和 JWindow。

2）中间容器：JPanel、JScrollPane、JSplitPane 和 JToolBar。

3）特殊容器：JInternalFrame、JLayerPane 和 JRootPane。

4）基本组件：JButton、JComboBox、JList、JMenu、JSlider 和 JTextField。

5）不可编辑信息的组件：JLabel、JProgressBar 和 ToolTip。

6）可编辑信息的组件：JColorChooser、JFileChooser、JTable 和 JTextArea。

在 Java 的桌面程序开发中，现在一般采用 Swing 组件和部分 AWT 组件来构建图形用户界面。其他用户界面技术，读者可以参阅相关资源进行学习。

同时，Java 的图形界面通常包括下述 3 部分内容。

（1）组件

1）组件是图形用户界面最基本的组成部分。

2）组件是一个可以以图形化的方式显示在屏幕上并能与用户进行交互的对象。

3）组件不能独立显示出来，必须将组件放在一定的容器中才能显示出来。

（2）容器

1）容器类 Container 是 Component 的一个子类。

2）容器本身也是一个组件，具有组件的所有性质。

3）容器还具有放置其他组件和容器的功能。

（3）布局管理器

1）布局管理器（LayoutManager）用来管理组件放置在容器中的位置和大小。

2）每个容器都有一个布局管理器。

3）使用布局管理器可以使 Java 生成的图形用户界面具有平台无关性。

4）布局管理器本身是一个接口，通常使用的是实现了该接口的类。

组件、容器和布局管理器三者之间的关系可以通过以下例子类比：组件就像是鸡蛋，容器就像是篮筐，布局管理器就像是摆放方式，摆放方式决定了鸡蛋放在篮筐中的位置。构造图形界面的过程就像是把鸡蛋按某种摆放方式放入篮筐的过程。

3.1.3 Swing 常用容器

一个容器可以容纳多个组件，并使它们成为一个整体。小的容器［如 Panel（面板）］可以放置在更大的容器［如 Frame（框架）］中，从而可以灵活控制组件的布局。容器使用 add()方法将组件添加到容器中。在应用 Swing 编写图形用户界面时，常用的三种容器是：JFrame、JPanel 和 JApplet（AWT 中对应为 Frame、Panel 和 Applet）。本节主要介绍 JFrame 和 JPanel。

1. 框架

框架是图形用户界面最基本的部分，框架是带有标题和边界的顶层窗口，框架的大小包括边界指定的所有区域，框架的默认布局为 BorderLayout。

（1）构造方法

框架通过构造方法创建，JFrame 的构造方法见表 3-2。

表 3-2　JFrame 的构造方法

方法名称	方法功能
JFrame()	构造 Frame 的一个新实例（初始时不可见）
JFrame(String title)	构造一个新的、初始不可见的、具有指定标题的 Frame 对象
JFrame(GraphicsConfiguration gc)	使用屏幕设备的指定图形配置创建一个 Frame
JFrame(String title, GraphicsConfiguration gc)	构造一个新的、初始不可见的、具有指定标题和图形配置的 Frame 对象

（2）常用方法

框架借助于成员方法进行属性的设置和处理，JFrame 的常用方法见表 3-3。

表 3-3　JFrame 的常用方法

方法名称	方法功能
boolean isResizable()	指示 Frame 是否可由用户调整大小
remove(MenuComponent m)	从 Frame 移除指定的菜单栏
setIconImage(Image image)	设置 Frame 显示在最小化图标中的图像
setJMenuBar(MenuBar mb)	设置 Frame 的菜单栏
setResizable(boolean resizable)	设置 Frame 是否可由用户调整大小
setTitle(String title)	将 Frame 的标题设置为指定的字符串
setSize(int width,int height)	设置 Frame 大小
setLocation(int x,int y)	设置 Frame 位置，其中（x, y）为左上角坐标
setDefaultCloseOperation(int operation)	设置单击关闭按钮时的默认操作，包括： 1）DO_NOTHING_ON_CLOSE：屏蔽关闭按钮 2）HIDE_ON_CLOSE：隐藏框架 3）DISPOSE_ON_CLOSE：隐藏和释放框架 4）EXIT_ON_CLOSE：退出应用程序

说　明

- 可以使用 JFrame frm = new JFrame();语句框架对象成为框架类，也可以使用 public class MyFrame extends JFrame 的形式通过继承 Jframe 类成为框架类。
- 一般情况下，框架是 Java GUI 界面的底层容器。

2. 面板

面板是最简单的容器类，应用程序可以将其他组件放在面板提供的空间内，这些组件也可以包括其他面板。与框架不同，面板是一种透明的容器，既没有标题，也没有边框，就像一块透明的玻璃。面板不能作为最外层的容器单独存在，它首先必须作为一个组件放置到其他容器（一般为框架）中，然后把组件添加到它里面。

JPanel 的构造方法和常用方法见表 3-4。

表 3-4　JPanel 的构造方法和常用方法

方法类型	方法名称	方法功能
构造方法	Panel()	使用默认的布局管理器创建新面板
	Panel(LayoutManager layout)	创建具有指定布局管理器的新面板，面板的默认是 FlowLayout 布局管理器
常用方法	setLayout(LayoutManager mgr)	设置面板上组件的布局方式
	add(Component comp)	将组件添加到面板上
	setBorder()	设置面板的边框样式

3. 其他容器

Swing 中的容器除了上述的 JFrame、JPanel 和 JApplet 外，还包括其他容器，这些容器的名称和功能见表 3-5。

表 3-5　Swing 中其他容器的名称和功能

名称	功能
根面板（JRootPane）	由一个玻璃面板、一个内容面板和一个可选的菜单条组成
分层面板（JLayeredPane）	Swing 提供两种分层面板，向一个分层面板中添加组件，需要说明将其加入哪一层
滚动窗口（JScrollPane）	带滚动条的面板，主要通过移动 JViewport（视口）来实现移动，同时描绘出它在下面"看到"的内容
分隔板（JSplitPane）	用于分隔两个组件，这两个组件可以按照水平方向分隔，也可以按照垂直方向分隔
选项板（JTabbedPane）	提供一组可供用户选择的带有标签或图标的选项
工具栏（JToolBar）	用于显示常用工具组件的容器，其位置通常处于菜单条的下面，主要用来提供一种快速访问程序功能的方法
内部框架（JInternalFrame）	嵌入另一个窗口的窗口

> **说　明**
>
> - 在复杂的图形用户界面设计中，为了使布局更加易于管理，具有简洁的整体风格，一个包含了多个组件的容器本身也可以作为一个组件添加到另一个容器中，这样就形成了容器的嵌套。
> - 顶层容器和内容容器之间的关系就像喝咖啡时，咖啡碟子和咖啡杯之间的关系。

任务实施

创建一个主程序框架（JFrame），再分别创建三个面板（JPanel）对象，分别设置面板的背景颜色，然后将其中一个设置为内容面板，另外两个添加到内容面板上，最后设置窗口的大小、可见性和关闭方式。

3.1.4　编写程序

具体编写步骤如下。

1）在 Eclipse 环境中创建名称为 chap03 的项目。

2）在 chap03 项目中新建名称为 FrmMain 的类。

3）编写完成的 FrmMain.java 的程序代码如下。

```
 1  import javax.swing.*;
 2  import java.awt.*;
 3  public class FrmMain {
 4    public static void main(String args[]){
 5      JFrame frm = new JFrame();
 6      JPanel pnlLeft = new JPanel();
 7      pnlLeft.setBackground(Color.WHITE);
 8      JPanel pnlRight = new JPanel();
 9      pnlRight.setBackground(Color.GRAY);
10      JPanel pnlMain = new JPanel();
11      pnlMain.setBackground(Color.CYAN);
12      frm.setContentPane(pnlMain);
13      pnlMain.add(pnlLeft);
14      pnlMain.add(pnlRight);
15      frm.setTitle("使用面板分割框架");
16      frm.setSize(250,150);
17      frm.setVisible(true);
18      frm.setDefaultCloseOperation(JFrame.EXIT_ON_CLOSE);
19    }
20  }
```

【程序说明】

- 第 1 行：引入 "javax.swing.*"，以便在程序中使用 JFrame 类。
- 第 2 行：引入 "java.awt.*"，以便在程序中使用 Color 类。
- 第 6~11 行：分别创建 pnlLeft、pnlRight 和 pnlMain 面板对象，并调用 setBackground() 方法设置三个面板的背景颜色。
- 第 12 行：通过 JFrame 的 setContentPane() 方法将 pnlMain 面板设置为内容面板，以便放置其他面板或组件。
  - 第 13 行、第 14 行：分别将 pnlLeft 面板和 pnlRight 面板添加到 pnlMain 面板上。
  - 第 16~18 行：调用 JFrame 的相关方法设置窗口的大小、可见性和关闭方式。

3.1.5 编译并运行程序

保存并修正程序错误后，程序运行结果如图 3-3 所示。

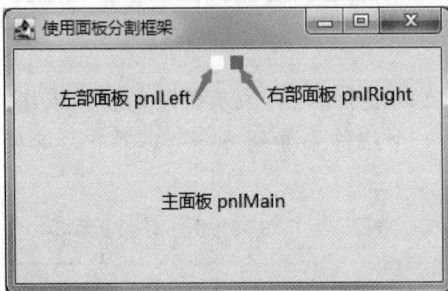

图 3-3 FrmMain 运行结果

说 明

- 面板的大小随放置其上的组件和布局管理器的变化而变化，该例中由于 pnlLeft 面板和 pnlRight 面板上没有放置组件也没有进行布局设置，因此显示为矩形小方块。
- 使用 JFrame 的 setContentPane() 方法可以把 JPanel 或 JDesktopPane 等中间容器设置为 JFrame 的内容面板。
- 使用 JFrame 的 getContentPane() 方法可以获得 JFrame 的内容面板。

任务评价和拓展

【测一测】

1. Java 中含有大量标准类，其中提供创建图形用户界面元素的 Java 包是（　　）。

    A. java.lang   B. java.net   C. java.awt   D. java.applet

2. Java 中，既具有组件功能又能包含其他组件并能通过布局管理器来控制这些组件的大小和功能的 GUI 单元是（　　）。

    A. 容器   B. 基本组件

    C. GUI 用户自定义成分   D. 面板

3. 下列不属于 Swing 的构件是（　　）。

    A. JButton   B. JLabel

    C. JFrame   D. JPane

4. Java 对 I/O 访问所提供的同步处理机制是（　　）。

    A. 字节流   B. 过滤流

    C. 字符流   D. 压缩文件流

【练一练】

编写一个 JFrame 窗口，添加 JPanel 面板，设置 Jpanel 的大小、颜色和位置，显示效果如图 3-4 所示。

注意：需要将 JFrame 窗口的布局设置为 null。

图 3-4　显示效果

任务 3.2　创建应用程序登录窗口

任务描述

组件是构成图形用户界面的基本成分和核心元素。组件具有运行时可见、能拥有并管理其他组件、可操纵、可获得输入焦点等特性。在一个典型的登录窗口中，有用于显示提示信息的标签组件、用于输入用户名和密码的文本框组件还有提交处理的按钮组件。本任务将创建一个包含输入用户名、口令，以及登录和退出按钮的应用程序登录窗口。本任务将带领你学习 Java 中标签、按钮和文本框的使用。通过本任务的学习，你将：

- 掌握标签 JLabel 和按钮 JButton 的用法；
- 掌握单行文本框 JtextField 的用法；
- 掌握密码框 JPasswordField 的用法；
- 会使用标签、按钮和文本框组件构造简单的用户界面；
- 进一步提高敢于创新和独立工作的能力。

微课：创建应用程
序登录窗口

■ **知识准备**

3.2.1 标签和按钮

1. 标签（JLabel）

标签提供了一种在应用程序界面中显示不可修改文本的方法。标签缺省文本对齐方式是左对齐，可以通过构造方法中的参数将其设置为居中对齐或右对齐。与其他组件一样，用户也可以改变标签的字体和颜色。标签可以使用 AWT 的 Label 类和 Swing 的 JLabel 类实现，但不可混用。标签是一种最简单的组件，在使用标签对应的构造方法构造标签对象后，利用 JPanel 的 add()方法添加到面板上即可。

（1）构造方法

JLabel 的构造方法见表 3-6。

表 3-6　JLabel 的构造方法

方法名称	方法功能
JLabel()	构造一个空标签
JLabel(String text)	使用指定的文本字符串构造一个新的标签，其文本对齐方式为左对齐
JLabel(String text, int horizontalAlignment)	构造一个显示指定的文本字符串的新标签，其文本对齐方式为指定的方式
JLabel(Icon image)	使用指定的图像构造一个标签
JLabel(Icon image, int horizontalAlignment)	使用指定的图像和对齐方式构造一个标签
JLabel(String text, Icon icon, int horizontalAlignment)	使用指定的图像、文本字符和对齐方式构造一个标签

（2）常用方法

JLabel 的常用方法见表 3-7。

表 3-7　JLabel 的常用方法

方法名称	方法功能
setText(String text)	设置标签的文本
setIcon(Icon icon)	设置在标签中显示的图像
setVerticalAlignment(int alignment)	设置标签内容的垂直对齐方式
setVerticalTextPosition(int textPosition)	设置标签中文字相对于图像的垂直位置
setHorizontalAlignment(int alignment)	设置标签内容的水平对齐方式
setHorizontalTextPosition(int textPosition)	设置标签中文字相对于图像的水平位置
setDisabledIcon(Icon disabledIcon)	设置标签禁用时的显示图像
setDisplayedMnemonic(char aChar)	指定一个字符作为快捷键
setDisplayedMnemonic(int key)	指定 ASCII 码作为快捷键

2. 按钮（JButton）

按钮是用于触发特定动作的组件，用户可以根据需要创建纯文本的或带图标的按钮。使用 JButton 类的对应构造方法创建按钮后，利用 JPanel 的 add()方法添加到面板上，然后启动事件侦听，根据用户的操作执行相应的功能。

JButton 的构造方法和常用方法见表 3-8。

表 3-8　JButton 的构造方法和常用方法

方法类型	方法名称	方法功能
构造方法	JButton()	构造一个字符串为空的按钮
	JButton(Icon icon)	构造一个带图标的按钮
	JButton(String text)	构造一个指定字符串的按钮
	JButton(String text, Icon icon)	构造一个带图标和字符的按钮
常用方法	addActionListener(ActionListener l)	添加指定的操作监听器，以接收来自此按钮的操作事件
	setLabel(String label)	将按钮的标签设置为指定的字符串
	getLabel()	获得此按钮的标签

3.2.2　文本框

1. 单行文本框（JTextField）

文本框显示指定文本并允许用户编辑文本，用户可以通过文本框实现输入、错误检查等功能。用户可以设置它们的前景色和背景色，但不能改变基本显示特性。使用 JTextField 类构造一个单行的输入文本框。接收用户键盘输入的信息，用户输入完成后，按下 Enter 键，程序就能使用输入的数据。

文本框只能显示一行，按下 Enter 键时，产生 ActionEvent 事件，可以通过 ActionListener 接口中的 actionPerformed()方法进行事件处理。

（1）构造方法

JTextField 的构造方法见表 3-9。

表 3-9　JTextField 的构造方法

方法名称	方法功能
JTextField()	通过缺省方式构造新文本框对象
JTextField(String text)	通过指定初始化文本构造新的文本框对象
JTextField(int columns)	通过指定列数构造新的空文本框对象
JTextField(String text, int columns)	通过指定初始化文本和指定列数构造新的文本框对象
JTextField(Document doc, String text, int columns)	通过指定文本存储模式、指定初始化文本和指定列数构造新的文本框对象

（2）常用方法

JTextField 的常用方法见表 3-10。

表 3-10　JTextField 的常用方法

方法名称	方法功能
setHorizontalAlignment(int alignment)	设置文本框中文本的水平对齐方式
getText()	获得文本框中的文本字符
selectAll()	选定文本框中的所有文本
Select(int selectionStart, int selectionEnd)	选定指定开始位置到结束位置间的文本
setEditable(boolean b)	设置文本框是否可编辑
setText(String t)	设置文本框中的文本

2. 密码框（JPasswordField）

密码框表示可编辑的单行文本的密码文本组件。JPasswordField 是一个轻量级组件，允许编辑一个单行文本，可以输入内容，但不显示原始字符，显示"*"或"#"等，隐藏用户的真实输入，实现一定程度的保密，一般用来进行密码等内容的输入。

JPasswordField 的构造方法和常用方法见表 3-11。

表 3-11　JPasswordField 的构造方法和常用方法

方法类型	方法名称	方法功能
构造方法	JPasswordField()	通过缺省方式构造新密码框对象
	JPasswordField(Document doc, String txt, int columns)	通过指定文本存储模式，指定初始化文本和指定列数构造新的密码框对象
	JPasswordField(int columns)	通过指定列数构造新的空密码框对象
	JPasswordField(String text)	通过指定初始化文本构造新的密码框对象
	JPasswordField(String text, int columns)	通过指定初始化文本和指定列数构造新的密码框对象
常用方法	getEchoChar()	返回要用于回显的字符
	getPassword()	返回此 TextComponent 中所包含的文本
	setEchoChar(char c)	设置此 JPasswordField 的回显字符

3. 文本域（JTextArea）

Swing 中的 JTextArea 类和 AWT 中的 TextArea 类都表示可编辑的多行文本组件。JTextArea 是一个显示纯文本的多行区域。它作为一个轻量级组件，提供与 java.awt.TextArea 类的兼容性。JTextArea 和 TextArea 使用起来有很大的不同，前者使用相对复杂，但更灵活，后者使用相对简单但较单一，用户可以根据应用程序的具体需要进行适当选择。JTextArea 的构造方法和常用方法见表 3-12。关于 TextArea 类的详细信息，请查阅 Java API，在此不做详细介绍。

表 3-12　JTextArea 的构造方法和常用方法

方法类型	方法名称	方法功能
构造方法	JTextArea()	构造一个新的 TextArea
	JTextArea(Document doc)	构造一个新的 JTextArea，使其具有给定的文档模型，所有其他参数均默认为（null, 0, 0）

续表

方法类型	方法名称	方法功能
构造方法	JTextArea(Document doc, String text, int rows, int columns)	构造具有指定行数和列数及给定模型的新的 JTextArea
	JTextArea(int rows, int columns)	构造具有指定行数和列数的新的空 TextArea
	JTextArea(String text)	构造显示指定文本的新的 TextArea
	JTextArea(String text, int rows, int columns)	构造具有指定文本、行数和列数的新的 TextArea
常用方法	void append(String str)	将给定文本追加到文档结尾
	int getColumns()	返回 TextArea 中的列数
	int getLineCount()	确定文本区中所包含的行数（AWT 中的 TextArea 类没有）
	int getRows()	返回 TextArea 中的行数
	void insert(String str, int pos)	将指定文本插入指定位置
	void replaceRange(String str, int start, int end)	用给定的新文本替换从指示的起始位置到结尾位置的文本
	void setColumns(int columns)	设置此 TextArea 的列数
	void setRows(int rows)	设置此 TextArea 的行数

▐▌ 任务实施

创建应用程序登录窗口，登录窗口包括提示标签、用于输入用户名和口令的文本框，以及登录和退出按钮。再分别设置控件的字体样式和背景颜色，最后设置窗口的大小、可见性和关闭方式。

3.2.3　编写程序

具体编写步骤如下。

1）在 Eclipse 环境中打开名称为 chap03 的项目。

2）在 chap03 项目中新建名称为 FrmLogin 的类。

3）编写完成的 FrmLogin.java 的程序代码如下。

```java
1  import javax.swing.*;
2  import java.awt.*;
3  public class FrmLogin extends JFrame{
4     JPanel pnlLogin;
5     JButton btnLogin,btnExit;
6     JLabel lblWelcome,lblUserName,lblPassword;
7     JTextField txtUserName;
8     JPasswordField pwdPassword;
9     Dimension dsSize;
10    Toolkit toolkit = Toolkit.getDefaultToolkit();
11    public FrmLogin() {
12       super("欢迎登录");
13       pnlLogin = new JPanel();
14       this.getContentPane().add(pnlLogin);
15       lblWelcome = new JLabel("-欢迎登录系统-");
16       lblUserName = new JLabel("用户名(U):");
17       lblPassword = new JLabel("口　令(P):");
18       txtUserName = new JTextField(20);
```

```
19        pwdPassword = new JPasswordField(20);
20        btnLogin = new JButton("登录(L)");
21        btnLogin.setToolTipText("登录到服务器");
22        btnLogin.setMnemonic('L');
23        btnExit = new JButton("退出(X)");
24        btnExit.setToolTipText("退出系统");
25        btnExit.setMnemonic('X');
26        Font fontWel = new Font("楷体",Font.BOLD + Font.ITALIC,26);
27        Font fontstr = new Font("宋体",Font.PLAIN,12);
28        lblWelcome.setFont(fontWel);
29        lblUserName.setFont(fontstr);
30        txtUserName.setFont(fontstr);
31        lblPassword.setFont(fontstr);
32        pwdPassword.setFont(fontstr);
33        btnLogin.setFont(fontstr);
34        btnExit.setFont(fontstr);
35        lblWelcome.setForeground(Color.DARK_GRAY);
36        lblUserName.setForeground(Color.BLACK);
37        lblPassword.setForeground(Color.BLACK);
38        btnLogin.setBackground(Color.ORANGE);
39        btnExit.setBackground(Color.ORANGE);
40        pnlLogin.add(lblWelcome);
41        pnlLogin.add(lblUserName);
42        pnlLogin.add(txtUserName);
43        pnlLogin.add(lblPassword);
44        pnlLogin.add(pwdPassword);
45        pnlLogin.add(btnLogin);
46        pnlLogin.add(btnExit);
47        setResizable(false);
48        setSize(260,200);
49        setVisible(true);
50        dsSize = toolkit.getScreenSize();
51        setLocation(dsSize.width/2 - this.getWidth()/2,
                dsSize.height/2 - this.getHeight()/2);
52    }
53    public static void main(String args[]){
54      new FrmLogin();
55    }
56  }
```

【程序说明】

- 第 2 行：引入 java.awt.*，以便使用 Dimension、Toolkit、Font、Color 类。
- 第 3 行：通过继承 JFrame 类，使 FrmLogin 成为框架类。
- 第 4～8 行：声明各种组件对象。
- 第 9、10 行：声明 Dimension 和 Toolkit 对象，以便计算窗口的大小并进行框架的定位。
- 第 12 行：在 FrmLogin 类的构造方法中调用父类（JFrame）的构造方法，为框架添加标题。
- 第 14 行：将 pnlLogin 面板设置为框架的内容面板。

- 第 18 行：使用默认构造方法，创建长度为 20 的文本框对象。
- 第 19 行：使用默认构造方法，创建长度为 20 的密码框对象。
- 第 21 行，第 24 行：使用按钮的 setToolTipText()方法设置光标指向到按钮时显示的提示文本（TipText）。
- 第 26、27 行：使用 Font 类，创建两个不同的字对象。
- 第 28~34 行：使用组件的 setFont()方法，设置组件上显示的文字。
- 第 35~37 行：使用标签的 setForeground()方法设置标签的文字颜色。
- 第 38、39 行：使用按钮的 setBackground()方法设置按钮的背景颜色。
- 第 40~46 行：将标签、文本框等组件添加到内容面板上。
- 第 50 行：通过 Toolkit 类的 getScreenSize()获取屏幕的大小。
- 第 51 行：通过计算设置框架的位置，实现框架位置的居中显示。

3.2.4 编译并运行程序

保存并修正程序错误后，程序运行结果如图 3-5 所示。

图 3-5　FrmLogin 运行结果

任务评价和拓展

【测一测】

1．标签缺省文本对齐方式是（　　　）。
   A. 左对齐　　　　　B. 右对齐　　　　　C. 居中对齐　　　　D. 两端对齐
2．下列叙述中，错误的是（　　　）。
   A. JButton 类和标签类可显示图标和文本
   B. Button 类和标签类可显示图标和文本
   C. AWT 构件能直接添加到顶层容器中
   D. Swing 构件不能直接添加到顶层容器中
3．设置文本框是否可编辑的方法是（　　　）。
   A. setEditable()　　　B. setSize()　　　　C. setText()　　　　D. setHorizontalAlignment()

【练一练】

应用 Swing 组件设计应用程序"关于"窗口参考界面，如图 3-6 所示。

图 3-6　参考界面

任务 3.3　实现应用程序登录功能

任务描述

图形界面程序以一种"搭积木"的方式将用户组件组织在一起，布局管理可以使窗口界面保持简洁整齐，但是这些用户组件还不能与用户产生交互，为了实现图形用户界面与用户的交互操作，还应为程序提供事件处理，事件处理负责让程序可以响应用户动作。本任务将实现应用程序登录功能，输入用户名和口令后，单击登录按钮，程序会判断登录是否成功。本任务将带领你学习 Java GUI 中的布局管理和事件处理机制。通过本任务的学习，你将：

- 理解流式布局、网格布局、边界布局、卡片布局、网格袋布局；
- 理解 Java 事件处理机制；
- 掌握动作事件相关的接口及其方法；
- 掌握实现事件监听接口编写事件处理程序的方法；
- 能根据实际需要选择合适的布局方式布局组件；
- 能根据实际应用的需要编写动作事件处理程序；
- 进一步提高编程的逻辑思维能力。

微课：实现应用程序登录功能

知识准备

3.3.1　布局管理

在 Java 程序设计中，平台独立性是一个十分重要的特性。Java GUI 程序也不例外，因为平台的不同使组件在屏幕上的布局特性（组件的大小和位置等特性）也不同，为了保持组件的平台独立性，Java 引入了布局管理器（LayoutManager）来控制组件的布局。布局管理器用于安排组件在容器中的位置，可使组件的布局管理更加规范和方便。使用布局管理器可以实现跨平台的特性并且获得动态的布局效果。布局管理器负责管理组件的排列顺序、大小和位置。不同的布局管理器使用不同的布局策略，容器可以通过选择不同的布局管理器来决定布局。

1. 流式布局（FlowLayout）

FlowLayout 是 Panel 和 Applet 的默认布局管理器。在 FlowLayout 中，组件在容器中按照从上到下、从左到右的顺序进行排列，如果当前行放置不下，则换行放置。

FlowLayout 的构造方法和常用方法见表 3-13。

表 3-13　FlowLayout 的构造方法和常用方法

方法类型	方法名称	方法功能
构造方法	FlowLayout()	组件缺省的对齐方式居中对齐，组件水平和垂直间距缺省值为 5 像素
	FlowLayout(int align)	以指定方式对齐，组件间距为 5 像素，如 FlowLayout（FlowLayout.LEFT）表示居左对齐，横向间隔和纵向间隔都是缺省值 5 个像素
	FlowLayout(int align, int hgap, int vgap)	以指定方式对齐，并指定组件水平和垂直间距
常用方法	addLayoutComponent(String name, Component comp)	将指定组件添加到布局
	void removeLayoutComponent(Component comp)	从布局中移去指定组件
	void setHgap(int hgap)	设置组件间的水平方向间距
	void setVgap(int vgap)	得到组件间的垂直方向间距
	void setAlignment(int align)	设置组件对齐方式

2. 网格布局（GridLayout）

GridLayout 布局管理器使容器中各个组件呈网格状布局，平均占据容器的空间，即使容器的大小发生变化，每个组件还是平均占据容器的空间。组件在容器中的布局是按照从上到下、从左到右的规律进行的。

GridLayout 的规则相当简单，允许用户以规则的行和列指定布局方式，每个单元格的尺寸取决于单元格的数量和容器的大小，组件大小一致。

GridLayout 的构造方法和常用方法见表 3-14。

表 3-14　GridLayout 的构造方法和常用方法

方法类型	方法名称	方法功能
构造方法	GridLayout()	以默认的单行、每列布局一个组件的方式构造网格布局
	GridLayout(int rows,int cols)	以指定的行和列构造网格布局
	GridLayout(int rows, int cols, int hgap, int vgap)	以指定的行、列、水平间距和垂直间距构造网格布局
常用方法	void setRows(int rows)	设置行数
	void setColumns(int cols)	设置列数

3. 边界布局（BorderLayout）

BorderLayout 是 Window、Frame 和 Dialog 的缺省布局管理器。BorderLayout 布局管理器把容器分成 North（北）、South（南）、East（东）、West（西）和 Center（中间）共 5 个区域，每个区域只能放置一个组件。如果容器采用 BorderLayout 进行布局管理，在用 add() 方法添加组件到容器时，必须注明添加到哪个位置。使用 BorderLayout 时，如果容器大小发生变化，组件的相对位置不变，但大小发生变化。

边界布局中的中间区域是在东、南、西、北都填满后剩下的区域。当窗口垂直延伸时，东、西、中间区域延伸；而当窗口水平延伸时，南、北、中间区域延伸。BorderLayout 是平常用得比较多的布局管理器。在容器变化时，组件相对位置不变，大小发生变化。在使用 BorderLayout 时，区域名称拼写要正确，尤其是在选择不使用常量［如 add（button, "Center"）］而使用 add（button, BorderLayout.CENTER）时，拼写与大写很关键。其构造方法有以下两种。

1）BorderLayout()是以默认方式（组件没有间距）构造边界布局。

2）BorderLayout(int hgap, int vgap)是以指定水平间距和垂直间距方式构造边界布局。其中，hgap 和 vgap 分别为组件间水平和垂直方向上的空白空间。

4. 卡片布局（CardLayout）

CardLayout 布局管理器能够帮助程序员处理两个以至更多的成员共享同一显示空间的问题。它把容器分成许多层，每层的显示空间占据整个容器的大小，并且每层只允许放置一个组件，可以通过 Panel 来实现每层的复杂的用户界面。

CardLayout 的构造方法和常用方法见表 3-15。

表 3-15　CardLayout 的构造方法和常用方法

方法类型	方法名称	方法功能
构造方法	CardLayout()	构造没有间距的卡片布局
	CardLayout(int hgap,int vgap)	构造指定间距的卡片布局
常用方法	void first(Container parent)	移到指定容器的第一个卡片
	void next(Container parent)	移到指定容器的下一个卡片
	void previous(Container parent)	移到指定容器的前一个卡片
	void last(Container parent)	移到指定容器的最后一个卡片
	void show(Container parent,String name)	显示指定卡片

5. 网格袋布局（GridBagLayout）

GridBagLayout 是功能最强大、最复杂和最难使用的布局管理器。GridBagLayout 类通过构造方法 GridBagLayout()可以构造一个默认的网格袋布局。GridBagLayout 布局管理器使用布局常量来决定布局的方式，这些常量包含在 GridBagConstraints 类中。GridBaygConstraints 类布局常量详细信息见表 3-16。

表 3-16　GridBagConstraints 类布局常量详细信息

常量名	常量含义
Anchor	指定组件的布局位置
CENTER	将组件放在有效区域的中央
EAST	将组件放在有效区域中央的右边
NORTH	将组件放在有效区域中央顶边
NORTHEAST	将组件放在有效区域右上角
NORTHWEST	将组件放在有效区域左上角
SOUTH	将组件放在有效区域中央的底边
SOUTHEAST	将组件放在有效区域右下角
SOUTHWEST	将组件放在有效区域左下角

常量名	常量含义
WEST	将组件放在有效区域中央的左边
fill	确定分配给组件的空间大于缺省尺寸时的填充方式
BOTH	直接充填组件四周的空间
HORIZONTAL	直接充填组件水平方向的空间
NONE	不填充,使用缺省的尺寸
VERTICAL	直接充填组件垂直方向的空间
gridwidth	指定组件在网格中的宽度,常量 REMAINDER 指定该组件是最后一个,可以使用剩余的所有空间
gridheight	指定组件在网格中的高度,常量 REMAINDER 指定该组件是最后一个,可以使用剩余的所有空间
gridx	指定水平方向上左边组件的网格位置,常量 RELATIVE 为前一个组件右边的位置
gridy	指定垂直方向上顶边组件的网格位置,常量 RELATIVE 为前一个组件下边的位置
insets	指定对象四周的保留空白
ipadx	指定组件左右两边的空白
ipady	指定组件上下两边的空白
weightx	指定组件之间如何分配水平方向的空间,只是一个相对值
weighty	指定组件之间如何分配垂直方向的空间,只是一个相对值

6. 空布局

除了以上介绍的各种布局管理器外,Java 也允许程序员不使用布局管理器,而是直接指定各个组件的位置。通过 setLayout(null)可以设置容器为空布局管理,再通过组件的 setBounds(int x, int y, int width, int height)方法对组件的位置和大小进行控制。主要代码如下:

```
pnlMain.setLayout(null);
……
lblUser.setBounds(10,10,60,25);
lblPass.setBounds(10,40,60,25);
txtUser.setBounds(80,10,150,25);
pwdPass.setBounds(80,40,150,25);
btnOk.setBounds(10,80,80,25);
btnExit.setBounds(120,80,80,25);
……
```

空布局示例如图 3-7 所示。

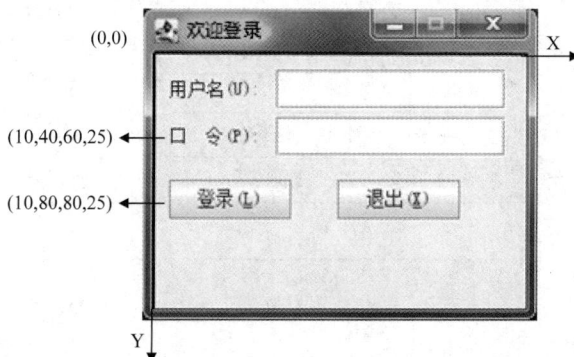

图 3-7　空布局示例

3.3.2　事件处理

Java GUI 编程是事件驱动的，在事件驱动编程机制中，程序的执行顺序不是完全按照代码的编写顺序，而是根据事件（单击按钮或移动鼠标等）的发生决定程序代码的执行。

1. 事件模型

事件模型由事件、事件源和事件监听器三部分组成，事件的响应通过委托模型来实现。

（1）事件

事件就是发生的事情。在日常生活中，当汽车行驶到十字路口遇到红灯时，它必须停车。这里的交通灯由绿变红，就是一个事件，而司机需要停下开车去响应红灯事件。在 Java 中，用户通过键盘或鼠标与程序进行交互，用户每一次对 GUI 程序的操作，即产生一个事件，系统通知运行中的程序，程序对事件进行相应处理，完成与用户的交互。

在 Java 中，关于事件的信息是被封装在一个事件对象中。所有的事件对象都是从 java.util.EventObject 类派生而来，如 ActionEvent 事件对象就是它的一个子类。

（2）事件源

事件源是产生事件的对象，不同的事件源会产生不同的事件。例如，单击按钮，将产生动作事件（ActionEvent）；关闭窗体，将产生窗口事件（WindowEvent）。这里的按钮和窗体就是事件源。

（3）事件监听器

事件监听器负责侦听事件的发生，并根据事件对象中的信息来决定对事件的响应。当事件发生时，创建适当类型的事件对象，该对象被传送给监听器，监听器必须实现所有事件处理方法的接口。一个事件源可以注册多个监听器，一个监听器也可以由多个事件源共享。监听器可用 addActionListener()方法添加，用 removeActionListener()方法删除。

（4）Java 事件处理机制

应用程序界面设计好之后，还需要应用程序能够响应用户的操作，Java 通过授权处理机制（图 3-8）来进行事件处理。事件源首先要授权事件监听器负责该事件源上事件的处理；

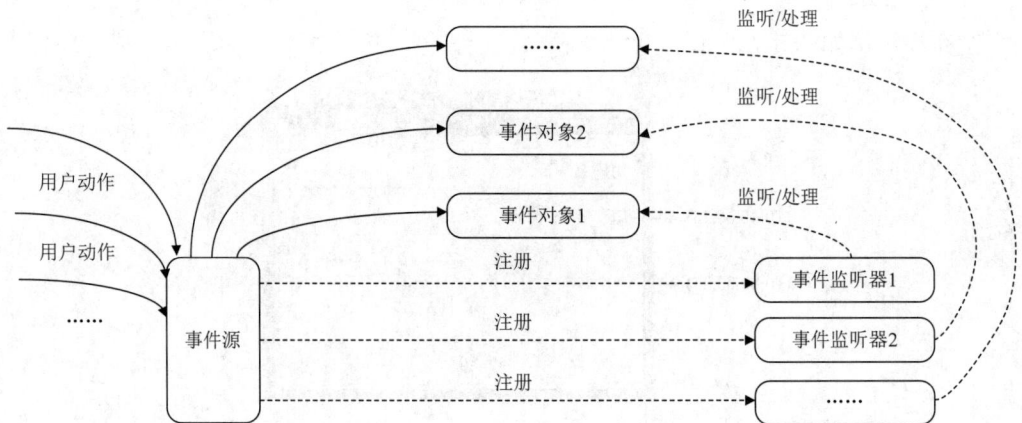

图 3-8　Java 事件授权处理机制

用户的动作在事件源上可能产生多种事件对象，由于有了授权过程，不同的事件监听器会分别对不同的事件对象进行处理。

为了更好地理解 Java 的事件授权处理机制，可以看生活中的一个例子：一个组织内部可能会产生民事纠纷或刑事纠纷，为了能很好地处理该组织的法律纠纷，该组织授权律师事务所，律师事务所委派律师甲和律师乙分别处理民事纠纷和刑事纠纷。以后，一旦该组织产生了民事纠纷，按照授权约定律师甲负责进行处理；而如果产生了刑事纠纷，律师乙负责进行处理（一个事件源上可以产生多个事件对象）。这里的组织就是事件源，民事纠纷或刑事纠纷就是事件对象，律师事务所就是事件监听器；律师甲和律师乙在为该组织服务的同时，也可以为其他组织服务（一个监听器可以为多个事件源服务）。

2. 事件类型

与 AWT 有关的事件类都由 java.awt.AWTEvent 类派生，这些 AWT 事件分为两大类：低级事件和高级事件。低级事件是指基于组件和容器的事件，高级事件是指基于语义的事件。Java AWT 事件名称及其触发行为见表 3-17。

表 3-17　Java AWT 事件名称及其触发行为

事件类型	事件名称	触发行为
低级事件	ComponentEvent	组件事件，组件尺寸的变化和移动
	ContainerEvent	容器事件，组件增加和移动
	WindowEvent	窗口事件，关闭窗口、窗口活动和图标化
	FucousEvent	焦点事件，焦点的获得和丢失
	KeyEvent	键盘事件，键盘的按下和释放
	MouseEvent	鼠标事件，鼠标单击和移动
高级事件	ActionEvent	动作事件，按钮按下、TextField 中按下 Enter 键
	AdjustmentEvent	调节事件，在滚动条上移动滑块和调节数值
	ItemEvent	项目事件，选择列表框中项目
	TextEvent	文本事件，文本对象发生改变

说　明

- Java 中的每类事件都有对应的事件监听器（接口），在进行事件处理时，需要实现对应的接口，即将接口中的所有方法重写。
- 授权与取消授权是通过注册和注销监听器来实现的，注册监听器使用 add(XXXListener)方法实现；注销监听器使用 remove(XXXListener)方法实现。

3. AWT 事件与 Swing 事件

（1）AWT 事件

为了能够很好地编写事件处理程序，必须了解 Java 中的事件类型以及对不同事件进行处理的接口名，最重要的是要掌握各种接口中响应对应事件的方法名称。因为在编写事件时处理者需要实现事件对应的接口，也就是要重写接口中的每一个方法，以便对组件上产生的不同事件进行处理。

例如，在一个窗口上可能发生关闭事件，也可能发生最小化事件。要对窗口事件进行处理，事件处理者必须实现 WindowListener 接口；为了响应关闭事件，则需要在 windowClosed()方法中添加处理代码；为了响应最小化事件，则需要在 windowIconfied()方法中添加处理代码。AWT 事件及其监听器接口见表 3-18。

表 3-18　AWT 事件及其监听器接口

事件类别	接口	方法及参数
ActionEvent	ActionListener	actionPerformed(ActionEvent)
ItemEvent	ItemListener	itemStateChanged(ItemEvent)
AdjustmentEvent	AdjustmentListener	adjustmentValueChanged(adjustmentEvent)
ComponentEvent	ComponentListener	componentHidden(ComponentEvent)
		componentMoved(ComponentEvent)
		componentResized(ComponentEvent)
		componentShown(ComponentEvent)
MouseEvent	MouseListener	mouseClicked(MouseEvent)
		mouseEntered(MouseEvent)
		mouseExited(MouseEvent)
		mouseReleased(MouseEvent)
		mousePressed(MouseEvent)
	MouseMotionListener	mouseDragged(MouseEvent)
		mouseMoved(MouseEvent)
WindowEvent	WindowListener	windowActivated(WindowEvent)
		windowDeactivated(WindowEvent)
		windowOpened(WindowEvent)
		windowClosed(WindowEvent)
		windowClosing(WindowEvent)
		windowIconfied(WindowEvent)
		windowDeIconfied(WindowEvent)
KeyEvent	KeyListener	keyPressed(KeyEvent)
		keyReleased(KeyEvent)
		keyTyped(KeyEvent)
ContainerEvent	ContainerListener	componentAdded(containerEvent)
		componentRemoved(containerEvent)
TextEvent	TextListener	textValueChanged(TextEvent)
FocusEvent	FocusListener	focusGained(FocusEvent)
		focusLost(FocusEvent)

使用监听器的方法编写事件处理程序时，需要将所实现的接口中的方法重写，但有时只需要利用接口中的少数方法进行事件处理。Java 通过为 Listener 接口提供适配器类的形式简化事件处理代码。一般情况下只对有一个以上方法的接口提供适配器，使用适配器进行事件处理时，只需要对特定的方法进行重写。Java.awt.event 包中定义的事件适配类具体如下。

- ComponentAdapter：组件适配器。
- ContainerAdapter：容器适配器。
- FocusAdapter：焦点适配器。
- KeyAdapter：键盘适配器。
- MouseAdapter：鼠标适配器。
- MouseMotionAdapter：鼠标移动适配器。
- WindowAdapter：窗口适配器。

说　明

- 只对有一个以上方法的接口提供适配器。
- 借助适配器可以简化事件处理程序的代码量。
- 接口需要通过 implements 关键字实现，而适配器通过 extends 继承。

（2）Swing 事件

Swing 的事件处理机制继续沿用 AWT 的事件处理机制，基本的事件处理使用 java.awt.event 包中的类实现，同时 javax.swing.event 包中增加了一些新的事件及其监听器接口。Swing 组件及其相应的监听器接口见表 3-19。

表 3-19　Swing 组件及其相应的监听器接口

组件	接口	所属的包
AbstractButton JTextField Timer JDirectoryPane	ActionListener	java.awt.event
JScrollBar	AdjustmentListener	java.awt.event
JComponent	AncestorListener	javax.swing.event
DefaultCellEditor	CellEditorListener	javax.swing.event
AbstractButton DefaultCaret JProgressBar JSlider JTabbedPane JViewport	ChangeListener	javax.swing.event
AbstractDocument	DocumentLiStener	javax.swing.event
AbstractButton JComboBox	ItemListener	java.awt.event
JList	ListSelectionListener	javax.swing.event
JMenu	MenuListener	javax.swing.event

续表

组件	接口	所属的包
AbstractAction JComponent TableColumn	PropertyChangeListener	java.awt.event
JTree	TreeSelectionListener	javax.swing.event
JPopupMenu	WindowListener	

■ **任务实施**

为任务 3.2 创建的应用程序登录窗口添加流式布局，设置组件间合理的间距，为登录窗口中的按钮添加事件处理逻辑。

3.3.3　编写程序

具体编写步骤如下。

1）在 Eclipse 环境中打开名称为 chap03 的项目。

2）在 chap03 项目中打开名称为 FrmLogin 的类。

3）在 FrmLogin.java 中补充布局与事件处理的程序代码如下（粗斜体）。

```
1   import javax.swing.*;
2   import java.awt.*;
3   import java.awt.event.*;
4   public class FrmLogin extends JFrame implements ActionListener{
5       JPanel  pnlLogin;
6       JButton  btnLogin,btnExit;
7       JLabel  lblWelcome,lblUserName,lblPassword;
8       JTextField  txtUserName;
9       JPasswordField pwdPassword;
10      Dimension dsSize;
11      Toolkit toolkit = Toolkit.getDefaultToolkit();
12      public FrmLogin() {
13        super("欢迎登录");
14        pnlLogin = new JPanel();
15        this.getContentPane().add(pnlLogin);
16        FlowLayout fl = new FlowLayout(FlowLayout.CENTER,20,15);
17        pnlLogin.setLayout(fl);
18        lblWelcome = new JLabel("-欢迎登录系统-");
19        lblUserName = new JLabel("用户名(U):");
20        lblPassword = new JLabel("口　令(P):");
21        txtUserName = new JTextField(20);
22        pwdPassword = new JPasswordField(20);
23        btnLogin = new JButton("登录(L)");
24        btnLogin.setToolTipText("登录到服务器");
25        btnLogin.setMnemonic('L');
26        btnExit = new JButton("退出(X)");
27        btnExit.setToolTipText("退出系统");
28        btnExit.setMnemonic('X');
29        btnLogin.addActionListener(this);
```

```
30        btnExit.addActionListener(this);
31        Font fontWel = new Font("楷体",Font.BOLD + Font.ITALIC,26);
32        Font fontstr = new Font("宋体",Font.PLAIN,12);
33        lblWelcome.setFont(fontWel);
34        lblUserName.setFont(fontstr);
35        txtUserName.setFont(fontstr);
36        lblPassword.setFont(fontstr);
37        pwdPassword.setFont(fontstr);
38        btnLogin.setFont(fontstr);
39        btnExit.setFont(fontstr);
40        lblWelcome.setForeground(Color.DARK_GRAY);
41        lblUserName.setForeground(Color.BLACK);
42        lblPassword.setForeground(Color.BLACK);
43        btnLogin.setBackground(Color.ORANGE);
44        btnExit.setBackground(Color.ORANGE);
45        pnlLogin.add(lblWelcome);
46        pnlLogin.add(lblUserName);
47        pnlLogin.add(txtUserName);
48        pnlLogin.add(lblPassword);
49        pnlLogin.add(pwdPassword);
50        pnlLogin.add(btnLogin);
51        pnlLogin.add(btnExit);
52        setResizable(false);
53        setSize(300,220);
54        setVisible(true);
55        dsSize = toolkit.getScreenSize();
56        setLocation(dsSize.width/2 - this.getWidth()/2,
             dsSize.height/2 - this.getHeight()/2);
57      }
58      public void actionPerformed(ActionEvent ae){
59          if (ae.getSource() == btnLogin){
60              if ((txtUserName.getText().equals("admin"))&&
61          (String.valueOf(pwdPassword.getPassword()).equals("123")))
62                  JOptionPane.showMessageDialog(null,"登录成功! ");
63              else
64                  JOptionPane.showMessageDialog(null,"密码错误! ");
65          }
66          if (ae.getSource() == btnExit)
67              System.exit(0);
68      }
69    public static void main(String args[]){
70      new FrmLogin();
71    }
72 }
```

【程序说明】

- 第 3 行：通过"import java.awt.event.*"引入事件处理相关的类。
- 第 4 行：通过"implements ActionListener"实现动作事件接口，使 FrmLogin 成为事件监听程序（自己进行监听）。
- 第 16 行：构造一个流式布局对象，指定组件水平、对齐方式和垂直间距。

- 第 17 行：设置内容面板的布局方式。
- 第 29、30 行：通过 addActionListener(this)方法完成事件监听的授权，这里的 this 代表 FrmLogin 本身。
- 第 58~68 行：按照 Java 实现接口的机制。实现 ActionListener 接口，则需要将其中的 actionPerformed 方法重写。在该方法中分别对"登录"和"退出"按钮事件源进行判断和处理。

3.3.4　编译并运行程序

保存并修正程序错误后，程序运行结果如图 3-9 所示。如果输入用户名 admin 和密码 123 后，单击"登录"按钮，程序提示"登录成功"，若输入的用户名或密码错误，程序会提示"密码错误"。单击"退出"按钮，则会退出程序。

图 3-9　FrmLogin 运行结果

事件监听程序的处理一般按以下 3 个步骤完成。

1）编写事件监听类，动作事件需要实现 ActionListener 接口。

2）在事件监听类中完成相关组件的事件处理逻辑，如"登录"按钮和"退出"按钮等。

3）完成事件处理类和组件的关联（使用 addXXXListener 方法）。

除了让当前类成为事件监听类外，也可以编写专门的事件监听类来完成动作事件的处理。例如，上述任务中的事件处理部分也可以使用以下代码完成。

```java
public class FrmLogin extends JFrame{
    ……
    public FrmLogin(){
        ……
        ActionClass ac = new ActionClass();//实例化事件处理类
        btnLogin.addActionListener(ac);
        btnExit.addActionListener(ac);
        ……
    }
    //实现事件监听的内部类
    class ActionClass implements ActionListener{
```

```
                    //重写 ActionListener 接口中的方法
                    public void actionPerformed(ActionEvent ae){
                        if (ae.getSource() == btnLogin){
                            if ((txtUserName.getText().equals("admin"))
                                && (pwdPassword.getText().equals("123")))
                                JOptionPane.showMessageDialog(null,"登录成功");
                            else
                                JOptionPane.showMessageDialog(null,"密码错误");
                        }
                        if (ae.getSource() == btnExit)
                            System.exit(0);
                    }
                }
            }
```

说　明

- 内部类是指书写在一个类的内部的另一个类。
- 除了使用命名内部类作为事件监听类以外，还可以使用匿名内部类作为事件监听类。

在学习完组件布局和事件处理之后，总结一下 Java GUI 程序的一般过程如下。

1）根据需要选择底层容器和内容面板。

2）组件实例化后，将组件添加到指定容器。

3）通过布局管理器对容器中的组件进行组织排列。

4）编写事件处理程序，响应用户对组件的操作即事件的处理。

知识链接：密码安全常识

1）不要使用可轻易获得的个人信息作为密码，如电话号码、身份证号码、工作证号码、生日、居住的街道名字等。

2）定期更换密码，因为 8 位数以上的字母、数字和其他符号的组合也不是绝对无懈可击的，但更换密码前请确保在安全的网络环境中使用计算机。

3）不要把密码轻易告诉任何人，无论是网友还是现实生活中的朋友。

4）避免多个资源共用一个密码，一旦其中一个密码泄露，所有资源都将受到威胁。

5）不要让 Windows 或者 IE 保存任何形式的密码，因为"*"符号掩盖不了真实的密码，而且在这种情况下，Windows 都会将密码以某种并不完全安全的加密算法存储在某个文件中。

6）不要随意放置账号密码，要把账号密码存放在相对安全的位置。密码写在台历上、记在钱包上或写入 PDA 都是危险的做法。

7）申请密码保护，也就是设置安全码，且安全码不要和密码设置成一样的。如果没有设置安全码，别人一旦破解密码，就能够把密码和注册资料（除证件号码）全部修改。

8）不要使用简单的密码，建议将密码设置为 8 位以上的大小写字母、数字和其他符号的组合。

■■ **任务评价和拓展** ▬▬▬▬▬▬▬▬▬▬▬▬

【测一测】

1. 把窗口分成东、南、西、北、中 5 个明显区域的布局管理器是（ ）。
   A. FlowLayout　　　B. BorderLayout　　　　C. CardLayout　　　D. GridLayout

2. 容器 Panel 和它的子类 Applet 默认的布局管理器是（ ）。
   A. FlowLayout　　　B. BorderLayout　　　　C. CardLayout　　　D. GridLayout

3. 下列适配器类中不属于事件适配器类的是（ ）。
   A. MoustAdapter　　　　　　　　　　　B. KeyAdapter
   C. ComponentAdapter　　　　　　　　　D. FrameAdapter

4. 对鼠标单击按钮操作进行事件处理的接口是（ ）。
   A. MouseListener　　　　　　　　　　　B. WindowsListener
   C. ActionListener　　　　　　　　　　　D. KeyListener

【练一练】

应用鼠标事件处理编写程序获取鼠标位置坐标（X,Y），参考界面如图 3-10 所示。

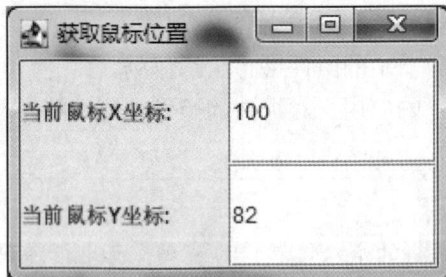

图 3-10　参考界面

任务 3.4 ▎完善应用程序主界面

✐ **任务描述**

在 Windows 风格的窗口上，除了标题栏和工作区，顶部还有菜单和工具栏。菜单定义了对窗口的一系列操作命令。工具栏可以放置一些操作按钮，用来执行相应的命令或切换状态。对话框也是图形界面程序中必不可少的组件，对话框为程序与用户提供了便捷的交互模式。表格可用来显示和编辑规则的二维单元表。本任务将编写一个包含菜单、工具栏、对话框和表格的应用程序界面。本任务将带领你学习应用程序菜单及工具栏的构造方法、对话框及表格的使用。通过本任务的学习，你将：

- 掌握菜单和工具栏的使用方法；
- 掌握常用对话框的使用方法；
- 掌握表格的创建和使用方法；
- 会利用 JmenuBar（菜单栏）、Jmenu（菜单）、JmenuItem（菜单项）构造应用程序菜单；
- 会利用 JtoolBar（工具栏）和 Jbutton 创建应用程序工具栏；
- 能选择合适的方式填充表格内容；
- 进一步增强获取新知识的能力和信息检索能力。

微课：完善应用程序主界面

知识准备

3.4.1　菜单和工具栏

1. 菜单

（1）菜单栏

在一个典型的窗口中除了拥有内容面板外，还可以有菜单和工具栏。菜单一般放在顶层容器的顶部。要添加菜单，首先需要创建一个菜单栏对象（JMenubar），再创建菜单对象（JMenu）放入菜单栏中，然后向菜单里增加菜单项（JMenuItem）。

在 Swing 中使用 JMenuBar 类实现菜单栏，通过将菜单（JMenu）对象添加到菜单栏（JMenuBar）可以构造应用程序菜单。当用户选择菜单（JMenu）对象时，就会打开其关联的下拉菜单，允许用户选择下拉菜单中的某一菜单项来完成指定操作。JMenuBar 构造方法为 JMenuBar()，JMenuBar() 的常用方法见表 3-20。

表 3-20　JMenuBar() 的常用方法

方法名称	方法功能
JMenu getMenu(int index)	返回菜单栏中指定位置的菜单
int getMenuCount()	返回菜单栏上的菜单数
void paintBorder(Graphics g)	如果 BorderPainted 属性为 true，则绘制菜单栏的边框
void setBorderPainted(boolean b)	设置是否应该绘制边框
void setHelpMenu(JMenu menu)	设置用户选择菜单栏中的"帮助"选项时显示的帮助菜单
void setMargin(Insets m)	设置菜单栏的边框与菜单之间的空白
void setSelected(Component sel)	设置当前选择的组件，更改选择模型

（2）下拉菜单

JMenu 类用来实现菜单。JMenu 是一个包含 JMenuItem 的弹出窗口，用户选择 JMenuBar 上的选项时会显示该 JMenuItem。除 JMenuItem 之外，JMenu 还可以包含分隔条（JSeparator）。

JMenu 的构造方法和常用方法见表 3-21。

表 3-21　JMenu 的构造方法和常用方法

方法类型	方法名称	方法功能
构造方法	JMenu()	构造一个没有文本的新 JMenu
	JMenu(Action a)	构造一个从提供的 Action 获取属性的菜单
	JMenu(String s)	构造一个新 JMenu，用提供的字符串作为其文本
构造方法	JMenu(String s, boolean b)	构造一个新 JMenu，用提供的字符串作为其文本并指定其是否为分离式（tear-off）菜单
常用方法	void add()	将组件或菜单项追加到此菜单的末尾
	void addMenuListener(MenuListener l)	添加菜单事件的监听器
	void addSeparator()	将新分隔符追加到菜单的末尾
	void doClick(int pressTime)	以编程方式执行"单击"
	JMenuItem getItem(int pos)	返回指定位置的 JMenuItem
	int getItemCount()	返回菜单上的项数，包括分隔符
	JMenuItem insert(Action a, int pos)	在给定位置插入连接到指定 Action 对象的新菜单项
	JMenuItem insert(JMenuItem mi, int pos)	在给定位置插入指定的 JMenuitem
	void insert(String s, int pos)	在给定位置插入一个具有指定文本的新菜单项
	void insertSeparator(int index)	在指定位置插入分隔符
	boolean isSelected()	如果菜单是当前选择的（即突出显示的）菜单，则返回 true
	void remove()	从此菜单移除组件或菜单项
	void removeAll()	从此菜单移除所有菜单项
	void setDelay(int d)	设置菜单的 PopupMenu 向上或向下弹出前建议的延迟
	void setMenuLocation(int x, int y)	设置弹出组件的位置

（3）菜单项

JMenuItem 用来实现菜单中的选项。菜单项本质上是位于列表中的按钮，当用户选择"按钮"时，将执行与菜单项关联的操作。JMenuItem 的构造方法和常用方法见表 3-22。

表 3-22　JMenuItem 的构造方法和常用方法

方法类型	方法名称	方法功能
构造方法	JMenuItem()	创建不带有设置文本或图标的 JMenuItem
	JMenuItem(Action a)	创建一个从指定的 Action 获取其属性的菜单项
	JMenuItem(Icon icon)	创建带有指定图标的 JMenuItem
	JMenuItem(String text)	创建带有指定文本的 JMenuItem
	JMenuItem(String text, Icon icon)	创建带有指定文本和图标的 JMenuItem
	JMenuItem(String text, int mnemonic)	创建带有指定文本和键盘助记符的 JMenuItem
常用方法	boolean isArmed()	返回菜单项是否被"调出"
	void setArmed(boolean b)	将菜单项标识为"调出"
	void setEnabled(boolean b)	启用或禁用菜单项

2. 工具栏

工具栏是窗口中提供的一种快捷操作的功能区，可以通过单击工具栏上的按钮，得到快捷的功能，Swing 中通过 JToolBar 类提供这种功能。JToolBar 的构造方法和常用方法见表 3-23。

表 3-23　JToolBar 的构造方法和常用方法

方法类型	方法名称	方法功能
构造方法	JToolBar()	创建一个默认为水平方向的工具栏
	JToolBar(int orientation)	创建一个指定方向的工具栏
	JToolBar(String name)	创建一个指定名称的工具栏
	JToolBar(String name, int orientation)	创建一个指定名称和指定方向的工具栏
常用方法	JButton add(Action a)	添加一个指派操作的新的 JButton
	void addSeparator()	将分隔符追加到工具栏的末尾
	void setMargin(Insets m)	设置工具栏边框和它的按钮之间的空白
	void setOrientation(int o)	设置工具栏的方向
	void setRollover(boolean rollover)	设置工具栏的 rollover 状态

3.4.2　对话框

Java 桌面程序中简单的对话框可以使用 Swing 中的 JOptionPane 类来实现，JOptionPane 类中包含了许多方法，这些方法都是 showXXXDialog 格式，使用不同的方法可以得到不同类型的对话框，这些方法见表 3-24。同时，JOptionPane 中有许多参数，其中 messageType 用来定义消息类型，可以使用的常量见表 3-24；optionType 用来定义在对话框上的操作按钮，可以使用的常量见表 3-25。用户单击对话框上的按钮后，将返回一个整数，返回值常量见表 3-25。

表 3-24　对话框类型和消息类型

类型	名称	含义
对话框	showConfirmDialog	获得一个用户确认的对话框
	showInputDialog	可以接受用户输入的对话框
	showMessageDialog	向用户提供相关信息的对话框
	showOptionDialog	综合上面三种应用的对话框
消息	ERROR_MESSAGE	错误消息
	INFORMATION_MESSAGE	提示消息
	WARNING_MESSAGE	警告消息
	QUESTION_MESSAGE	问题消息
	PLAIN_MESSAGE	普通消息

表 3-25 操作按钮类型和返回值类型

类型	名称	含义
操作按钮	DEFAULT_OPTION	默认的操作按钮
	YES_NO_OPTION	有 YES 和 NO 按钮
	YES_NO_CANCEL_OPTION	有 YES、NO 和 CANCEL 按钮
	OK_CANCEL_OPTION	有 OK 和 CANCEL 按钮
返回按钮	YES_OPTION	单击的是 YES 按钮
	NO_OPTION	单击的是 NO 按钮
	CANCEL_OPTION	单击的是 CANCEL 按钮
	OK_OPTION	单击的是 OK 按钮
	CLOSED_OPTION	单击的是关闭按钮

3.4.3 表格（JTable）

JTable 用来显示和编辑规则的二维单元表。JTable 有很多用来自定义其外观和编辑的方法，通过这些方法可以轻松地设置简单表。JTable 同时提供了这些功能的默认设置。例如，要设置一个 10 行 10 列的表，可以使用如下代码：

```
TableModel dataModel = new AbstractTableModel()
{
    public int getColumnCount() { return 10; }
    public int getRowCount() { return 10;}
    public Object getValueAt(int row, int col)
    { return new Integer(row*col); }
};
JTable table = new JTable(dataModel);
JScrollPane scrollpane = new JScrollPane(table);
```

设计使用 JTable 的应用程序时，要严格注意用来表示表数据的数据结构。通常借助于 DefaultTableModel 来实现，它使用一个 Vector 来存储所有单元格的值。该 Vector 由包含多个 Object 的 Vector 组成。除了将数据从应用程序复制到 DefaultTableModel 中之外，还可以通过 TableModel 接口的方法来包装数据，这样可将数据直接传递到 JTable，从而提高应用程序的效率。由于模型可以自由选择最适合数据的内部表示形式，是使用 AbstractTableModel 还是使用 DefaultTableModel 应按具体需要而定。在需要创建子类时使用 AbstractTableModel 作为基类，在不需要创建子类时则使用 DefaultTableModel。

JTable 使用唯一的整数来引用它所显示的模型的行和列。JTable 只是采用表格的单元格范围，并在绘制时使用 getValueAt(int,int) 从模型中检索值。

默认情况下，在 JTable 中对列进行重新安排，这样在视图中列的出现顺序与模型中列的顺序不同。当表中的列重新排列时，JTable 在内部保持列的新顺序，并在查询模型前转换其列的索引。因此编写 TableModel 时，不必监听列的重排事件。

JTable 的构造方法和常用方法见表 3-26。

表 3-26　JTable 的构造方法和常用方法

方法类型	方法名称	方法功能
构造方法	JTable()	构造默认的 JTable，使用默认的数据模型、默认的列模型和默认的选择模型对其进行初始化
	JTable(int numRows, int numColumns)	使用 DefaultTableModel 构造具有空单元格的 numRows 行和 numColumns 列的 JTable
构造方法	JTable(Object[][] rowData, Object[] columnNames)	构造 JTable，用来显示二维数组 rowData 中的值，其列名称为 columnNames
	JTable(TableModel dm)	构造 JTable，使用 dm 作为数据模型、默认的列模型和默认的选择模型对其进行初始化
	JTable(TableModel dm, TableColumnModel cm)	构造 JTable，使用 dm 作为数据模型、cm 作为列模型和默认的选择模型对其进行初始化
	JTable(TableModel dm, TableColumnModel cm, ListSelectionModel sm)	构造 JTable，使用 dm 作为数据模型、cm 作为列模型和 sm 作为选择模型对其进行初始化
	JTable(Vector rowData, Vector columnNames)	构造 JTable，用来显示 Vectors 的 Vector（rowData）中的值，其列名称为 columnNames
常用方法	void addColumn(TableColumn aColumn)	将 aColumn 追加到此 JTable 的列模型所保持的列数组的结尾
	void addColumnSelectionInterval(int index0, int index1)	将从 index0 到 index1（包含）之间的列添加到当前选择中
	void clearSelection()	取消选中所有已选定的行和列
	void setPreferredScrollableViewportSize(Dimension size)	设置此表视口的首选大小

在应用 JTable 时，常常要用到 AbstractTableModel 类，AbstractTableModel 类的常用方法见表 3-27。

表 3-27　AbstractTableModel 类的常用方法

方法名称	方法功能
int getRowCount()	返回表格中的行数
int getColumnCount()	返回表格中的列数
Object getValueAt(int row, int column)	返回指定单元格的值
isCellEditable(int rowIndex, int columnIndex)	检查指定单元格是否可编辑
setValueAt(Object aValue, int rowIndex, int columnIndex)	设置指定单元格的值

▌▌ 任务实施

本任务定义一个应用程序主窗口，为窗口添加菜单栏和工具栏，为菜单添加菜单项，为工具栏添加工具按钮。再定义一个用于展示表格的窗口，利用 JTabel 完成表格的创建与填充，最后通过单击指定按钮，显示表格内容展示窗口。

3.4.4　编写程序

具体编写步骤如下。

1）在 Eclipse 环境中打开名称为 chap03 的项目。

2）在 chap03 项目中新建名称为 FrmServer 的类。

3）编写完成的 FrmServer.java 的程序代码如下：

```java
1   import javax.swing.*;
2   import java.awt.*;
3   import java.awt.event.*;
4   public class FrmServer extends JFrame{
5       JMenuBar mbMain;
6       JMenu mnuServer,mnuHelp;
7       JMenuItem mnuiContent,mnuiIndex,mnuiAbout;
8       JToolBar tbMain;
9       public FrmServer(){
10          super("Happy 聊天服务器");
11          mbMain = new JMenuBar();
12          mnuServer = new JMenu("服务器(S)");
13          mnuHelp = new JMenu("帮助(H)");
14          mnuServer.setMnemonic('S');
15          mbMain.add(mnuServer);
16          mbMain.add(mnuHelp);
17          Icon icnAbout = new ImageIcon("about.gif");
18          Icon icnIndex = new ImageIcon("index.gif");
19          mnuiContent = new JMenuItem("目录");
20          mnuiIndex = new JMenuItem("索引",icnIndex);
21          mnuiAbout = new JMenuItem("关于",icnAbout);
22          mnuiAbout.addActionListener(new ActionListener() {
23              public void actionPerformed(ActionEvent e) {
24                  JOptionPane.showMessageDialog(null,"欢迎使用!");
25              }
26          });
27          mnuHelp.add(mnuiContent);
28          mnuHelp.add(mnuiIndex);
29          mnuHelp.add(mnuiAbout);
30          setJMenuBar(mbMain);
31          tbMain = new JToolBar();
32          JButton btnNew = null;
33          btnNew = makeButton("add","新建");
34          tbMain.add(btnNew);
35          JButton btnEdit = null;
36          btnEdit = makeButton("edit","编辑");
37          tbMain.add(btnEdit);
38          JButton btnShow = null;
39          btnShow = makeButton("show","查看");
40          tbMain.add(btnShow);
41          btnShow.addActionListener(new ActionListener() {
42              public void actionPerformed(ActionEvent e) {
43                  new FrmHistory();
44              }
45          });
46          JPanel pnlMain = new JPanel(new BorderLayout());
47          setContentPane(pnlMain);
```

```
48            pnlMain.add(tbMain,BorderLayout.PAGE_START);
49            setSize(380,260);
50            setVisible(true);
51            setDefaultCloseOperation(JFrame.EXIT_ON_CLOSE);
52        }
53        JButton makeButton(String strImage,String txtToolTip){
54            String strLocation = strImage + ".png";
55            JButton btnTemp = new JButton();
56            btnTemp.setToolTipText(txtToolTip);
57            btnTemp.setIcon(new ImageIcon(strLocation));
58            return btnTemp;
59        }
60        public static void main(String args[]){
61                new FrmServer();
62        }
63 }
64 class FrmHistory extends JFrame{
65    final String[] strColumn = {"编号","用户名","登录 IP","登录时间"};
66    final Object[][] objData = {
67        new Object[] {1,"liuzc","61.187.98.4","2010-1-18"},
68        new Object[] {2,"ningyz","214.11.12.24","2010-1-18"},
69        new Object[] {3,"liuj","61.187.98.9","2010-1-18"},
70        new Object[] {4,"wangym","212.184.12.6", "2010-1-19"},
71        new Object[] {5,"zhaoar","192.168.0.12","2010-2-18"},
72        new Object[] {6,"liux","200.168.12.34","2010-2-18"},
73        new Object[] {7,"liux","200.168.12.34","2010-2-21"},
74        new Object[] {8,"liufz","192.168.0.8","2010-2-22"}
75    };
76    public FrmHistory(){
77        super("用户登录信息");
78        JTable tblHistory = new JTable(objData,strColumn);
79        JScrollPane scrollpane = new JScrollPane(tblHistory);
80        getContentPane().add(scrollpane,BorderLayout.CENTER);
81        setSize(360,220);
82        setVisible(true);
83    }
84 }
```

【程序说明】

- 第 5～8 行：声明各种组件对象（菜单栏、菜单、菜单项和工具栏）。
- 第 11 行：创建菜单栏对象 mbMain。
- 第 12、13 行：创建菜单对象 mnuServer 和 mnuHelp。
- 第 14 行：设置 mnuServer 菜单的快捷键为 S。
- 第 15、16 行：将 mnuServer 和 mnuHelp 菜单添加到菜单栏 mbMain 上。
- 第 17、18 行：创建用于"关于"和"索引"菜单项前显示的图标。
- 第 19～21 行：创建 mnuHelp 菜单下的三个菜单项，其中"索引"和"关于"菜单项前带有图标。
- 第 22～26 行：为"关于"菜单项添加事件处理，使用匿名内部类的方式。

- 第 27～29 行：将菜单项添加到 mnuHelp 菜单。
- 第 30 行：使用框架的 setJMenuBar()方法将菜单栏 mbMain 设置为框架的主菜单栏。
- 第 31 行：创建工具栏对象 tbMain。
- 第 32～40 行：通过自定义的 makeButton()方法构造工具栏上的三个按钮，并将按钮添加到工具栏对象 tbMain 上。
- 第 41～45 行：为工具栏上的"查看"按钮添加事件处理，打开一个显示表格的窗口。
- 第 46 行：创建内容面板，采用边界布局。
- 第 48 行：将工具栏对象 tbMain 添加到内容面板 pnlMain 上。
- 第 53～59 行：自定义的 makeButton()方法，可为工具栏按钮设置图标和光标指向时的提示文本。
- 第 64～84 行：定义显示表格的窗体类。
- 第 65 行：通过一个字符串数组初始化表格的标题。
- 第 66～75 行：通过一个二维数组初始化表格中的数据。
- 第 78 行：使用表格标题（strColumn）和表格内数据（objData）两个参数创建表格对象。
- 第 79 行：以表格为构造参数创建一个滚动面板对象。
- 第 80 行：将滚动面板添加到框架的内容面板上。

3.4.5 编译并运行程序

保存 FrmServer 程序并修正程序错误，运行程序后，单击"帮助"菜单下的"关于"菜单项，会打开"欢迎使用"的"消息"对话框，如图 3-11（a）所示。单击工具栏上的"查看"按钮，会打开一个新的窗口，窗口中显示"用户登录信息"表格，如图 3-11（b）所示。

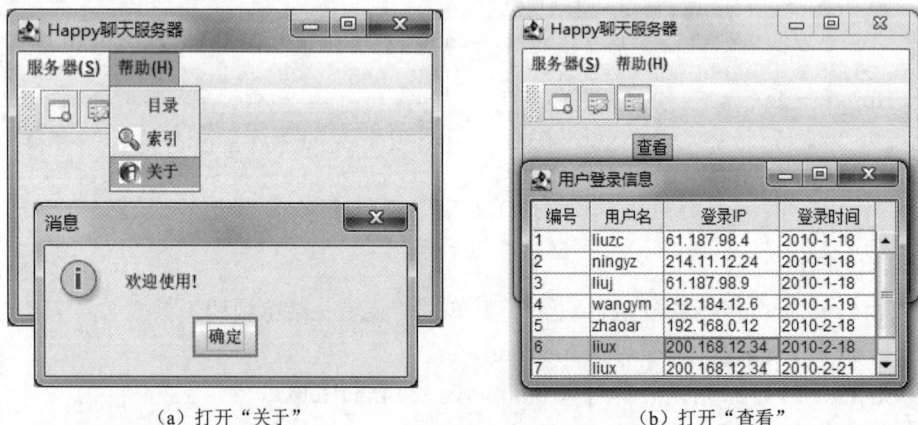

（a）打开"关于"　　　　　　　　（b）打开"查看"

图 3-11　FrmServer 运行结果

说　明

- JMenuBar 通过 add()方法将 JMenu 添加到菜单栏上，JMenu 通过 add()方法将 JMenuItem 或子 JMenu 添加到下拉菜单上，JFrame 通过 setJMenuBar()方法将指定

菜单栏设置为主菜单。

- 是使用 Jtable(Object[][] rowData, Object[] columnNames)构造方法构造表格还是使用 Jtable(TableModel dm)构造方法构造表格，可根据编程的实际需要进行选择。
- 可以从数据库获取相关数据按以上方式填写到表格中。

任务评价和拓展

【测一测】

1. 菜单项类 JmenuItem 是下列哪个类的子类（   ）。

  A. JMenuBar   B. AbstractButton

  C. JPopupMenu   D. JToolBar

2. Swing 中提供工具栏功能的组件类是（   ）。

  A. JMenuBar   B. JPopupMenu

  C. JToolBar   D. Jmemu

3. JOptionPane 类可以获得不同类型的对话框，下列方法中可以获得一个用户确认的对话框是（   ）。

  A. showConfirmDialog

  B. showInputDialog

  C. showMessageDialog

  D. showOptionDialog

【练一练】

应用 Swing 组件设计应用程序主界面，并在主菜单中的"帮助"菜单下添加"关于[Happy]..."菜单项，通过单击该菜单项可以访问"关于[Happy]..."对话框。参考界面如图 3-12 所示。

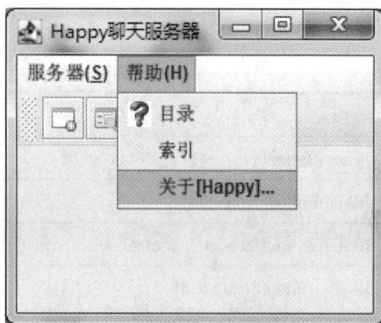

图 3-12 参考界面

任务 3.5 | 编写"字体设置"程序

任务描述

在图形界面程序中，单选按钮提供了对一组互斥选项的选择功能。同一组单选按钮中，任何时候都只能有一个被选中，而复选框则可以实现同时选择多个选项。当可供选择的数据项较少时，通常使用单选按钮或复选框；当数据项很多时，就需要使用列表框或组合框组件。本任务将编写一个"字体设置"程序，程序界面中用组合框设置字体类型，用列表框设置字号大小，用复选框设置字体状态，用单选按钮设置字体颜色。本任务将带领你学习单选按钮、复选框、列表框和组合框的使用。通过本任务的学习，你将：

- 掌握 JRadioButton（单选按钮）的特点和使用；
- 掌握 JCheckBox（复选框）的特点和使用；
- 掌握 JList（List）（列表框）的特点和使用；
- 掌握 JComboBox（组合框）的特点和使用；
- 能够根据程序需要合理选择并正确使用单选按钮、复选框、列表框和组合框；
- 进一步提高图形用户界面的规划和设计能力。

微课：编写"字体设置"程序

■ **知识准备**

3.5.1 单选按钮和复选框

1. 单选按钮（JRadioButton）

单选按钮可以让用户进行选择或取消选择，与复选框可以选择多个选项不同，单选按钮每次只能选择其中一个选项。JRadioButton 对象与 ButtonGroup 对象配合使用可创建一组按钮，保证一次只能选择其中一个按钮。JRadioButton 的构造方法见表 3-28。

表 3-28　JRadioButton 的构造方法

方法名称	方法功能
JRadioButton()	使用空字符串标签创建一个单选按钮（没有图像、未选定）
JRadioButton(Icon icon)	使用图标创建一个单选按钮（没有文字、未选定）
JRadioButton(Icon icon, boolean selected)	使用图标创建一个指定状态的单选按钮（没有文字）
JRadioButton(String text)	使用字符串创建一个单选按钮（未选定）
JRadioButton(String text, boolean selected)	使用字符串创建一个指定状态的单选按钮
JRadioButton(String text, Icon icon)	使用字符串和图标创建一个单选按钮（未选定）
JRadioButton(String text, Icon icon, boolean selected)	使用字符串和图标创建一个指定状态的单选按钮

说　明

- 通过创建一个 ButtonGroup 对象并使用 add()方法将 JRadioButton 对象包含在此按钮组中，即可保证多个单选按钮只能选择其中一个。
- ButtonGroup 对象为逻辑分组，不是物理分组。要创建按钮面板，仍需要创建一个 JPanel 或类似的容器对象并将 Border 添加到其中以便将面板与周围的组件分开。

2. 复选框（JCheckbox）

复选框允许用户在多种选择中选择一个或多个选项，是一个可处于"开"（true）或"关"（false）状态的图形组件。单击复选框可将其状态从"开"更改为"关"，或从"关"更改为"开"。JCheckBox 的构造方法和常用方法见表 3-29。

表 3-29　JCheckBox 的构造方法和常用方法

方法类型	方法名称	方法功能
构造方法	JCheckBox()	使用空字符串标签创建一个复选框（没有图像、未选择）
	JCheckBox(Icon icon)	使用图标创建一个复选框（未选择）
	JCheckBox(Icon icon, boolean selected)	使用图标创建一个指定状态的复选框
	JCheckBox(String text)	使用字符串创建一个复选框（未选择）
	JCheckBox(String text, boolean selected)	使用字符串创建一个指定状态的复选框
	JCheckBox(String text, Icon icon)	同时使用字符串和图标创建一个复选框（未选择）
	JCheckBox(String text, Icon icon, boolean selected)	同时使用字符串和图标创建一个指定状态的复选框
常用方法	String getLabel()	获得此复选框的标签
	boolean getState()	确定此复选框是处于"开"状态，还是处于"关"状态
	void setLabel(String label)	将此复选框的标签设置为字符串参数
	void setState(boolean state)	将此复选框的状态设置为指定状态

3.5.2　列表框和组合框

1. 列表框（JList）

列表框显示一系列的选项，用户可以从中选择一项或多项。列表框支持滚动条，可以浏览多项。使用列表框可以减少用户的输入工作，为用户提供一种方便快捷的操作方式。JList 的构造方法和常用方法见表 3-30。

表 3-30　JList 的构造方法和常用方法

方法类型	方法名称	方法功能
构造方法	JList()	构造一个使用空模型的 JList
	JList(ListModel dataModel)	构造一个使用指定的非 null 模型显示元素的 JList
	JList(Object[] listData)	构造一个显示指定数组中元素的 JList
	JList(Vector<?> listData)	构造一个显示指定 Vector 中元素的 JList
常用方法	void clearSelection()	清除选择内容，isSelectionEmpty 将返回 true
	void setSelectionMode(int selectionMode)	确定允许单项选择还是多项选择
	void setSelectedIndex(int index)	选择单个单元
	void setListData(Object[] listData)	根据一个 Object[]数组构造 ListModel，然后对其应用 setModel

使用 AWT 的 List 类，相对 Swing 的 JList 类要简单一些，读者可以自行通过 API 查看 List 类的用法。

2. 组合框（JComboBox）

Swing 中使用 JComboBox 类来表示组合框组件。组合框的功能类似列表框，但与列表框只能选择不同，组合框还提供一个文本框进行文本的编辑。通常情况下，可以认为组合框是由"文本框+列表框"组成，并且相对列表框来说，可以节约屏幕的空间。

缺省情况下，组合框是不可编辑的，用户只能选择一个项目。如果将组合框声明为可编辑的话，用户也可以在文本框中直接输入自己的数据。JComboBox 的构造方法和常用方法见表 3-31。

表 3-31　JComboBox 的构造方法和常用方法

方法类型	方法名称	方法功能
构造方法	JComboBox()	构造一个缺省模式的组合框
	JComboBox(Object[] items)	通过指定数组构造一个组合框
	JComboBox(Vector items)	通过指定向量构造一个组合框
	JComboBox(ComboBoxModel aModel)	通过一个 ComboBox 模式构造一个组合框
常用方法	int getItemCount()	返回组合框中项目的个数
	int getSelectedIndex()	返回组合框中所选项目的索引
	Object getSelectedItem()	返回组合框中所选项目的值
	boolean isEditable()	检查组合框是否可编辑
	void removeAllItems()	删除组合框中所有项目
	void removeItem(Object anObject)	删除组合框中指定项目
	void setEditable(boolean aFlag)	设置组合框是否可编辑
	void setMaximumRowCount(int count)	设置组合框显示的最多行数

■■ 任务实施 ■

该任务创建一个字体设置程序，程序界面中用组合框设置字体类型，用列表框设置字号大小，用复选框设置字体状态，用单选按钮设置字体颜色。

3.5.3　编写程序

具体编写步骤如下。

1）在 Eclipse 环境中打开名称为 chap03 的项目。

2）在 chap03 项目中新建名称为 SetFont 的类。

3）编写完成的 SetFont.java 的程序代码如下：

```
1  import javax.swing.*;
2  import java.awt.*;
3  import java.awt.event.*;
4  public class SetFont extends JFrame{
5      JPanel pnlSet;
6      JLabel lblSize,lblType,lbltt,lblTest;
7      JCheckBox chkBold,chkItalic;
8      JButton btnOK,btnExit;
9      ButtonGroup grpColor;
10      List lstSize;
11      JComboBox cmbType;
```

```
12        String[] strType = {"宋体","隶书","楷体","仿宋_GB2312"};
13    public SetFont(){
14        super("字体设置器");
15        pnlSet = new JPanel();
16        lbltt = new JLabel("---示例---");
17        lblTest = new JLabel("AaBbCcDd 测试文字",JLabel.CENTER);
18        lblTest.setFont(new Font("宋体",Font.PLAIN,22));
19        btnOK = new JButton("确定");
20        btnExit = new JButton("退出");
21        lblType = new JLabel("请选择字体");
22        lblSize = new JLabel("请选择字号");
23        cmbType = new JComboBox(strType);
24        cmbType.setSelectedIndex(0);
25        lstSize = new List();
26        for (int i = 10;i < 30;i += 2)
27            lstSize.add(String.valueOf(i));
28        lstSize.select(0);
29        chkBold = new JCheckBox("加粗");
30        chkItalic = new JCheckBox("倾斜");
31        ActionListener chkListener = new ActionListener() {
32         public void actionPerformed(ActionEvent e) {
33                int mode = 0;
34                if(chkBold.isSelected())
35                    mode += Font.BOLD;
36                if(chkItalic.isSelected())
37                    mode += Font.ITALIC;
38                Font oldFont = lblTest.getFont();
39                lblTest.setFont(new Font(oldFont.getName(),
40                    mode,oldFont.getSize()));
41            }
42        };
43        chkBold.addActionListener(chkListener);
44        chkItalic.addActionListener(chkListener);
45        pnlSet.add(lblType);
46        pnlSet.add(cmbType);
47        pnlSet.add(lblSize);
48        pnlSet.add(lstSize);
49        pnlSet.add(chkBold);
50        pnlSet.add(chkItalic);
51        grpColor = new ButtonGroup();
52        addJRadioButton("红色");
53        addJRadioButton("绿色");
54        pnlSet.add(lbltt);
55        pnlSet.add(lblTest);
56        pnlSet.add(btnOK);
57        pnlSet.add(btnExit);
58        this.setContentPane(pnlSet);
59        this.setSize(250,260);
60        this.setDefaultCloseOperation(JFrame.EXIT_ON_CLOSE);
61        this.setVisible(true);
```

```
62          }
63      private void addJRadioButton(String text) {
64          JRadioButton radioBtn = new JRadioButton(text);
65          grpColor.add(radioBtn);
66          pnlSet.add(radioBtn);
67          radioBtn.addActionListener(new ActionListener() {
68              public void actionPerformed(ActionEvent e) {
69                  Color col = null;
70                  if("红色".equals(text))
71                      col = Color.RED;
72                  else if("绿色".equals(text))
73                      col = Color.GREEN;
74                  lblTest.setForeground(col);
75              }
76          });
77      }
78      public static void main(String args[]){
79          new SetFont();
80      }
81  }
```

【程序说明】

- 第 5~11 行：声明各种组件对象。
- 第 12 行：定义一个字符串数组，存放字体类型，用于创建组合框。
- 第 16~18 行：创建并初始化示例文字标签。
- 第 19~22 行：创建按钮和提示标签。
- 第 23 行：创建组合框。
- 第 25~28 行：通过一个 for 循环，构造字型大小列表，添加到列表框 lstSize 中。
- 第 29、30 行：创建复选框对象 chkBold 和 chkItalic。
- 第 31~42 行：为复选框添加事件处理。
- 第 43、44 行：为复选框对象添加事件监听。
- 第 45~50 行：将组件添加至面板中。
- 第 51 行：使用 ButtonGroup 类创建按钮组对象。
- 第 52、53 行：使用自定义 addJRadioButton()方法创建单选按钮，该方法完成按钮的创建、添加至按钮组等。
- 第 63~77 行：自定义 addJRadioButton()方法。
- 第 64 行：创建单选按钮对象。
- 第 65 行：使用 ButtonGroup 的 add()方法将按钮添加到按钮组。
- 第 67~76 行：单选按钮事件处理。

3.5.4 编译并运行程序

保存并修正程序错误后，运行程序，勾选复选框"加粗""倾斜"，选中单选按钮"红色"。程序运行结果如图 3-13 所示。

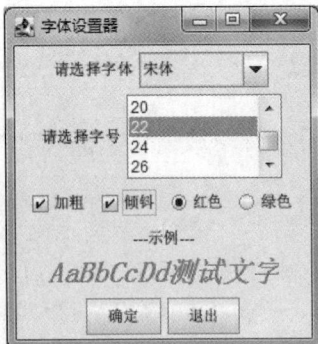

图 3-13 SetFont 运行结果

知识链接：汉字

　　汉字又称中文、中国字，别称方块字，是汉语的记录符号，是世界上最古老的文字之一，已有 6000 多年的历史。汉字在形体上逐渐由图形变为笔画，象形变为象征，复杂变为简单；在造字原则上从表形、表意到形声。

　　汉字由汉民族先民发明创制并做改进，是维系汉族各方言区不可或缺的纽带，中国历代皆以汉字为主要的官方文字。现代汉字是指楷化后的汉字正楷字形，从甲骨文、金文、大篆（籀文）、小篆，至隶书、草书、楷书、行书等演变而来，包括繁体字和简体字。

任务评价和拓展

【测一测】

1．Swing 组件中的复选框组件类是（　　　）。
　　A. JLabel
　　C. JButton
　　　　　　　　　　　　B. JCheckBox
　　　　　　　　　　　　D. JradioButton

2．AWT 中用来表示颜色的类是（　　　）。
　　A. Font
　　C. Panel
　　　　　　　　　　　　B. Color
　　　　　　　　　　　　D. Dialog

3．用于设置组件大小的方法是（　　　）。
　　A. paint()
　　C. getSize()
　　　　　　　　　　　　B. repaint()
　　　　　　　　　　　　D. setSize()

【练一练】

　　应用 Swing 组件设计"添加用户信息"窗口，将添加用户显示在窗口界面左侧的文本域内，参考界面如图 3-14 所示。

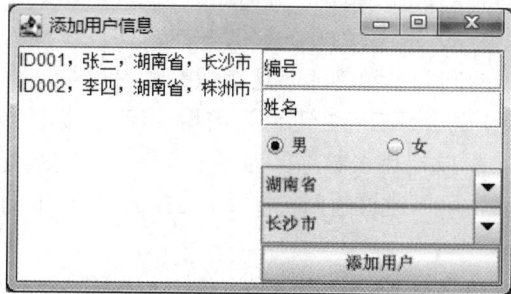

图 3-14　参考界面

任务 3.6　编写"查看文件属性"程序

任务描述

输入/输出（I/O）是所有程序都必需的部分，输入机制允许程序读取外部数据（包括磁盘、光盘等存储设备）和用户输入数据，输出机制能够将程序数据输出到磁盘、光盘等存储设备。文件是信息的一种组织形式，是存储在外部存储介质上的具有标识名的一组相关信息集合，其内容可以被长期保存和多次使用。本任务将编写一个文件属性查看程序，用户单击浏览按钮，通过选择文件对话框选择一个文件，程序能够获取文件的修改时间、大小、可读性、可写性以及是否隐藏等基本属性。本任务将带领你学习 Java 输入/输出的基本概念，掌握 Java 语言中文件类的基本使用方法。通过本任务的学习，你将：

- 理解 Java 输入/输出的基本概念；
- 掌握 File 类常用方法的应用；
- 掌握 JFileChooser 类的用法；
- 会应用 File 类和 JFileChooser 类编写文件操作程序；
- 进一步增强自我分析问题和解决问题的能力。

微课：编写"查看
文件属性"程序

知识准备

3.6.1　Java 输入/输出概述

1．Java 输入/输出简介

输入/输出处理是程序设计中非常重要的环节，如从键盘输入数据、从文件中读取数据或向文件中写入数据等。Java 把这些不同类型的输入/输出抽象为流，所有的输入/输出以流的形式进行处理。这里的流是指连续的单向的数据传输，即由数据源到目的地通信路径传输的一串字节。发送数据流的过程称为写，接收数据流的过程称为读。当程序需要读取数据的时候，就会开启一个通向数据源的流，这个数据源可以是文件、内存或网络连接；当程序需要写入数据的时候，就会开启一个通向目的地的流。数据的传输过程，就好像水"流"动一样，如图 3-15 所示。可以把热水器想象为一个程序，从进水管流入冷水，经过加热处理后，从出水管流出热水。可以通过阀门控制冷水的流入和热水的流出，这里的流入和流出就是文件的输入和输出。

Java 中定义了字节流和字符流以及其他的流类来实现输入/输出处理。

（1）字节流

从 InputStream 和 OutputStream 派生出来的一系列类称为字节流类。这类流以字节（byte）为基本处理单位。字节是计算机的一个存储单位，通常以 8 个二进制位表示一个字节。在 ASCII 码中，每个英文字母或数字在计算机中就是用一个字节来表示的，使用字节来读取文件要求每个字母读取或写入一次。

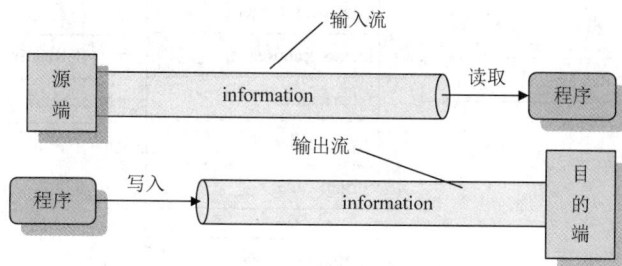

图 3-15 "流"示意图

（2）字符流

从 Reader 和 Writer 派生出的一系列类称为字符流类，这类流以 16 位的 Unicode 编码表示的字符为基本处理单位。

2. Java 输入/输出层次结构

Java 提供了文件输入/输出的类，其层次结构图如图 3-16 和图 3-17 所示。

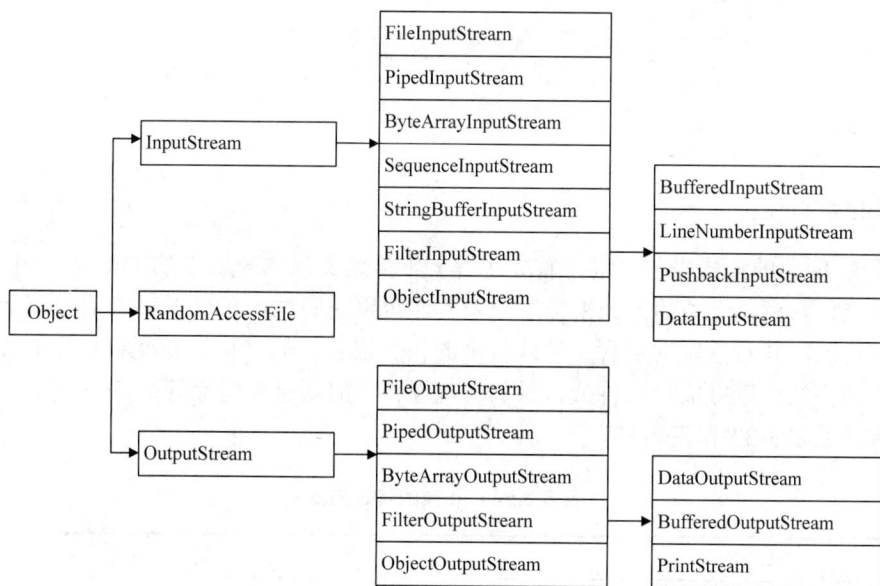

图 3-16 Java 流类层次结构图（1）

说 明

- 如果要在程序中使用这些流类，必须使用 "import java.io.*;" 引入包。
- 输入/输出的最底层都是字节形式，字符形式的流为处理字符提供更加方便有效的途径。

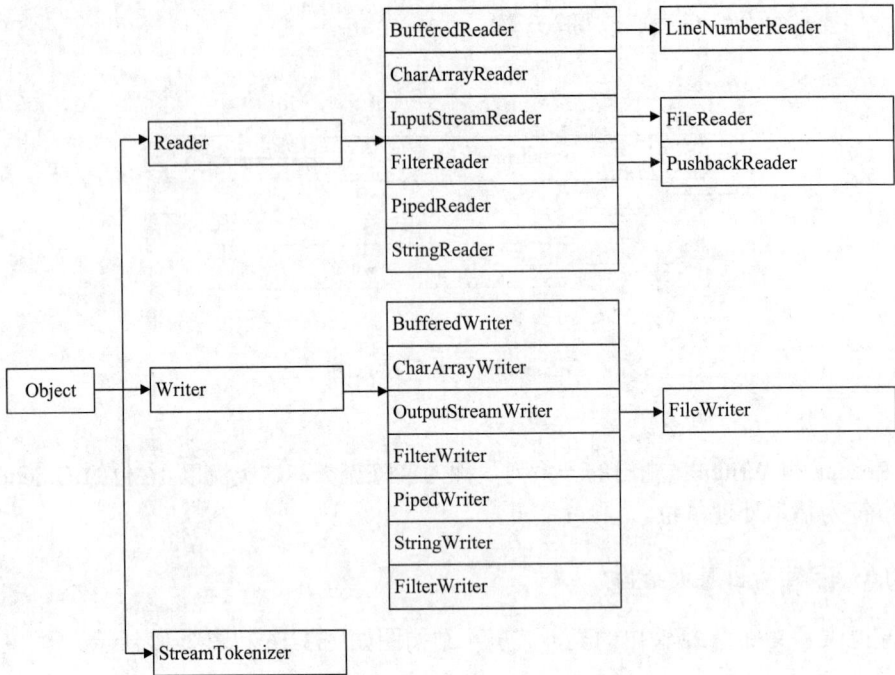

图 3-17　Java 流类层次结构图（2）

3.6.2　File 类

1. File 类概述

在了解 Java 的流式操作之前，首先了解一下描述文件本身属性的 File 类的用法。File 类提供了一种与机器无关的方式来描述一个文件对象的属性，每个 File 类对象表示一个磁盘文件或目录，其对象属性包含文件或目录的相关信息，如名称、长度和文件个数等，调用 File 类的方法可以完成对文件或目录的管理操作（如创建和删除等）。File 类的构造方法和常用方法见表 3-32 和表 3-33。

表 3-32　File 类的构造方法

方法名称	方法功能
File(String path)	如果 path 是实际存在的路径，则该 File 对象表示的是目录；如果 path 是文件名，则该 File 对象表示的是文件
File(String path,String name)	path 是路径名，name 是文件名
File(File dir,String name)	dir 是路径名，name 是文件名

表 3-33　File 类的常用方法

方法名称	方法功能
String getName( )	得到一个文件的名称（不包括路径）
String getPath( )	得到一个文件的路径名

续表

方法名称	方法功能
String getAbsolutePath( )	得到一个文件的绝对路径名
String getParent( )	得到一个文件的上一级目录名
boolean exists( )	测试当前 File 对象所指示的文件是否存在
boolean canWrite( )	测试当前文件是否可写
boolean canRead( )	测试当前文件是否可读
boolean isFile( )	测试当前文件是否是文件（不是目录）
boolean isDirectory( )	测试当前文件是否是目录
String renameTo(File newName)	将当前文件名更名为给定文件的完整路径
long lastModified( )	得到文件最近一次修改的时间
long length( )	得到文件的长度，以字节为单位
boolean delete( )	删除当前文件
boolean mkdir( )	根据当前对象生成一个由该对象指定的路径
String list( )	列出当前目录下的文件

说　明

- File 类不属于进行文件读写操作的流类。
- File 类仅描述文件本身的属性，不具有从文件读取信息或向文件存储信息的能力。

2. JFileChooser 类

在进行文件操作时，Swing 提供了 JFileChooser 类实现文件对话框的操作。JFileChooser 为用户选择文件提供了一种简单又友好的机制，用户可以通过"打开"文件对话框或"保存"文件对话框进行文件的选择操作。JFileChooser 的构造方法和常用方法见表 3-34 和表 3-35。

表 3-34　JFileChooser 的构造方法

方法名称	方法功能
JFileChooser()	构造一个指向用户默认目录的 JFileChooser
JFileChooser(File currentDirectory)	使用给定的 File 作为路径来构造一个 JFileChooser
JFileChooser(File currentDirectory, FileSystemView fsv)	使用给定的当前目录和 FileSystemView 构造一个 JFileChooser
JFileChooser(FileSystemView fsv)	使用给定的 FileSystemView 构造一个 JFileChooser
JFileChooser(String currentDirectoryPath)	构造一个使用给定路径的 JFileChooser
JFileChooser(String currentDirectoryPath, FileSystemView fsv)	使用给定的当前目录路径和 FileSystemView 构造一个 JFileChooser

表 3-35　JFileChooser 的常用方法

方法名称	方法功能
File getCurrentDirectory()	返回当前目录
String getName(File f)	返回文件名
File getSelectedFile()	返回选中的文件
File[] getSelectedFiles()	如果将文件选择器设置为允许选择多个文件，则返回选中文件的列表
void setCurrentDirectory(File dir)	设置当前目录
void setDialogTitle(String dialogTitle)	设置显示在 JFileChooser 窗口标题栏的字符串
void setFileFilter(FileFilter filter)	设置当前文件过滤器
void setFileSelectionMode(int mode)	设置 JFileChooser，以允许用户只选择文件、只选择目录，或者可选择文件和目录
void setSelectedFile(File file)	设置选中的文件
int showDialog(Component parent, String approveButtonText)	弹出具有自定义 approve 按钮的自定义文件选择器对话框
int showOpenDialog(Component parent)	弹出"Open File"文件选择器对话框
int showSaveDialog(Component parent)	弹出"Save File"文件选择器对话框

任务实施

　　创建一个查看文件属性的程序窗口，通过单击浏览按钮，打开选择文件对话框选择文件，程序能够获取文件的修改时间、大小、可读性、可写性以及是否隐藏等基本属性。

3.6.3　编写程序

　　具体编写步骤如下。

　　1）在 Eclipse 环境中打开名称为 chap03 的项目。

　　2）在 chap03 项目中新建名称为 FileAttr 的类。

　　3）编写完成的 FileAttr.java 的程序代码如下：

```
1   import javax.swing.*;
2   import java.awt.*;
3   import java.awt.event.*;
4   import java.io.*;
5   public class FileAttr extends JFrame implements ActionListener{
6       JPanel pnlMain;
7       JButton btnBrowse;
8       JFileChooser fc;
9       TextArea taFileInfo;
10       JLabel lblFile;
11       JTextField txtFile;
12       public FileAttr(){
13           super("文件浏览器");
14           fc = new JFileChooser();
15           pnlMain = new JPanel();
```

```
16          taFileInfo = new TextArea(6,36);
17          taFileInfo.setEditable(false);
18          lblFile = new JLabel("文件:");
19          txtFile = new JTextField(14);
20          btnBrowse = new JButton("浏览...");
21          btnBrowse.addActionListener(this);
22          setContentPane(pnlMain);
23          pnlMain.add(taFileInfo);
24          pnlMain.add(lblFile);
25          pnlMain.add(txtFile);
26          pnlMain.add(btnBrowse);
27          setSize(300,200);
28          setVisible(true);
29      }
30      public void actionPerformed(ActionEvent ae) {
31          if (ae.getSource() == btnBrowse){
32              int iRetVal = fc.showOpenDialog(this);
33              if (iRetVal == JFileChooser.APPROVE_OPTION){
34                  txtFile.setText(fc.getSelectedFile().toString());
35                  String[] fileAttr = getFileAttr(txtFile.getText());
36                  for (int i = 0;i<fileAttr.length;i++)
37                      taFileInfo.append(fileAttr[i] + "\n");
38              }
39          }
40      }
41      public String[] getFileAttr(String strName){
42          try{
43              File file = new File(strName);
44              long lTime = file.lastModified();
45              long lSize = file.length();
46              boolean bRead = file.canRead();
47              boolean bWrite = file.canWrite();
48              boolean bHidden = file.isHidden();
49              String[] sTemp = new String[5];
50              sTemp[0] = "上次修改时间:" + String.valueOf(lTime);
51              sTemp[1] = "文件大小:" + String.valueOf(lSize);
52              sTemp[2] = "是否可读:" + String.valueOf(bRead);
53              sTemp[3] = "是否可写:" + String.valueOf(bWrite);
54              sTemp[4] = "是否隐藏:" + String.valueOf(bHidden);
55              return sTemp;
56          }catch(Exception e){
57              return null;
58          }
59      }
60      public static void main(String args[]){
61          new FileAttr();
62      }
63 }
```

【程序说明】

- 第 4 行：引入 java.io.*，以便使用 File 对象。

- 第 5 行：实现 ActionListener 接口，以便对按钮的动作事件进行处理。
- 第 14 行：构造 JFileChooser（文件对话框）对象。
- 第 32 行：使用 JFileChooser 类的 showOpenDialog(this)打开文件对话框。
- 第 34 行：使用 JFileChooser 类的 getSelectedFile()方法获得打开的文件名，并将打开的文件名显示在文本框中。
- 第 35 行：以打开文件名为参数调用 getFileAttr()方法，将获得的文件属性保存到字符串数组 fileAttr 中。
- 第 36、37 行：使用 JTextArea 的 append()方法将文件属性从保存的字符串数组中读取到文本域中。
- 第 41～59 行：用于获得文件属性的方法 getFileAttr()，以文件名为参数，返回保存属性值的字符串数组。
- 第 44 行：获得文件上次修改时间。
- 第 45 行：获得文件长度信息。
- 第 46 行：获得文件是否可读信息。
- 第 47 行：获得文件是否可写信息。
- 第 48 行：获得文件是否隐藏信息。
- 第 50～54 行：将获得的属性值保存到字符串数组，并返回调用该方法的程序。

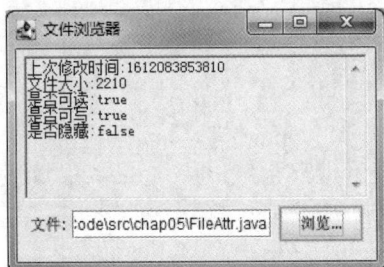

图 3-18　FileAttr 运行结果

3.6.4　编译并运行程序

保存并修正程序错误后，运行程序，单击窗体上的"浏览"按钮，打开文件对话框，用户可以进行文件选择。图 3-18 所示为用户选择当前程序文件后显示的文件属性信息。

任务评价和拓展

【测一测】

1. 在 Java 中，"目录"被看作是（　　）。
   A. 文件　　　　　　　　B. 流　　　　　　　　C. 数据　　　　　　　　D. 接口
2. Reader 类处理的是（　　）。
   A. 字节流　　　　　　　B. 字符流　　　　　　C. 文件流　　　　　　　D. 管道流
3. Java 对文件类提供了许多操作方法，能获得文件对象父路径名的方法是（　　）。
   A. getAbsolutePath()　　B. getParentFile()　C. getAbsoluteFile()　　D. getName()
4. 下列标准 File 类构造方法的使用示例中，不正确的是（　　）。
   A. File dir = new File("c:\\myjava");　　File file = new File(dir,"demo.java");
   B. File file = new File("c:\\myjava","demo.java");
   C. File file = new File("c:\\myjava\\demo.java");
   D. File file = new File("c:\myjava\demo.java");

【练一练】

编写程序获取当前目录的文件列表，显示当前目录的文件或子目录列表，显示每个文件或子目录的名称，最后修改时间等属性，并统计文件数、所有文件总字节数和子目录数。其中，文件有长度属性，子目录没有长度属性，显示时需要判断指定 File 对象是文件还是目录。

任务 3.7　编写"文件读写"程序

任务描述

文件读写是桌面应用程序的一项主要功能，Java 中主要使用流类来实现文件的读写操作。流是指一组有顺序、有起点和终点的字节集合，是对数据传输的总称或抽象。Java 为多种场合提供了不同的流类。按照流的方向性，可以分为输入流和输出流两大类，按照流中元素的基本类型，可以分为字节流类和字符流类。本任务将编写"文件读写"程序，具体功能包括：①能够从文本文件中读取数据；②能够将程序中的数据保存至文本文件；③能够复制磁盘中的文本文件。本任务将带领你学习使用 RandomAccessFile 实现随机读写文件和常用字节流类的使用。通过本任务的学习，你将：

- 了解字节流的含义，掌握字节流类的层次结构；
- 掌握 InputStream 和 OutputStream 常用方法；
- 掌握 FileInputStream 和 FileOutputStream 常用方法；
- 掌握 BufferedInputStream 和 BufferedOutputStream 常用方法；
- 能编写应用 RandomAccessFile 读写文件的程序；
- 能够应用 FileInputStream 和 FileOutputStream 流类完成文件的读写操作；
- 进一步提高团队协作、团队互助等意识。

微课：编写"文件读写"程序

知识准备

3.7.1　标准输入/输出

计算机的标准输入设备是键盘，对键盘的输入操作称为标准输入操作；标准输出设备是显示器，对显示器的输出操作称为标准输出操作。Java 通过 java.lang 包中的 System 类提供标准输入和输出，System 类包括 In()、Out()和 Err()几个成员方法。其中，In()方法提供标准的输入流；Out()方法提供标准的输出流；Err()方法提供标准的错误信息输出流。同时，Java 提供 InputStreamReader 和 BufferedReader 类改变默认的标准输入/输出设备。下面的代码实现了从键盘读入字节数据，运行结果如图 3-19 所示。

```java
import java.io.*;
public class IOExample7_1{
  public static void main(String args[]) throws IOException{
```

```
        byte data[] = new byte[20];
        System.out.println("请输入字符:");
        System.in.read(data);
        System.out.print("您输入的内容为:");
        for (int i = 0;i < data.length;i ++)
          System.out.print((char)data[i]);
    }
}
```

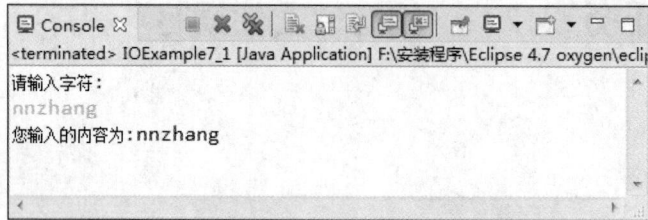

图 3-19　运行结果

说　明

- System.in 经常与后面介绍的字符流类联合使用。
- 使用 System.out.write()方法也可以实现控制台输出。

3.7.2　随机读写文件（RandomAccessFile）

使用流类可以实现对磁盘文件的顺序读写，而使用 RandomAccessFile 则可以实现随机读写。所谓随机读写，是指读写上一个字节后，不仅能读写其后继字节，还可以读写文件中的任意字节，就好像文件中有一个随意移动的指针一样。Java 语言提供了 RandomAccessFile 类来进行随机文件的读取。从图 3-16 所示的 I/O 类层次结构图中可以看到，RandomAccessFile 类直接继承于 Object，不属于 InputStream 或 OutputStream。但 RandomAccessFile 类实现了 DataInput 和 DataOutput 接口。

随机存取文件的行为类似存储在文件系统中的一个大型字节数组。存在指向该隐含数组的光标或索引，称为文件指针；输入操作从文件指针开始读取字节，并随着对字节的读取而前移此文件指针。如果随机存取文件以读取/写入模式创建，则输出操作也可用；输出操作从文件指针开始写入字节，并随着对字节的写入而前移此文件指针。写入隐含数组的当前末尾之后的输出操作导致该数组扩展。该文件指针可以通过 getFilePointer()方法读取，并通过 seek()方法设置。

通常，如果所有读取程序在读取所需数量的字节之前已到达文件末尾，则抛出 EOFException（一种 IOException）。如果在读取过程中，由于某些原因无法读取任何字节，则抛出 IOException，而不是 EOFException。需要特别指出的是，如果流已被关闭，再对流进行操作则可能抛出 IOException。

RandomAccessFile 类的构造方法和常用方法见表 3-36。

表 3-36　RandomAccessFile 类的构造方法和常用方法

类型	名称	功能
构造方法	RandomAccessFile(String name, String mode)	创建从中读取和向其中写入（可选）的随机存取文件流，该文件具有指定名称。其中，name 是文件名，mode 是打开方式，如 "r" 表示只读，"rw" 表示可读写
	RandomAccessFile(File file, String mode)	创建从中读取和向其中写入（可选）的随机存取文件流，该文件由 file 参数指定
指针控制方法	long getFilePointer()	用于得到当前的文件指针
	void seek(long pos)	用于移动文件指针到指定的位置
	int skipBytes(int n)	使文件指针向前移动指定的 n 个字节
文件长度方法	long length()	返回文件长度
读取数据方法	boolean readBoolean()	读入一个布尔值
	int readInt()	读入一个整数
	string readLine()	读入一行字符串
写数据方法	void write(byte b[])	把数组内容写入文件
	void writeBoolean(boolean v)	写入一个布尔值
	void writeInt(int v)	写入一个整数

使用 RandomAccessFile 类写文件的关键代码为：

```
RandomAccessFile logFile = new RandomAccessFile("student.txt","rw");
String strRecord = "1234:wangym";
logFile.seek(logFile.length());
logFile.writeBytes(strRecord);
```

使用 RandomAccessFile 类读文件的关键代码为：

```
RandomAccessFile logFile = new RandomAccessFile("student.txt","r");
logFile.seek(0);
logFile.readLine();        //读取一行
```

3.7.3　字节流类

Java 中的所有有关顺序输入的类都是从 InputStream 类继承的，所有有关顺序输出的类都是从 OutputStream 类继承的。把能够读取一个字节序列的对象称作一个输入流，把能够写一个字节序列的对象称作一个输出流，它们分别由抽象类 InputStream 类和 OutputStream 类表示。由于 InputStream 类和 OutputStream 类为抽象类，因此不能直接生成对象，要通过这两个类的继承类来生成程序中所需要的对象。由于这类流以字节（byte）为基本处理单位，所以把它们称为字节流类。

字节流类包括顺序输入/输出流、管道输入/输出流和过滤输入/输出流等。

1. InputStream 和 OutputStream

（1）InputStream

InputStream 类是最基本的输入流，它提供了所有输入流的常用方法，见表 3-37。

表 3-37 InputStream 类常用方法

方法名称	方法功能
int read ()	从输入流读出一个字节的数据
int read(byte[] b)	从输入流读出字节数据并存储在数组 b 中
int read(byte[] b, int off, int len)	从输入流的指定位置 off 读出指定长度为 len 的数据，并存储在数组 b 中
int available()	从输入流返回可读的字节数
void close()	关闭输入流并释放与它有关的所有资源
boolean marksupported()	若返回真，则流支持标记和复位操作
void mark(int readlimit)	在流上标记位置，识别在标记变成无效前能被读出的字节数
void reset()	返回流中标记过的位置
1ong skip(long n)	跳过流中指定数目的字节

说　明

- read()方法返回读过的字节数，如果它遇到文件尾，就返回-1。
- marksupported、mark、reset、skip 四种方法，提供了对流进行标记和复位的功能，使得流可从标记位置被读出，当流被标记，它需要有一些与它有关的内存来跟踪位于标记和流当前位置之间的数据。

（2）OutputStream

与 InputStream 相对应，最基本的输出流是 OutputStream。同样，它提供了所有输出流的常用方法，见表 3-38。

表 3-38 OutputStream 类常用方法

方法名称	方法功能
void write(int n)	向输出流写入指定字节数据
void write(byte[] b)	向输出流写入一字节数组
void write(byte[] b，int off，int len)	向输出流写入数组 b 中从 off 位置开始且长度为 len 的数据
void flush()	强制缓冲区的所有数据写入输出流
void close()	关闭当前输出流

2. FileInputStream 和 FileOutputStream

FileInputStream 类和 FileOutputStream 类分别直接继承于 InputStream 类和 OutputStream 类，它们重写了父类中的所有方法，通过这两个类可以打开本地机器的文件，进行顺序读写操作。在进行文件的读/写操作时，会产生 IOException 异常，因此，需要捕获或声明抛出该异常。

（1）FileInputStream

FileInputStream 类是从 InputStream 基类中派生出来的一个输入流类，它可以处理简单的文件输入操作。在生成 FileInputStream 类的对象时，如果找不到指定的文件，会抛出 FileNotFoundException 异常，该异常必须被捕获或声明抛出。FileInputStream 类的构造方法见表 3-39。

表 3-39 FileInputStream 类的构造方法

构造方法	参数说明
FileInputStream(File file)	file 为一个指定对象
FileInputStream(FileDescriptor FdObj)	FdObj 为一个指定文件描述符
FileInputStream(String name)	Name 为一个指定文件的文件名

构造文件输入流对象从文件读取的一般格式为：

```
FileInputStream inputFile = new FileInputStream("student.dat");
```

（2）FileOutputStream

FileOutputStream 类是 OutputStream 类派生出来的一个输出流类，用于处理简单的文件写入操作。默认情况下，在生成 FileOutputStream 类的对象时，如果指定的文件不存在，就会创建一个新文件，如果文件已存在，则清除文件中的原有内容。FileOutputStream 类的构造方法见表 3-40。

表 3-40 FileOutputStream 类的构造方法

构造方法	参数说明
FileOutputStream(File file)	file 为一个指定对象
FileOutputStream(FileDescriptor FdObj)	FdObj 为一个指定文件描述符
FileOutputStream(String name)	name 是一个指定文件的文件名
FileOutputStream(String name, boolean append)	append 指定是覆盖原来文件的内容还是在文件尾部添加内容

构造文件输出流对象写入到文件的一般格式为：

```
FileOutputStream outputFile = new FileOutputStream("student.dat");
```

下面的程序实现了字节流对文件数据的写入和读取，首先通过 FileOutputStream 向文件写入数据，FileOutputStream 会在当前项目路径下自动创建一个 "demo.txt" 文件，写入数据完成后，再使用 FileInputStream 读取 "demo.txt" 文件中的数据并输出到屏幕上。因为使用 read()方法读取的是一个字节，并返回该字节所对应的十进制数字，所以在输出时需要转换为字符型，程序运行结果如图 3-20 所示。

```
import java.io.*;
public class IOExample7_2 {
  public static void main(String[] args) throws IOException{
    FileOutputStream fout = new FileOutputStream("demo.txt");
    String str = "abcd";
    byte[] b = str.getBytes();
    for(int i = 0; i < b.length; i ++) {
      fout.write(b[i]);
    }
    fout.close();
    System.out.println("文件写入完成，已写入数据："+str);
    FileInputStream fin = new FileInputStream("demo.txt");
    int i = 0;
    System.out.println("读取文件\"demo.txt\"里的数据...");
    while(true) {
```

```
            i = fin.read();
            if(i == -1)
              break;
            System.out.println((char)i);
          }
       fin.close();
     }
   }
```

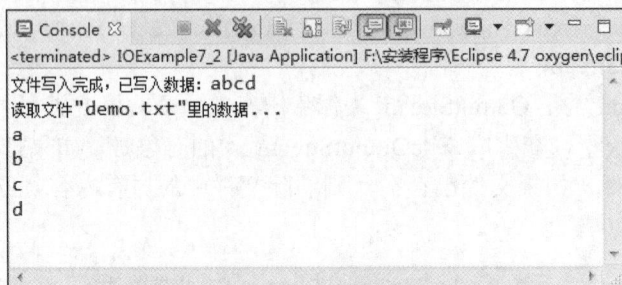

图 3-20　运行结果

说　明

- FileInputStream 类重写了父类的 read()、skip()、available()和 close()方法，但不支持 mark()和 reset()方法。
- 使用 FileOutputStream(String name，boolean append)创建一个文件输出流对象时，如果 append 参数指定为 true，数据将附加到现有文件末尾。

---

3. BufferedInputStream 和 BufferedOutputStream

BufferedInputStream 和 BufferedOutputStream 类是从 FilterInputStream 类和 FilterOutputStream 类派生的子类，因此也称为过滤流，这两个类实现了带缓冲的过滤，当反复操作一个输入/输出流时，可以避免重复连接对象。其中，BufferedInputStream 是输入缓冲流，BufferedOutputStream 是输出缓冲流。

通过 BufferedInputStream 读取数据时，第一次读取时数据块被读入缓冲区，后续的读操作，则直接访问缓冲区。通过 BufferedOutputStream 写数据时，数据不直接写入输出流，而是先写入缓冲区。当缓冲区的数据满时，数据才会写入 BufferedOutputStream 所连接的输出流；缓冲区未满时，可以用该类的 flush()方法将缓冲区的数据强制全部写入输出流。

4. ByteArrayInputStream 和 ByteArrayOutputStream

ByteArrayInputStream 和 ByteArrayOutputStream 称为字节数组输入流和字节数组输出流。

（1）ByteArrayInputStream

ByteArrayInputStream 是由 InputStream 类派生出来的，它包含内部缓冲器，而该缓冲器含有从数据流中读取的字节。ByteArrayInputStream 类用于从数据流读出字节数组。

ByteArrayInputStream 类的构造方法有两种声明方式：

```
ByteArrayInputStream (byte[] buf )
ByteArrayInputStream (byte[] buf,int offset,int length)
```

其中，buf 为字节数组，offset 为偏移量，即从第 offset 字节位置开始输入，length 为输入字节的长度。ByteArrayInputStream 的常用方法见表 3-41。

表 3-41 ByteArrayInputStream 的常用方法

方法名称	方法功能
available()	从输入数据流返回可读的字节数
read()	从输入数据流读取下一字节
read(byte[ ] b, int off, int len)	从输入数据流中读取至少 len 个字节，并存入缓冲器数组 b 中

（2）ByteArrayOutputStream

与 ByteArrayInputStream 相对应的是 ByteArrayOutputStream 类，该类实现输出流，在输出数据流中数据被写入字节数组，同时缓冲器内存会随之增加，可以使用 toString() 和 toByteArray() 方法获取其中的数据。

ByteArrayOutputStream 类的构造方法有两种声明方式：

```
ByteArrayOnputStream ()
ByteArrayOnputStream (int size)
```

ByteArrayOutputStream 的常用方法见表 3-42。

表 3-42 ByteArrayOnputStream 的常用方法

方法名称	方法功能
toString()	依平台预定字符编码将缓冲器中的数据转换为字符串
toString(String enc)	依指定的字符编码将缓冲器中的数据转换为字符串
write(int b)	将指定 b 的 ASCII 字符写入字节数组输出流
write(char[]b, int off, int len)	从指定字节数组 b 的第 off 位置开始，将 len 个字节写入字节数组输出流
toByteArray()	返回输出数据流的当前内容

应用 ByteArrayInputStream 和 ByteArrayOutputStream 实现文件复制的关键代码如下：

```
import java.io.*;
public class Test {
  public static void main(String args[]) {
      int bChar;
      byte ArrayOut[];
      String sTest = "Test of ByteArrayInputStream";
      byte ArrayIn[] = sTest.getBytes(); //将 sTest 转换成字节形式，存入数
                                                 组 ArrayIn
      //创建 ByteArrayInputStream 类对象
      ByteArrayInputStream baisIn = new ByteArrayInputStream(ArrayIn,0,7);
      ByteArrayOutputStream baisOut = new ByteArrayOutputStream();
      System.out.println("从输入流中读取的字符数:" + baisIn.available());
      System.out.println("读取的内容为:");
      while((bChar = baisIn.read())! = -1){ //读取 baisIn 中的每个字节
```

```
            System.out.println((char)bChar);
            baisOut.write(bChar);
        }
        ArrayOut = baisOut.toByteArray();
        System.out.println("ArrayOut 的内容:" + new String(ArrayOut));
        System.out.print("直接由 ByteArray 输出 ArrayOut: ");
        try{
            baisOut.writeTo(System.out);  //输出至屏幕
            System.out.println();
        }
        catch(Exception e)
            e.printStackTrace();
    }
}
```

运行结果如图 3-21 所示。

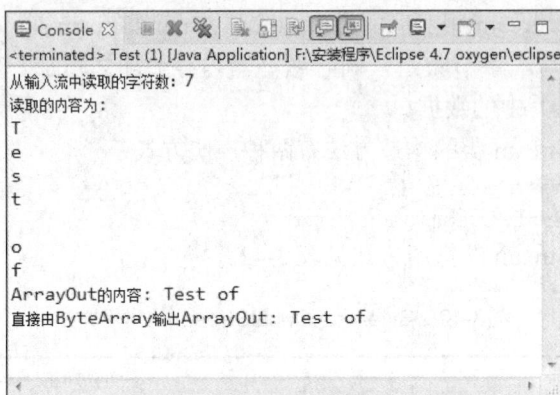

图 3-21　运行结果

5.　PrintStream

PrintStream 称为打印流。PrintStream 类是继承 OutputStream 的子类，也是一种输出数据流，是一种将字符转换成字节的输出数据流（如把文本框中的字符串写到文件中）。PrintStream 类的构造方法和常用方法见表 3-43。

表 3-43　PrintStream 类的构造方法和常用方法

类型	名称	功能
构造方法	PrintStream(OutputStream out)	以输出流对象为参数创建 PrintStream 对象
	PrintStream(OutputStream out, boolean autoFlush)	以输出流和 autoFlush（是否自动输出）对象为参数创建 PrintStream 对象
常用方法	print(char c)	输出字符
	print(char[] s)	输出字符数组
	print(int i)	输出整数值
	print(Object obj)	输出对象
	write(int b)	将指定的字节写到当前输出数据流

使用 PrintStream 的关键代码如下：

```
FileOutputStream outFile = new FileOutputStream("test.txt",true);
PrintStream pstr = new PrintStream(outFile);
String str = textField.getText();
Pstr.write(str);
```

▌任务实施

本任务创建一个文件读写和复制程序，要求能够读取文件内容，能够将输入数据写入文件，以及完成文件的复制。

3.7.4　编写程序

具体编写步骤如下。

1）在 Eclipse 环境中打开名称为 chap03 的项目。

2）在 chap03 项目中新建名称为 StuInfo 的类。

3）编写完成的 StuInfo.java 的程序代码如下：

```
1  import javax.swing.*;
2  import java.awt.*;
3  import java.awt.event.*;
4  import java.io.*;
5  public class StuInfo extends JFrame
6      implements ActionListener{
7      JPanel pnlMain;
8      JLabel lblName,lblGender,lblAge,lblAddress;
9      JTextField txtName,txtGender,txtAge,txtAddress;
10     JButton btnLoad,btnSave,btnCopy,btnExit;
11     JFileChooser fc;
12     RandomAccessFile rafUser;
13     public StuInfo(){
14         super("读写学生信息");
15         fc = new JFileChooser();
16         pnlMain = new JPanel(new GridLayout(6,2));
17         lblName = new JLabel("学生姓名:");
18         lblGender = new JLabel("学生性别:");
19         lblAge = new JLabel("学生年龄:");
20         lblAddress = new JLabel("家庭地址:");
21         txtName = new JTextField(10);
22         txtGender = new JTextField(10);
23         txtAge = new JTextField(10);
24         txtAddress = new JTextField(10);
25         btnLoad = new JButton("读取");
26         btnLoad.addActionListener(this);
27         btnSave = new JButton("保存");
28         btnSave.addActionListener(this);
29         btnCopy = new JButton("复制");
30         btnCopy.addActionListener(this);
31         btnExit = new JButton("退出");
32         btnExit.addActionListener(this);
```

```
33        pnlMain.add(lblName); pnlMain.add(txtName);
34        pnlMain.add(lblGender); pnlMain.add(txtGender);
35        pnlMain.add(lblAge); pnlMain.add(txtAge);
36        pnlMain.add(lblAddress); pnlMain.add(txtAddress);
37        pnlMain.add(btnLoad); pnlMain.add(btnSave);
38        pnlMain.add(btnCopy); pnlMain.add(btnExit);
39        setContentPane(pnlMain);
40        setSize(250,150); setVisible(true);
41    }
42    public boolean loadFile(String fname){ //读取文件方法
43        try{
44            rafUser = new RandomAccessFile(fname,"r");
45            rafUser.seek(0);
46            txtName.setText(rafUser.readLine());
47            txtGender.setText(rafUser.readLine());
48            txtAge.setText(rafUser.readLine());
49            txtAddress.setText(rafUser.readLine());
50            rafUser.close();
51            return true;
52        }
53        catch(Exception e){
54            JOptionPane.showMessageDialog(null,"信息读取失败!");
55            return false;
56        }
57    }
58    public boolean saveFile(String fname){ //保存文件方法
59        if (txtName.getText().equals("")){
60            JOptionPane.showMessageDialog(null,"姓名不能为空");
61            return false;
62        }
63        try{
64            rafUser = new RandomAccessFile(fname,"rw");
65            rafUser.seek(0);
66            rafUser.writeBytes(txtName.getText() + "\r\n");
67            rafUser.writeBytes(txtGender.getText() + "\r\n");
68            rafUser.writeBytes(txtAge.getText() + "\r\n");
69            rafUser.writeBytes(txtAddress.getText());
70            rafUser.close();
71            return true;
72        }
73        catch(Exception e){
74            JOptionPane.showMessageDialog(null,"信息保存失败!");
75            return false;
76        }
77    }
78    public boolean copyFile(String infile,String ofile){
79        int iResult;
80        try{
81            FileInputStream fisIn = new FileInputStream(infile);
82            FileOutputStream fosOut = new FileOutputStream(ofile);
```

```
83              do{
84                  iResult = fisIn.read();
85                    if (iResult! = -1)
86                        fosOut.write(iResult);
87                }while (iResult! = -1);
88              fisIn.close();
89              fosOut.close();
90               return true;
91          }
92          catch (IOException e){
93              JOptionPane.showMessageDialog(null,"文件复制失败!");
94                return false;
95          }
96        }
97      public void actionPerformed(ActionEvent ae){ //按钮事件处理
98          if (ae.getSource() == btnSave)
99              if (saveFile("student.txt"))
100                 JOptionPane.showMessageDialog(null,"信息保存成功!");
101         if (ae.getSource() == btnLoad)
102             if (loadFile("student.txt"))
103                 JOptionPane.showMessageDialog(null,"信息读取成功!");
104         if (ae.getSource() == btnCopy)
105             if (copyFile("student.txt","stubak.txt"))
106                 JOptionPane.showMessageDialog(null,
107                     "student.txt 已成功复制到 stubak.txt!");
108         if (ae.getSource() == btnExit)
109             System.exit(0);
110       }
111     public static void main(String args[]){
112         new StuInfo();
113       }
114   }
```

【程序说明】

- 第 7～12 行：声明程序中所需的 GUI 组件。
- 第 13～41 行：在构造方法中完成 GUI 界面的构造，注册事件监听程序。
- 第 42～57 行：读取文件方法，以文件名为参数，返回是否读取成功的逻辑值。
- 第 44 行：以文件名为参数，创建只读 RandomAccessFile 对象。
- 第 45 行：利用 seek()方法将文件指针定位到文件开始处。
- 第 46～49 行：利用 readLine()读取指定文件内容到相应的 GUI 组件中（读取方式应该与存储方式对应）。
- 第 50 行：记取完毕，使用 close()方法关闭打开的随机文件。
- 第 55 行：如果读取过程出现异常，返回 false 值。
- 第 58～77 行：保存文件方法，以文件名为参数，返回是否保存成功的逻辑值。
- 第 64 行：以文件名为参数，创建可读写的 RandomAccessFile 对象。
- 第 65 行：使用 seek()方法将文件指针指向打开的随机文件的开始位置。
- 第 66～69 行：利用 writeBytes()方法将 GUI 组件中的相应内容写入文件，每行信息写入后借助"\r\n"换行。

- 第 78～96 行：复制文件方法，以源文件名和目标文件名为参数，返回是否复制成功的逻辑值。
- 第 81 行：以传递的源文件名 infile 为参数创建文件读入流对象 fisIn，要求放入 try 块进行异常处理。
- 第 82 行：以传递的目标文件名 ofile 为参数创建文件写出流对象 fosOut。
- 第 83～87 行：使用一个 do-while 循环完成文件内容的读入（从 student.txt）和写出（到 stubak.txt），结束的标志是到文件尾（iResult = -1）。
- 第 88、89 行：关闭 fisIn 流和 fosOut 流，释放资源。
- 第 97～110 行：重写 ActionListener 接口中的 actionPerformed()方法，实现各按钮的功能。

3.7.5 编译并运行程序

保存并修正程序错误后，运行程序，单击"读取"按钮，从 student.txt 文件中将信息读取到窗口中显示，如图 3-22（a）所示；在文本框中修改学生信息，单击"保存"按钮，学生信息将保存到 student.txt 文件中，如图 3-22（b）所示；单击"复制"按钮，student.txt 文件中的信息将被复制到 stubak.txt 中，如图 3-22（c）所示；单击"退出"按钮，将退出该程序。

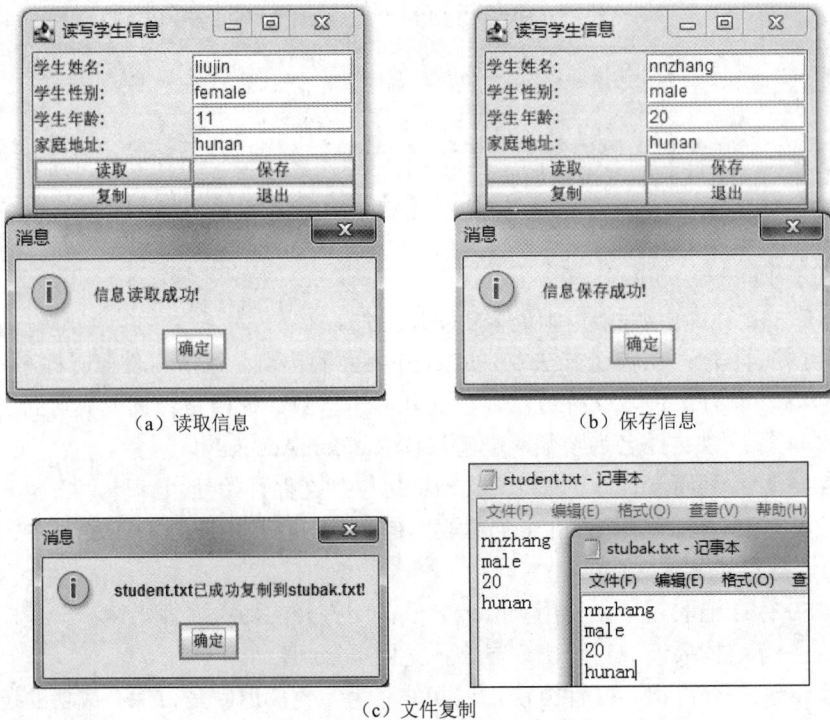

（a）读取信息　　　　　　　　　　　　　　（b）保存信息

（c）文件复制

图 3-22　StuInfo 运行结果

说 明

- 在生成 RandomAccessFile 对象时，不仅要说明文件对象或文件名，还要指明访问模式是"只读方式"（r）还是"读写方式"（rw）。
- 本例只能实现对 ASCII 字符的正常读写，如果要实现对汉字的读写操作，请使用 writeUTF 方法写入，采用 readUTF 方法进行读取。
- 文件的路径可以使用绝对路径，也可以使用相对路径（要求文件在当前项目的根文件夹中）。
- 使用缓冲流也可以完成文件的复制，在大量的读写操作时使用缓冲流，可以提高读写效率。

知识链接：个人信息保护

信息技术的飞速发展使得个人信息的采集和处理更加平常、普遍，上网时填写的各种表格、在每个网页停留的时间、单击的栏目等一系列活动都会被一一记录在案，加上数据分析、数据挖掘工具的应用，就能够获取个人数据和窥视人们在网上的活动。除此之外，各类恶意程序、钓鱼和欺诈网站依然高速增长，黑客攻击和大规模的个人信息泄露事件频发。互联网的安全问题日益凸显，对个人权利造成潜在的威胁。

2017 年 6 月 1 日，《中华人民共和国网络安全法》（以下简称《网络安全法》）正式施行。这是中国首部网络安全法，保护个人信息是其重要内容。针对个人信息保护的痛点，《网络安全法》在信息收集使用、网络运营者应尽的保护义务等方面提出了明确要求。例如，网络运营者不得泄露、篡改、毁损其收集的个人信息，未经被收集者同意，不得向他人提供个人信息，但是经过处理无法识别特定个人且不能复原的除外。针对取证难、追责难的困局，《网络安全法》还明确了网络信息安全的责任主体，确立了"谁收集，谁负责"的基本原则。

2017 年 10 月 1 日实施的《中华人民共和国民法总则》第一百一十一条规定：自然人的个人信息受法律保护。任何组织和个人需要获取他人个人信息的，应当依法取得并确保信息安全，不得非法收集、使用、加工、传输他人个人信息，不得非法买卖、提供或者公开他人个人信息。

任务评价和拓展

【测一测】

1. 有关 Java 中的标准输入/输出，下列说法中错误的是（　　）。
   A. Java 中没有专门的输入/输出语句，所有输入/输出是通过输入/输出流来实现的
   B. 标准输入由 System.in.read 实现，标准输出由 System.out.print 实现
   C. 标准输入/输出流全部由 java.lang.System 管理
   D. System 类和 java.lang.Math 类不同，它的方法不全是静态的

2．RandomAccessFile 是 java.io 包中的一个兼有输入/输出功能的类，由于它是随机访问，所以文件读写一个记录的位置是（　　　）。

    A．起始　　　　　　　　B．终止　　　　　　　C．任意　　　　　　　D．固定

3．下列类中属于字节输入抽象类的是（　　　）。

    A．FileInputStream　　　　　　　　　　　B．ObjectInputStream

    C．FilterInputStream　　　　　　　　　　D．InputStream

4．下列叙述中，错误的是（　　　）。

    A．所有的字节输入流都从 InputStream 类继承

    B．所有的字节输出流都从 OutputStream 类继承

    C．所有的字符输出流都从 OutputStreamWriter 类继承

    D．所有的字符输入流都从 Reader 类继承

【练一练】

在本任务的基础上，完成下列操作：

1）将学生信息以"张三：男，22，湖南长沙"的格式保存在 student.txt 文件中（每位学生占一行）。

2）可以保存多个学生记录到 student.txt 文件中。

3）可以循环读取保存在 student.txt 文件中的学生记录。

任务 3.8　编写"简易记事本"程序

任务描述

字符流与字节流的操作方式类似，主要区别在于它们操作的数据单元不同，字符流以字符作为流中元素的基本类型，每次读写的最小单位是一个字符。本任务将编写一个"简易记事本"程序，实现打开文件、保存文件、文件另存为等功能，具体功能包括：①"打开文件"可以将指定路径的 txt 文件的内容展示在程序界面；②"保存文件"可以对已打开的文件进行修改，将修改后的内容进行保存；③"文件另存为"可以将当前文件另存到用户自定义的路径。本任务将带领你学习字符流类和对象的序列化。通过本任务的学习，你将：

- 掌握 Reader 和 Writer 的常用方法；
- 掌握 FileReader 和 FileWriter 的常用方法；
- 掌握 BufferedReader 和 BufferedWriter 的常用方法；
- 掌握 InputStreamReader 和 OutputStreamWriter 的常用方法；
- 能够应用字符流类完成文件的读写操作；
- 能应用对象序列化保存对象信息；
- 进一步提高规范意识。

微课：编写"简易记事本"程序

▌知识准备 ▬▬▬▬▬▬▬▬▬

3.8.1　字符流类

尽管 Java 的字节流类功能十分强大，几乎可以直接或间接处理任何类型的输入/输出操作，但利用字节流不能直接处理存储为 16 位的 Unicode（每个字符使用两个字节）字符。所以 Java 引入了用来处理 Unicode 字符的类层次，这些类派生自抽象类 Reader 和 Writer，它们用于读写双字节的 Unicode 字符，而不是单字节字符。

从 Reader 和 Writer 派生出的一系列类，这类流以 16 位的 Unicode 码表示的字符为基本处理单位，可以用于不同情况字符数据的输入/输出。下面对这些字符类进行详细介绍。

1.　Reader 和 Writer

（1）Reader

Reader 类继承自 java.lang.Object 类。Reader 是抽象类，用来读取字符数据流。它的子类有：BufferedReader、CharArrayReader、FilterReader、InputStreamReader、PipedReader、StringReader。Reader 类的构造方法和常用方法见表 3-44。

表 3-44　Reader 类的构造方法和常用方法

方法类型	方法名称	方法功能
构造方法	Reader()	使用默认的构造方法构造 Reader 对象
	Reader(Object lock)	lock 代表字符数据流的对象
常用方法	read()	读取一个字符
	read(char[] cbuf)	读取字符写入数组 cbuf
	read(char[] cbuf, int off, int len)	读取字符，并存入数组中的指定位置
	markSupported()	判断是否支持 mark()功能

（2）Writer

与 Reader 类相对应的 Writer 类也是一个抽象类，其主要功能是写入字符数据流。Writer 类的子类有：BufferedWriter、CharArmyWriter、FilterWriter、OutputStreamWriter、PipedWriter、PrintWriter、StringWriter。Writer 类的构造方法和常用方法见表 3-45。

表 3-45　Writer 类的构造方法和常用方法

方法类型	方法名称	方法功能
构造方法	Writer()	使用默认的构造方法构造 Writer 对象
	Writer(Object lock)	lock 表示用于同步的对象
常用方法	write(int c)	写一个字符
	write(char[] cbuf)	将字符写入数组 cbuf
	write(char[] cbuf, int off, int len)	在 cbuf 字符数组中从 off 位置开始，写 len 个字符
	write(String str)	写一个字符串

方法类型	方法名称	方法功能
常用方法	write(String str, int off, int len)	定义 str 字符串，并从 off 位置开始，写 len 个字符
	markSupported()	判断是否支持 mark()功能

2. FileReader 和 FileWriter

由图 3-17 所示的 Java 流类结构图可知，FileReader 和 FileWriter 类是由 InputStreamReader 和 OutputStreamWriter 派生的子类，其方法也是大同小异。FileReader 类使用字符方法创建文件输入流；FileWriter 类使用字符方法创建文件输出流。

应用 FileReader 类和 FileWriter 类复制文件的关键代码如下：

```java
import java.io.*;
public class IOExample8_2 {
   static final String INPUT =  "student.txt";
     static final String OUTPUT = "stubak.txt";
    public static void main(String[] args) {
     try{
        FileReader rdFile = new FileReader(INPUT);
        FileWriter wrFile = new FileWriter(OUTPUT);
        int intResult;
        while ((intResult = rdFile.read()) != -1)
          wrFile.write(intResult);
        System.out.println("student.txt 已成功复制到 stubak.txt!");
        rdFile.close();
        wrFile.close();
     }
     catch (IOException e){
        e.printStackTrace();
     }
   }
}
```

程序运行结果如图 3-23 所示。

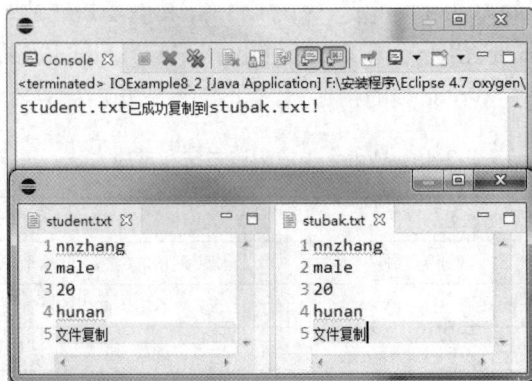

图 3-23　运行结果

3. BufferedReader 和 BufferedWriter

BufferedReader 和 BufferedWriter 是由 Reader 和 Writer 派生的子类。它们是字符方式缓冲流，前者是输入缓存，后者是输出缓存，使用缓冲流可以避免频繁地从物理设备中读取信息。BufferedReader 和 BufferedWriter 与 FileReader 和 FileWriter 类配合使用以提高读写效率。

（1）BufferedReader

BufferedReader 是 java.io.Reader 的一个子类，在读取数据流的过程中起到缓冲器的作用。从字符输入数据流读取文本，使用 BufferedReader 以缓冲方式，能有效读取字符、字符数组以及文字行（lines），提高输入的效率。

通常，Reader 提出读取的要求将引发另一个读取的要求。例如，读一个文件，每次使用 read()或 readLine()输入，将引起从文件读取字节，并且转换成字符后返回，这种输入方式效率很低。

可以使用 BufferedReader 类包装 Reader 的一些对象（FileReader 和 InputStreamReader），以提高 I/O 的效率。例如，声明对指定文件 Test.doc 使用缓冲器输入代码如下：

```
BufferedReader ko = new BufferedReader(new FileReader("Test.doc"))
```

前面提到 DataInputStream 读取数字类型的输入数据流，假如程序中需要对输入数据流中的文字进行读取，可使用 BufferedReader 取代 DataInputStream。

BufferedReader 类的构造方法和常用方法见表 3-46。

表 3-46　BufferedReader 类的构造方法和常用方法

方法类型	方法名称	方法功能
构造方法	BufferedReader(Reader in)	以 Reader 对象为参数创建 BufferedReader 对象
	BufferedReader(Reader in, int size)	以 Reader 对象和指定长度为参数创建 BufferedReader 对象
常用方法	read()	读取一个字符
	read(char[] cbuf, int off, int len)	读取字符数组的一部分内容
	readLine()	读取一行文本

（2）BufferedWriter

BufferedWriter 是从 java.io.Writer 类派生而来，用于将文本写到字符输出数据流。使用 BufferedWriter 可以有效提高字符、数组及字符串的输出效率。缓冲器大小可以用默认值（通常使用默认值），也可以指定缓冲器的容量大小。

BufferedWriter 类的构造方法和常用方法见表 3-47。

表 3-47　BufferedWriter 类的构造方法和常用方法

方法类型	方法名称	方法功能
构造方法	BufferedWriter(Writer out)	创建一个使用默认大小输出缓冲区的缓冲字符输出流
	BufferedWriter(Writer out, int size)	创建一个使用给定大小输出缓冲区的新缓冲字符输出流
常用方法	write(int c)	写入单个字符

方法类型	方法名称	方法功能
常用方法	write(char[]cbuf, int off, int len)	写入字符数组的某一部分
	write(String s, int off, int len)	写入字符串的某一部分

与 Reader 类似，用 Writer 将输出写到字符或字节数据流中，为了提高写入效率，可以使用 BufferedWriter 包装 Writer 类子类，包括：FileWriters 类和 OuroutStreamWriters 类的对象。例如，要将 PrintWriter 类的对象写入 Test.txt 文件中，就可声明为：

```
PrintWriter pWriter = new PrintWriter(new BufferedWriter(new FileWriter
("test.txt")));
```

上述过程是首先将 PrintWriter 输出写入缓冲器，然后再写到 test.txt 文件中。除非有必要，一般使用 BufferedWriter 类可以满足程序的要求。

应用 BufferedReader 类和 BufferedWriter 类读写文件的关键代码如下：

```
import java.io.*;
public class IOExample8_3{
    // main 方法声明抛出 IOException（可以不使用 try-catch 进行异常处理）
    public static void main(String args[]) throws IOException {
        String sLine;
        String sTest = "Welcome to the Java World!";
        // 创建字符缓冲（BufferedWriter）写出对象 bwFile
        BufferedWriter bwFile = new BufferedWriter(new FileWriter("demo.txt"));
        // 使用 BufferedWriter 的 write()方法将测试字符串写入 bwFile
        bwFile.write(sTest,0,sTest.length());
        // 使用 BufferedWriter 的 flush()方法刷新输出流，强制输出
        bwFile.flush();
        System.out.println("成功写入 demo.txt!\n");
        // 创建字符缓冲（BufferedReader）读取对象 brFile
        BufferedReader bwReader = new BufferedReader(new FileReader("demo.txt"));
        // 使用 readLine 方法从指定文件中读取一行字符到 strLine 变量中
        sLine = bwReader.readLine();
        System.out.println("从 demo.txt 读取的内容为:");
        System.out.println(sLine);
    }
}
```

程序运行结果如图 3-24 所示。

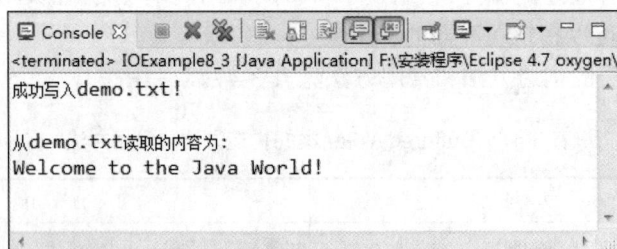

图 3-24　运行结果

3.8.2 其他 I/O 流

1. 转换流

前面所述的 I/O 流可以分为字节流和字符流，但有时字节流和字符流之间也需要进行转换。InputSteamReader 和 OutputStreamWriter 是由 Reader 和 Writer 派生的子类，是建立在 InputStream 和 OutputStream 类基础上的，相当于字符流和字节流之间的转换器。InputSteamReader 从输入流中读取字节数据，并按照一定的编码方式将其转换为字符数据；而 OutputStreamWriter 则将字符数据转换成字节数据，再写入输出流。

（1）InputStreamReader

InputStreamReader 是 Reader 类的一个重要子类。InputStreamReader 用于在字节与 Unicode 字符流间的数据转换，也就是说，可以将 InputStream 子类对象（字节数据流）转换为 Unicode 字符流。

InputStreamReader 类的构造方法形式有以下两种：

```
InputStreamReader(InputStream in)
InputStreamReader(InputStream in,String enc)
```

其中，enc 表示字符的编码名称。

InputStreamReader 类的 read()方法，可以实现从字节输入数据流读取一个或多个字节。为了提高输入/输出的效率，可用 BufferReader 来包装 InputStream 类的对象来处理。

InputStreamReader 类的 read()方法的每次调用，可能促使从基本字节输入流中读取一个或多个字节。为了达到更高效率，考虑用 BufferedReader 封装 InputStreamReader，例如：

```
BufferedReader in = new BufferedReader(new InputStreamReader(System.in));
```

（2）OutputStreamWriter

OutputStreamWriter 是 Writer 类的一个重要子类。OutputStreamWriter 用于将字符写入输出数据流，并可根据指定的字符编码，将字符数据转换成字节形式。

OutputStreamWriter 类的构造方法和常用方法见表 3-48。

表 3-48 OutputStreamWriter 类的构造方法和常用方法

方法类型	方法名称	方法功能
构造方法	OutputStreamWriter(OutputStream out)	以输出字节流为参数创建 OutputStreamWriter 对象
	OutputStreamWriter(OutputStream out,String enc)	以输出字节流和指定的编码为参数创建 OutputStreamWriter 对象
常用方法	write(int c)	输出整数
	write(char[] cbuf)	输出字符数组
	write(char[] cbuf,int off, int len)	从指定的位置开始输出指定长度的字符数组
	write(String str,int off, int len)	从指定的位置开始输出指定长度的字符串

OutputStreamWriter 类功能与 Writer 类相同，为了提高 I/O 效率，同样可以考虑用 BufferedWriter 类来实现 OutputStreamWriter。

每次调用 write()方法都会针对给定的字符（或字符集）调用编码转换器。在写入基础输出流之前，得到的这些字节会在缓冲区累积。可以指定此缓冲区的大小，不过，默认的缓冲区对多数用途来说已足够大。注意，传递到此 write()方法的字符是未缓冲的。为了达到最高效率，可考虑将 OutputStreamWriter 包装到 BufferedWriter 中以避免频繁调用转换器。例如：

```
Writer out = new BufferedWriter(new OutputStreamWriter(System.out));
```

2. 打印输出流

打印输出流类 PrintWriter 是建立在 Writer 类基础上的流，可以实现以 Java 基本数据类型为单位进行文本文件的写入。与 DataOutputStream 类似，PrintWriter 也是有输出方法但无目的地，PrintWriter 必须与一个输出流（如 OutputStreamWriter，FileOutputStream）相结合使用。例如：

```
FileOutputStream fout = new FileOutputStream("Test.txt");
PrintWriter pWriter = new PrintWriter(fout);
```

PrintWriter 类的构造方法和常用方法见表 3-49。

表 3-49　PrintWriter 类的构造方法和常用方法

方法类型	方法名称	方法功能
构造方法	PrintWriter(OutputStream out)	以输出字节流为参数创建 PrintWriter 对象
	PrintWriter(Writer out)	以 Write 对象为参数创建 PrintWriter 对象
构造方法	PrintWriter(OutputStream out, boolean autoFlush)	autoFlush 指明是否自动输出数据流，若是，则用 true，如果不是，则用 false
	PrintWriter(Writer out, boolean autoFlush)	autoFlush 指明是否自动输出数据流，若是，则用 true，如果不是，则用 false
常用方法	print(char c)	输出字符
	print(char[] s)	输出字符数组
	print(Object obj)	输出对象
	print(String s)	输出字符串
	write(char[] buf)	将字符数组写入输出流
	write(String str)	将字符串写入输出流

PrintWriter 类使用的关键代码如下：

```java
public static void main(String args[]) throws IOException{
    int iLen;
    String sTest = "PrintWriter Demo\n";
    iLen=sTest.length();
    char buf[] = new char[iLen];
    sTest.getChars(0, iLen, buf, 0);
    OutputStreamWriter osWriter = new OutputStreamWriter(System.out);
    PrintWriter pWriter = new PrintWriter(osWriter);
    pWriter.write(sTest);
    pWriter.flush();
}
```

3.8.3　对象的序列化

对象的寿命通常随着生成该对象程序的终止而终止。在有些情况下，可能需要将对象的状态保存下来，在需要时再将对象恢复，把对象的这种能够记录自己的状态以便将来再生的能力，叫作对象的持续性（persistence）。对象通过写出描述自己状态的值来记录自己状态的过程叫作对象的序列化（serialization）。

为了使一个对象能够被读取或者写入，这个对象的定义类必须实现 java.io.Serializable 接口或 java.io.Externalizable 接口。Serializable 接口是一个指示器接口，其中没有定义任何成员，只表示一个对象可以被序列化。Java 的序列化机制可以使对象和数组的存储过程自动化。要实现序列化时，使用 ObjectOutputStream 类存储对象，使用 ObjectInputStream 类恢复对象。

```java
import java.io.*;
import java.util.*;
import java.text.SimpleDateFormat;
//当前类实现 Serializable 接口，以便实现对象序列化
public class SerialDemo implements Serializable{
    Date date = new Date();
    String sUser;
    transient String sPass;  //使用 transient 关键字，说明该成员不参加序列化
    public SerialDemo(String name, String pwd){
        sUser = name;
        sPass = pwd;
    }
@Override
//重写 toString()方法，返回用户登录信息（用户名 + 日期 + 密码）
    public String toString() {
        String pwd = (sPass == null) ? "未知" : sPass;
        SimpleDateFormat df = new SimpleDateFormat("yyyy-MM-dd HH:mm:ss");
        String rtn = "登录信息:\n" + "用户名:" + sUser;
        rtn += "\n登录时间:" + df.format(date) + "\n密码:" + pwd;
        return rtn;
    }
    public static void main(String[] args) throws IOException,
        ClassNotFoundException{
// main()方法声明抛出 IOException 异常和 ClassNotFoundException 异常
        SerialDemo sd = new SerialDemo("liuzc","liuzc518");
        System.out.println(sd);
        FileOutputStream fos = new FileOutputStream("user.dat");
        ObjectOutputStream oosLogin = new ObjectOutputStream(fos);
        oosLogin.writeObject(sd);  //将对象写入对象输出流 oosLogin
        oosLogin.close();
        long lngTime = System.currentTimeMillis() + 10000;
        //实现延时 10 秒
        while(System.currentTimeMillis() < lngTime);
        FileInputStream fis = new FileInputStream("user.dat");
        ObjectInputStream oisLogin = new ObjectInputStream(fis);
        SimpleDateFormat df = new SimpleDateFormat("yyyy-MM-dd HH:mm:ss");
```

```
                System.out.printf("\n重新读入登录信息...(" + df.format(new Date()) + ")\n");
                //通过 ObjectInputStream 类 readObject()方法读取登录信息，
                //并强制转化为 SerialDemo 类型
                sd=(SerialDemo)oisLogin.readObject();
                oisLogin.close();
                System.out.println(sd);
            }
        }
```

上面的程序定义了一个类 SerialDemo，该类实现了 Serializable 接口，表明 SerialDemo 类的对象是可序列化的。在类中声明了用户名和密码两个成员变量（序列化的内容），其中 sPass 之前使用 transient 关键字，说明该成员不参加序列化，类中提供了构造方法给用户名和密码赋值。在 main()方法中创建 SerialDemo 对象 sd，初始化用户名和密码成员，然后创建一个 ObjectOutputStream 输出流，这个输出流建立在一个文件输出流的基础之上，再使用 writeObject()方法将对象写入输出流，程序运行时，就会看到生成一个 "user.dat" 的文件，该文件的内容就是对象 sd。

如果要恢复对象，就需要使用反序列化，先创建一个 ObjectInputStream 输入流，这个输入流是一个处理流，需建立在其他节点流的基础之上，然后调用 ObjectInputStream 对象的 readObject()方法来读取流中的对象，readObject()方法会返回一个 Object 类型的 Java 对象，可以将该对象强制转换为其真实的类型 SerialDemo，最后输出该对象。程序的运行结果如图 3-25 所示。

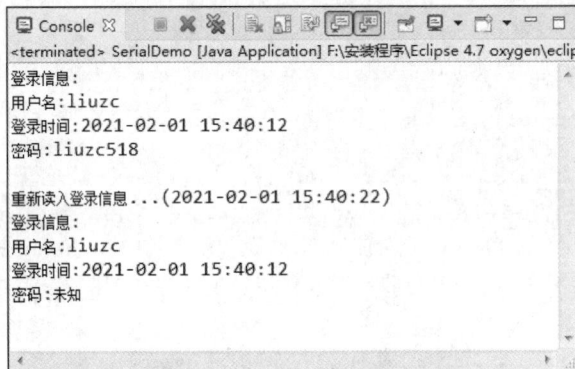

图 3-25　运行结果

▌ **任务实施** ▌

编写一个简易记事本程序，通过单击菜单栏命令，实现打开文件、保存文件、文件另存为等功能。"打开文件"可以将指定路径的 txt 文件的内容展示在程序界面，"保存文件"可以对已打开的文件进行修改，将修改后的内容进行保存，"文件另存为"可以将当前文件另存至用户自定义的路径。

3.8.4　编写程序

具体编写步骤如下。

1）在 Eclipse 环境中打开名称为 chap03 的项目。

2）在 chap03 项目中新建名称为 Notepad 的类。

3）编写完成的 Notepad.java 的程序代码如下。

```java
1  import java.awt.event.*;
2  import java.io.*;
3  import javax.swing.*;
4  public class Notepad extends JFrame
5    implements ActionListener {
6    private static final long serialVersionUID = 1L;
7    JMenuBar jMenuBar;
8    JMenu jMenu1,jMenu2;
9    JMenuItem mnuiOpen,mnuiSave,mnuiSaveAS,mnuiExit;
10    JTextArea jTextArea;
11    FileReader fileReader;
12    FileWriter fileWriter;
13    BufferedReader bufferedReader;
14    BufferedWriter bufferedWriter;
15    String address = null;
16    public Notepad()
17    {
18      jMenuBar = new JMenuBar();
19      jMenu1 = new JMenu("文件(F)");
20      jMenu1.setMnemonic('F');
21      jMenu2 = new JMenu("帮助(H)");
22      Icon icnOpen = new ImageIcon("open.gif");
23      Icon icnSave = new ImageIcon("save.gif");
24      Icon icnSaveAS = new ImageIcon("saveas.gif");
25      Icon icnExit = new ImageIcon("exit.gif");
26      mnuiOpen = new JMenuItem("打开",icnOpen);
27      mnuiSave = new JMenuItem("保存",icnSave);
28      mnuiSaveAS = new JMenuItem("另存为...",icnSaveAS);
29      mnuiExit = new JMenuItem("退出",icnExit);
30      mnuiOpen.addActionListener(this);
31      mnuiSave.addActionListener(this);
32      mnuiSaveAS.addActionListener(this);
33      mnuiExit.addActionListener(this);
34      this.setJMenuBar(jMenuBar);
35      jMenuBar.add(jMenu1);
36      jMenuBar.add(jMenu2);
37      jMenu1.add(mnuiOpen);
38      jMenu1.add(mnuiSave);
39      jMenu1.add(mnuiSaveAS);
40      jMenu1.add(mnuiExit);
41      jTextArea = new JTextArea();
42      this.add(jTextArea);
43      this.setTitle("简易记事本程序");
44      this.setSize(380,300);
45      this.setDefaultCloseOperation(JFrame.EXIT_ON_CLOSE);
46      this.setVisible(true);
```

```
47       }
48    public void actionPerformed(ActionEvent e) {
49      if(e.getActionCommand().equals("打开")){
50         JFileChooser jc1 = new JFileChooser();
51         jc1.setDialogTitle("请选择一个文本文件...");
52         jc1.showOpenDialog(null);
53         jc1.setVisible(true);
54         address = jc1.getSelectedFile().getAbsolutePath();
55         try {
56           fileReader = new FileReader(address);
57           bufferedReader = new BufferedReader(fileReader);
58           String str = "";
59           String strAll = "";
60           while((str = bufferedReader.readLine()) != null)
61             strAll += str + "\r\n";
62           jTextArea.setText(strAll);
63         }catch (Exception e1) {
64           e1.printStackTrace();
65         }finally{
66           try {
67             bufferedReader.close();
68             fileReader.close();
69           }catch(Exception e2) {
70             e2.printStackTrace();
71           }
72         }
73      }else if(e.getActionCommand().equals("保存")) {
74         if (address == null)
75           address = "D:\\新建文本文档.txt";
76         save(address);
77      }else if(e.getActionCommand().equals("另存为...")) {
78         JFileChooser jc2 = new JFileChooser();
79         jc2.setDialogTitle("另存为...");
80         jc2.showSaveDialog(null);
81         jc2.setVisible(true);
82         String fadr = null;
83         Fadr = jc2.getSelectedFile().getAbsolutePath();
84         save(fadr);
85      }else
86         System.exit(0);
87    }
88    private void save(String address) {
89      try {
90         fileWriter = new FileWriter(address);
91         bufferedWriter = new BufferedWriter(fileWriter);
92         bufferedWriter.write(jTextArea.getText());
93         bufferedWriter.flush();
94
95      }catch(Exception e3) {
96         e3.printStackTrace();
```

```
97          }finally{
98            try {
99              bufferedWriter.close();
100             fileWriter.close();
101           }catch(Exception e4) {
102             e4.printStackTrace();
103           }
104         }
105     }
106     public static void main(String[] args) {
107       new Notepad();
108     }
109 }
```

【程序说明】

- 第 7～10 行：声明程序中所需的 GUI 组件。
- 第 11～14 行：声明程序中所需的 I/O 流。
- 第 16～47 行：在构造方法中完成 GUI 界面的构造，注册事件监听程序。
- 第 48～87 行：重写 ActionListener 接口中的 actionPerformed()方法，实现各菜单项的功能。
- 第 49～72 行：菜单项"打开"命令的功能实现。
- 第 50 行：实例化一个 JFileChooser 对象。
- 第 54 行：用 address 保存用户打开文件的绝对路径。
- 第 56 行：创建文件输入流 fileReader 对象。
- 第 57 行：创建 bufferedReader 缓冲对象。
- 第 60、61 行：使用 while 循环完成文件内容读入，使用 bufferedReader 的 readLine()方法可以一次读入一行文本。
- 第 62 行：将读取的文本内容显示在文本域中。
- 第 67、68 行：关闭 bufferedReader 流和 fileReader 流，释放资源。
- 第 73～76 行：菜单项"保存"命令的功能实现。
- 第 76 行：调用自定义的 save()方法，实现文件保存功能。
- 第 77～84 行：菜单项"另保存"命令的功能实现。
- 第 78～83 行：构造 JFileChooser 对象获得用户另存文件的绝对路径。
- 第 84 行：调用 save()方法将文件另存至指定路径下。
- 第 86 行：菜单项"退出"命令的功能实现。
- 第 88～105 行：实现自定义 save()方法，将字符串保存至参数指定路径的文本文件中。
- 第 92 行：调用 bufferedWriter 的 write()方法将字符串写入缓冲区。
- 第 93 行：调用 bufferedWriter 的 flush()方法，刷新缓冲区，将数据写入目标文件。
- 第 99、100 行：关闭 bufferedWriter 流和 fileWriter 流，释放资源。

3.8.5　编译并运行程序

保存并修正程序错误后，运行程序，选择菜单项"文件"→"打开"命令打开文件

"test.txt"，如图 3-26（a）所示；选择菜单项"文件"→"另保存"命令将文件另存至指定目录路径下，如图 3-26（b）所示。

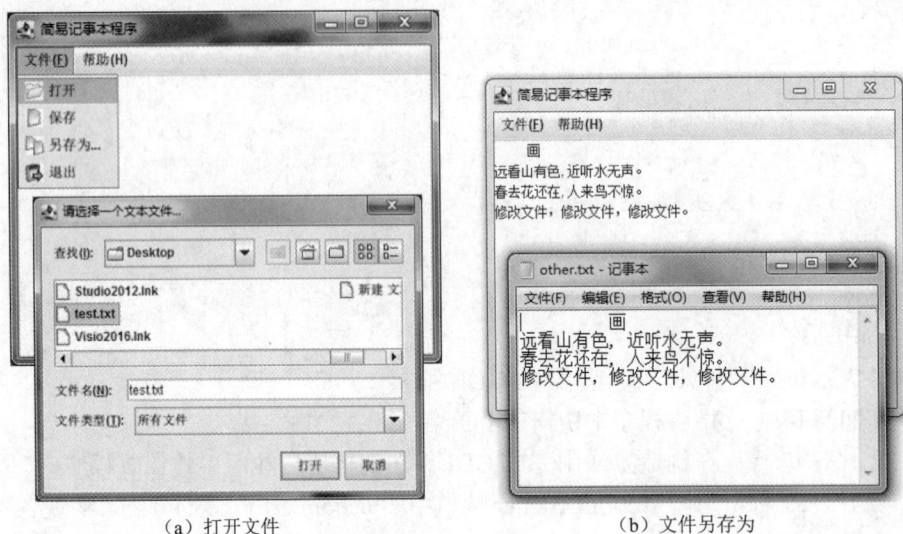

（a）打开文件　　　　　　　　　　　　（b）文件另存为

图 3-26　Notepad 运行结果

任务评价和拓展

【测一测】

1. 下列用于输入的标准字符流是（　　　）。

   A. InputStream 类　　　　B. File 类　　　　C. Reader 类　　　　D. Writer 类

2. 下面程序中需要对 Employee 的对象进行存储，请在括号中填入正确选项。

```
class Employee implements(    ){
......
}
```

   A. Comparable　　　　B. Serializable　　　　C. Cloneable　　　　D. DataInput

3. 阅读下列代码段：

```
ByteArrayOutputStream bout = new ByteArrayOutputStream();
    ObjectOutputStream out = new ObjectOutputStream(bout);
    out.writeObject(this);
    out.close();
```

以上代码段的作用是（　　　）。

   A. 将对象写入内存　　　　　　　　　　B. 将对象写入硬盘

   C. 将对象写入光盘　　　　　　　　　　D. 将对象写入文件

【练一练】

设计一个程序，模拟 Windows 资源管理器的功能，实现目录和文件的复制功能。选择源文件和目标文件后，使用字节流或字符流的方式完成文件的复制操作。程序的参考界面如图 3-27 所示。

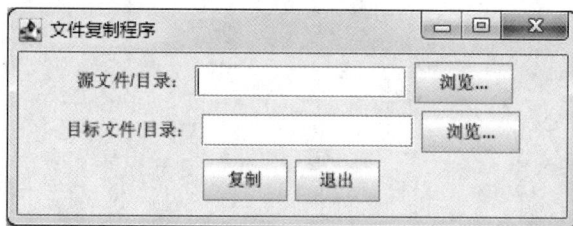

图 3-27　参考界面

模 块 小 结

模块 3 主要学习了 Java 图形界面应用程序的开发。本模块的核心知识点包括：①掌握 Java GUI 的基本原理和创建 Java 图形界面程序的基本方法；②掌握常用 Swing 组件的使用方法；③掌握布局管理和事件处理；④掌握使用 File 对象访问本地文件系统的方法；⑤掌握使用 I/O 流对文件进行读写操作。本模块的技能点见表 3-50，大家可依据自己的掌握情况进行自我评价并在小组内展开相互评价，然后可将此表反馈给老师。

表 3-50　学习情况评价表

序号	知识与技能	自我评价					小组评价					老师评价				
		A	B	C	D	E	A	B	C	D	E	A	B	C	D	E
1	能够使用 JFrame 和 JPanel 构造用户界面															
2	会使用标签、按钮、文本框															
3	能够选择合适的布局方式布局组件															
4	能够编写动作事件处理程序															
5	会使用菜单、工具栏、对话框和表格															
6	会使用单选按钮、多选按钮、列表框、组合框															
7	能够使用 File 对象访问本地文件系统															
8	能够使用 I/O 流对文件进行读写操作															

说明：评价等级分为 A、B、C、D、E 五个等级。能够熟练、独立完成为 A 等；能顺利完成，但需要花费较长时间为 B 等；能独立完成 75% 以上内容为 C 等；能独立完成 60% 以上内容为 D 等；大部分内容都无法独立完成为 E 等。

探秘Java网络编程

任务 4.1 | 编写连接 MySQL 数据库程序

任务描述

数据库技术能有效管理和存取大量的数据资源，是信息系统的核心和基础。数据库编程是应用 Java 技术进行信息系统开发的一个重点内容，Java 提供 Java 数据库连接（Java database connectivity，JDBC）API 支持数据库应用，通过 JDBC API，Java 程序可以非常方便地操作各种主流数据库，这是 Java 语言的巨大魅力所在。本任务将在 Eclipse 中导入 MySQL 数据库驱动，编写访问 MySQL 数据库的 Java 程序，要求能够实现数据库的连接和数据表的查询。本任务将带领你学习 JDBC 应用程序的开发，掌握 JDBC 连接数据库的方法。通过本任务的学习，你将：

- 了解 JDBC 的概念；
- 掌握 JDBC 应用程序开发流程；
- 掌握 JDBC 连接和访问数据库的方法；
- 能够搭建 MySQL 数据库环境；
- 能够在 Java 程序中完成 MySQL 数据库的连接并获取数据；
- 进一步提高自主学习能力和信息检索能力。

微课:编写连接 MySQL 数据库程序

知识准备

4.1.1 JDBC 概述

JDBC 是一种用于执行 SQL 语句的 Java API，它由一组用 Java 编程语言编写的类和接口组成。JDBC 为数据库开发人员提供了一个标准的 API，使他们能够用纯 JDBC API 来编写数据库应用程序。数据库开发人员使用 JDBC API 编写一个程序后，就可以很方便地将 SQL 语句传送给几乎任何一种数据库，如 MySql、Oracle 或 Microsoft SQL Server 等。Java 和 JDBC 的结合可以让数据库开发人员在开发数据库应用程序时真正实现"只写一次，随处运行"。

JDBC 驱动程序包含四种基本类型。理解各种类型的特征是非常重要的，这样才能选择出最适合需求的类型。

1. JDBC-ODBC 桥

JDBC-ODBC 桥是作为 JDK（从 1.1 版开始）的一部分提供的，这个桥是 sun.jdbc.odbc 包的一部分，这个桥要创建本地的 ODBC 方法，所以限制了它的使用。JDBC-ODBC 桥结构如图 4-1 所示。

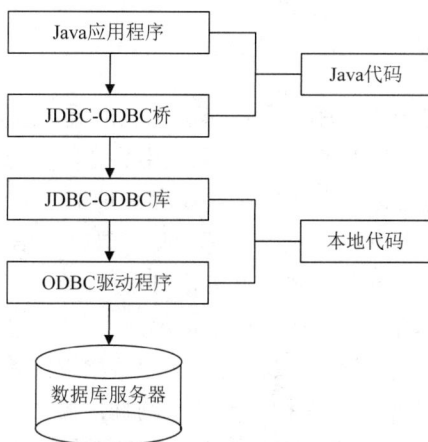

图 4-1　JDBC-ODBC 桥结构

JDBC-ODBC 桥适用于以下情况。

1）快速的系统原型。

2）第三方数据库系统。

3）提供了 ODBC 驱动程序但没有提供 JDBC 驱动程序的数据库系统，如 Access。

4）已经使用了 ODBC 驱动程序的低成本数据库解决方案。

2. Java 到本地 API

Java 到本地 API 驱动程序利用由开发商提供的本地库直接与数据库通信，如图 4-2 所示。由于使用了本地库，所以，这类驱动程序有许多与 JDBC-ODBC 桥一样的限制。最严重的限制是它不能被不可信任的 applet 使用。另外，由于 JDBC 驱动程序使用了本地库，因此这些库都必须在每一台使用这个驱动程序的机器上安装和配置。大多数主要数据库厂商在他们的产品中提供 JDBC 驱动程序。

Java 到本地 API 驱动程序适用于以下情况。

1）代替 JDBC-ODBC 桥——Java 到本地 API 驱动程序性能会比桥略好，因为它们直接与数据库接口。

2）使用了一种提供 Java 到本地 API 驱动程序的主流数据库作为一种低成本的数据库解决方案。

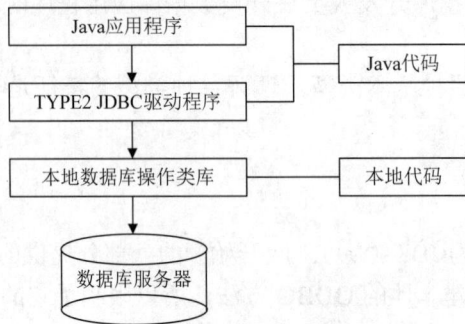

图 4-2　Java 到本地 API

3．Java 到专有网络协议

Java 到专有网络协议的 JDBC 驱动程序具有极大的灵活性，如图 4-3 所示。它可以用在第三方的解决方案中，而且可以在 Internet 上使用。这种驱动程序是用 Java 语言编写的，而且可以通过驱动程序厂商创建的专有网络协议和某种中间件通信。这个中间件通常位于 Web 服务器或者数据库服务器上，并且可以和数据库进行通信。这种驱动程序通常是由那些与特定数据库产品无关的公司开发的，价格相对较贵。

Java 到专有网络协议驱动程序适用于以下情况。

1）基于 Web 的 applet，它们不需要任何安装或者软件配置。

2）安全的系统，这里数据库被保护在一个中间件后面。

3）灵活的解决方案，如果通过 JDBC 使用了许多不同的数据库产品，这个中间件软件通常具有连接到任何数据库产品的接口。

4）用户要求驱动程序比较小，Java 到专有网络协议驱动程序的大小是所有四种类型中最小的。

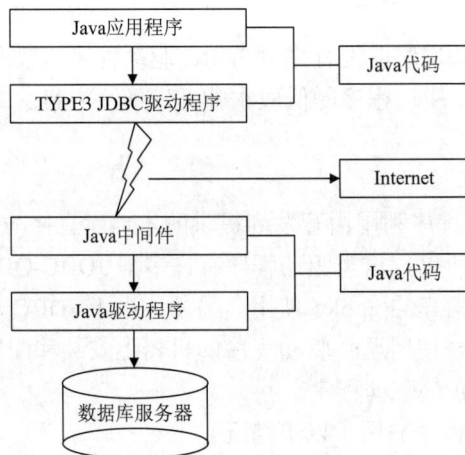

图 4-3　Java 到专有网络协议

4. Java 到本地数据库协议

Java 到本地数据库协议驱动程序也是纯 Java 驱动程序，它通过自己的本地协议直接与数据库引擎进行通信，如图 4-4 所示。通过本地的通信协议，这种驱动程序可以具备在 Internet 上装配的能力。与其他类型的驱动程序相比，这种驱动程序的优点在于它的性能，在客户和数据库引擎之间没有任何本地代码或中间件。

Java 到本地数据库协议驱动程序适用于以下情况：

1）严格要求高性能的应用系统。

2）只使用一种数据库产品的环境。

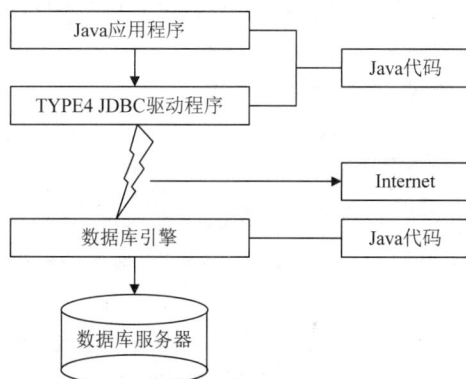

图 4-4　Java 到本地数据库协议

4.1.2　JDBC 数据库编程

JDBC 应用程序访问数据库时，通过以下步骤来实施。

1）向 JDBC 驱动器管理器注册所使用的数据库驱动程序。

2）通过 JDBC 驱动器管理器获得一个数据库连接。

3）向数据库接连发送 SQL 语句并执行。

4）获得 SQL 语句的执行结果，完成对数据库的访问。

1. 加载并注册数据库驱动程序

JDBC 在应用程序与数据库之间起桥梁的作用，当应用程序使用 JDBC 访问特定数据库时，只需要引入该数据库厂商提供的 JDBC 驱动，就可以通过 JDBC 接口来访问。由于它们都提供了标准的 JDBC 驱动，这样保证了 Java 程序编写的是一套数据库访问代码，却可以访问各种不同的数据库。可以通过调用 Class 类的 forName()方法来装入数据库特定的驱动器。

```
Class.forName("DriverName");
```
例如，加载 MySQL 数据库的 JDBC 驱动程序可以使用下面的语句：
```
Class.forName("com.mysql.cj.jdbc.Driver");
```

2. 获得数据库连接

向驱动器管理器注册驱动程序之后，JDBC 应用程序可通过 JDBC 驱动器管理器的工具类 DriverManager 提供的静态方法 getConnection()建立与数据库的连接。该方法常用的重载形式有：

```
static Connection getConnection(String url)
static Connection getConnection(String url, String user, String password)
```

getConnection()方法的返回值是一个 Connection 对象，该对象代表与数据库的连接，在应用程序中可以有若干个 Connection 对象与一个或多个数据库连接。参数含义如下：

1）参数 url 为提供识别数据库方式的字符串，包括 jdbc、subprotocol、subname 三部分。

- jdbc 表示使用 JDBC 驱动方式。
- subprotocol 子协议表示数据库连接机制的名称。
- subname 表示在 ODBC 中配置的数据源名称，以标识数据库。

2）参数 user 表示数据源所对应的登录 ID。

3）参数 password 表示数据源所对应的登录密码。

3. 使用 Connection 连接数据库

Connection 对象代表与数据库的连接。连接过程包括所执行的 SQL 语句和在该连接上返回的结果。一个应用程序可以与单个数据库有一个或多个连接，也可以与多个数据库有连接。

与数据库建立连接的标准方法是调用 DriverManager.getConnection()方法。该方法接受含有某个 URL 的字符串。DriverManager 类（即所谓的 JDBC 管理层）将尝试找到可与指定 URL 所代表的数据库进行连接的驱动程序。DriverManager 类存有已注册的 Driver 类的列表。当调用 getConnection()方法时，它检查列表中的每个驱动程序，直到找到可与 URL 中指定的数据库进行连接的驱动程序为止。Driver 的 connect()方法使用这个 URL 来建立实际的连接。

下面的语句打开一个与位于本地主机的 MySql 数据库的连接，数据名称为"happychat"所用的用户标识符为"nnzhang"，口令为"java123"。

```
String url = "jdbc:mysql://localhost:3306/happychat?"
    + "useSSL = false&allowPublicKeyRetrieval = true&serverTimezone = UTC";
String user = "nnzhang";
String password = "java123";
Connection conn = DriverManager.getConnection(url,user,password);
```

4. 使用 Statement 执行 SQL 语句

Statement 对象用于将 SQL 语句发送到数据库中。有三种 Statement 对象，它们都作为在指定连接上执行 SQL 语句的容器，包括 Statement、PreparedStatement（从 Statement 继承而来）和 CallableStatement（从 PreparedStatement 继承而来）。它们都专用于发送特定类型的 SQL 语句。

1）Statement 对象用于执行不带参数的简单 SQL 语句。

2）PreparedStatement 对象用于执行带或不带 IN 参数的预编译 SQL 语句。

3）CallableStatement 对象用于执行对数据库存储过程的调用。

Statement 接口提供了执行语句和获取结果的基本方法。PreparedStatement 接口添加了处理 IN 参数的方法；而 CallableStatement 添加了处理 OUT 参数的方法。利用 Connection 的 createStatement()方法创建 Statement 对象的语句如下：

```
Connection conn = DriverManager.getConnection(url, "sa", "");
Statement stmt = conn.createStatement();
```

Statement 接口提供了三种执行 SQL 语句的方法：executeQuery、executeUpdate 和 execute，使用哪一种方法由 SQL 语句所产生的内容决定。

执行语句的所有方法都将关闭所调用的 Statement 对象当前打开的结果集。这意味着在重新执行 Statement 对象之前，需要完成对当前 ResultSet 对象的处理。Statement 对象将由 Java 的垃圾收集程序自动关闭。程序员也应在不需要 Statement 对象时显式地关闭它们，这样可以释放 DBMS 资源，有助于避免潜在的内存问题。

5. 操作 ResultSet 结果集

ResultSet 对象包含符合指定 SQL 语句中条件的所有行，即结果集，并且它通过一套 get 方法（这些 get 方法可以访问当前行中的不同列）提供了对这些行中数据的访问。ResultSet.next()方法用于移动到 ResultSet 中的下一行，使下一行成为当前行。结果集一般是一个表，表中有查询所返回的列标题及相应的值。执行 SQL 语句并输出结果集的语句如下：

```
Statement stmt = conn.createStatement();
ResultSet rs = stmt.executeQuery("SELECT u_name, u_pass FROM users");
while (rs.next())
  {
    // 打印当前行的值
    String name = rs.getString("u_name");
    String pass = rs.getString("u_pass");
    System.out.println(name + " " + pass);
  }
```

ResultSet 维护指向其当前数据行的光标。每调用一次 next()方法，光标向下移动一行。最初它位于第一行之前，因此第一次调用 next()方法时将光标置于第一行上，使它成为当前行，之后每次调用 next()方法就使光标向下移动一行，按照从上至下的次序获取 ResultSet 行。

getXXX()方法提供了获取当前行中某列值的途径。在每一行内，可按任何次序获取列值，但为了保证可移植性，应该从左至右获取列值，并且一次性读取列值。

列名或列号可用于标识要从中获取数据的列。例如，如果 ResultSet 对象 rs 的第二列名为"s_name"，并将值存储为字符串，则下列任一代码将获取存储在该列中的值：

```
String name = rs.getString("u_name");
String name = rs.getString(1);
```

▌▌ **任务实施**

4.1.3　环境搭建

在 MySQL 8.0 数据库管理系统中创建名称为 happychat 的数据库，创建数据表 users 并添加数据记录。下载 MySQL 8.0 的数据库驱动，在 Eclipse 中导入驱动，搭建项目环境，编写数据库访问程序，获取 users 表中的记录并显示出来。

1. 搭建数据库环境

下载并安装 MySQL 数据库管理系统，创建一个名称为 HappyChat 的数据库，然后在该数据库下创建一个 users 表，创建数据库和表的 SQL 语句如下：

```
CREATE DATABASE HappyChat;
USE HappyChat;
CREATE TABLE users
(
    U_Name VARCHAR(16) PRIMARY KEY,
    U_Pass VARCHAR(16) NOT NULL,
    U_Gender CHAR(2) NOT NULL,
    U_Email VARCHAR(20) NOT NULL
);
```

完成数据库和数据表的创建后，向 users 数据表中添加几条记录，添加记录的 SQL 语句如下：

```
INSERT INTO users(U_Name,U_Pass,U_Gender,U_Email)
VALUES('nnzhang','java123','M','nz@163.com'),
('zhangsan','123','F','zs@163.com'),
('lisi','abc11','M','lisi@163.com');
```

添加完数据后，使用 select 语句查询 users 表中的数据，确定数据添加成功。执行结果如图 4-5 所示。

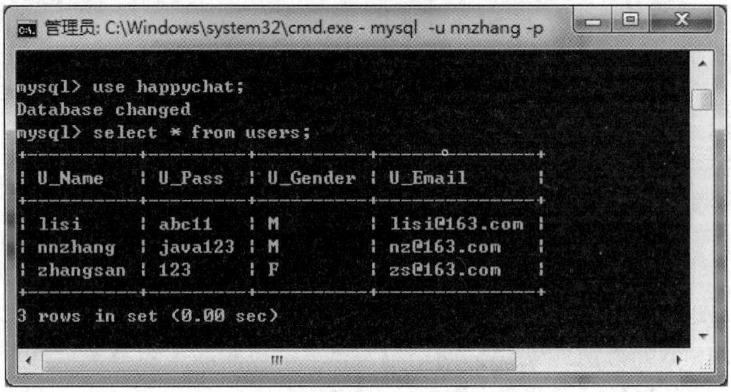

图 4-5　执行查询语句

2. 搭建项目环境

本任务采用的是 MySQL 8.0 版本的数据库管理系统，可在 MySQL 官网上找到其数据库驱动，下载网址为：https://dev.mysql.com/downloads/connector/j/。下载完成后，解压压缩文件包，找到 MySQL 数据库驱动文件 mysql-connector-java-8.0.23.jar。然后打开 Eclipse，创建名称为 chap04 的项目，完成后在该项目下创建名称为 lib 的文件夹，将下载好的 MySQL 数据库驱动文件 mysql-connector-java-8.0.23.jar 拷贝至 lib 目录中，右击该.jar 包，选择"Build Path"菜单下的"Add to Build Path"，如图 4-6 所示，即可完成 MySQL 数据库驱动的导入。

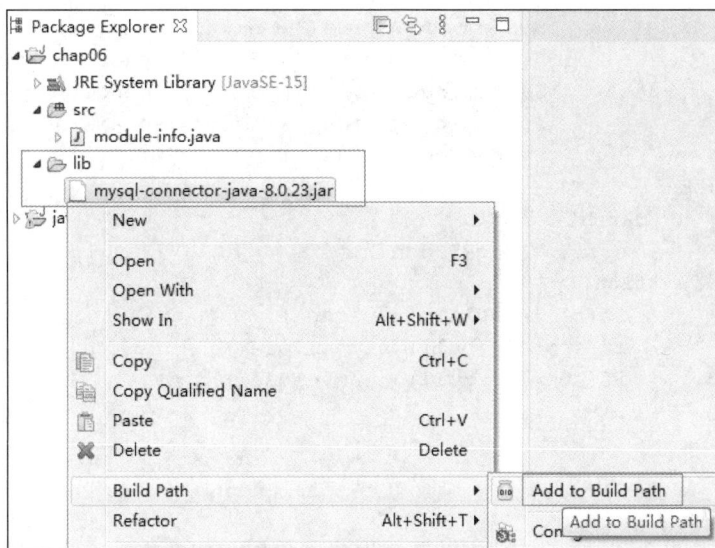

图 4-6　导入数据库驱动

4.1.4　编写程序

具体编写步骤如下。

1）在 Eclipse 环境中打开名称为 chap04 的项目。

2）在 chap04 项目中新建名称为 JDBCTest 的类。

3）编写完成的 JDBCTest.java 的程序代码如下：

```java
1   import java.sql.*;
2   public class JDBCTest {
3     public static void main(String[] args) throws SQLException{
4         String driver = "com.mysql.cj.jdbc.Driver";
5         String url = "jdbc:mysql://localhost:3306/happychat?"
6             + "useSSL = false&allowPublicKeyRetrieval = true&"
7             + "serverTimezone = UTC";
8         String user = "nnzhang";
9         String pass = "java123";
10        ResultSet rs = null;
11        Statement stmt = null;
12        Connection conn = null;
13        try {
14            Class.forName(driver);
15            conn = DriverManager.getConnection(url,user,pass);
16            stmt= conn.createStatement();
17            String sql = "select * from users";
18            rs = stmt.executeQuery(sql);
19            while(rs.next()){
20              String name = rs.getString("U_Name");
21                String pass = rs.getString("U_Pass");
22                String gender = rs.getString("U_Gender");
23                String email = rs.getString("U_Email");
```

```
24              System.out.print("姓名:" + name);
25              System.out.print(", 密码:" + pass);
26              System.out.print(", 性别:" + gender);
27              System.out.print(", 邮箱:" + email);
28              System.out.println();
29          }
30      }catch(Exception e) {
31          e.printStackTrace();
32      }finally {
33          if(rs != null) rs.close();
34          if(stmt != null) stmt.close();
35          if(conn != null) conn.close();
36      }
37    }
38 }
```

【程序说明】

- 第 1 行：引入"java.sql.*"，以便在程序中使用 JDBC 相关类和接口。
- 第 4 行：MySQL 8.0 以上版本的 JDBC 驱动名称。
- 第 5~7 行：数据库 URL。
- 第 8、9 行：数据库的用户名与密码。
- 第 14 行：加载 MySQL 的 JDBC 驱动程序。
- 第 15 行：调用 getConnection()方法，连接 MySQL 数据库。
- 第 16 行：创建 Statement 类对象，用来执行 SQL 语句。
- 第 17 行：编写要执行的 SQL 语句。
- 第 18 行：执行 SQL 语句，将结果存放在 ResultSet 对象中。
- 第 19~29 行：利用 while 循环逐条获取结果集中记录，并将其输出。
- 第 33~35 行：回收数据库资源。

4.1.5 编译并运行程序

保存并修正程序错误后，程序运行结果如图 4-7 所示。

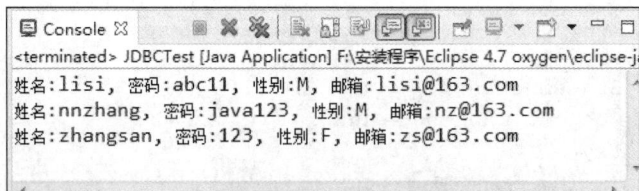

图 4-7 JDBCTest 运行结果

> 知识链接：国产数据库
>
> 　　1978 年，中国人民大学经济信息管理系创建人萨师煊提出了发展数据库的理念，并于 1979 年汇集成我国最早的数据库学术启蒙读物《数据库系统简介》和《数据库方法》。20 年后，我国第一家数据库公司人大金仓 KING BASE 创立，到如今，国产数据

库产品的数量已经有 140 余个。参考墨天轮国产数据库流行度排行榜，排名前 5 的国产数据库如下。

TiDB: TiDB 是一款同时支持在线事务处理与在线分析处理的融合型分布式数据库，具备分布式强一致性事务、在线弹性水平扩展、实时 HTAP、故障自恢复的高可用、跨数据中心多活等企业级核心特性，能够帮助企业最大化发挥数据价值，充分释放企业增长空间。

OceanBase: OceanBase 是由蚂蚁集团完全自主研发的企业级分布式关系数据库，其基于分布式架构和通用服务器，具有数据强一致、高可用、高性能、在线扩展、高度兼容 SQL 标准和主流关系数据库、低成本等特点。

达梦数据库: 达梦数据库由武汉达梦数据库股份有限公司开发，融合了分布式、弹性计算与云计算的优势，支持超大规模并发事务处理和事务-分析混合型业务处理，动态分配计算资源，能够实现更精细化的资源利用和更低成本的投入。

PolarDB: PolarDB 是阿里巴巴自主研发的下一代关系型分布式云原生数据库，计算能力最高可扩展至 1000 核以上，存储容量最高可达 100TB。PolarDB 融合了商业数据库稳定、可靠、高性能的特征，同时具有开源数据库简单、可扩展、高速迭代的优势。

openGauss: openGauss 是华为推出的一款开源关系型数据库，深度融合华为在数据库领域的深入积累和实践经验，结合企业级场景需求，持续构建竞争力特性。同时，openGauss 也是一个开源、免费的数据库平台，鼓励社区进行贡献与合作。

任务评价和拓展

【测一测】

1. Java 中，JDBC 是指（　　　）。
   A. Java 程序与数据库连接的一种机制　　　B. Java 程序与浏览器交互的一种机制
   C. Java 类库名称　　　　　　　　　　　　D. Java 类编译程序

2. 下面关于 JDBC 描述错误的是（　　　）。
   A. JDBC 由一组用 Java 编程语言编写的类和接口组成
   B. JDBC 编写的程序能够自动地将 SQL 语句传送给相应的数据库管理系统
   C. JDBC API 只支持数据库访问的两层模型
   D. JDBC 是一种底层 API，它可以直接调用 SQL 语句，也是构造高级 API 和数据库开发工具的基础

3. JDBC API 中用来执行 SQL 语句的对象是（　　　）。
   A. Statement　　　　　　　　　　　　　　B. Connection
   C. DriverManager　　　　　　　　　　　　D. ResultSet

4. 下列语句用来实现与数据库连接的正确顺序为（　　　）。
   (1)Connection con = DriverManager.getConnection(url, "sa", "");
   (2)ResultSet rs = stmt.executeQuery("SELECT u_name, u_pass FROM users");

(3)Statement stmt = con.createStatement();

(4)Class.forName("sun.jdbc.odbc.JdbcOdbcDriver");

A. (1)(2)(3)(4)　　　　B. (4)(1)(3)(2)　　　　C. (4)(3)(1)(2)　　　　D. (1)(3)(2)(4)

【练一练】

下载并安装 MySQL 数据库管理系统，创建一个名为 webshop 的数据库，然后在该数据库下创建一个 goods 表，在表中添加表 4-1 中的数据，编写数据库访问程序，获取 goods 表中的记录并将其显示。

表 4-1　商品信息表

g_ID（商品编号）	g_Name（商品名称）	g_Price（商品价格）/元	g_Number（商品数量）
010001	诺基亚 6500 Slide	1500	20
010002	三星 SGH-P520	2500	10
010003	三星 SGH-F210	3500	30
010004	三星 SGH-C178	3000	10

任务 4.2　编写用户信息管理程序

✐ 任务描述

数据库的操作总结起来主要有四个字：增、删、改、查，任务 4.1 中执行了查询操作，就是调用 Statement 的 executeQuery()方法执行 select 语句。本任务将编写用户信息管理程序，具体功能包括：①提供图形用户界面，当用户单击"插入"按钮时，程序将输入的用户信息添加至数据库中相应的表中；②当用户单击"修改"按钮时，程序将修改后的信息保存至数据库；③当用户单击"删除"按钮时，程序将数据库表中指定的记录删除。本任务将带领你学习数据管理及数据库元数据操作。通过本任务的学习，你将：

- 掌握利用 Statement 实现对数据库插入、修改和删除数据操作；
- 掌握利用 PreparedStatement 对象给 SQL 语句中的参数赋值的方法；
- 熟练使用 ResultSet 提供的方法读取结果集中的数据；
- 能够编程实现对数据库中数据的插入、修改和删除操作；
- 进一步提高对数据库编程的理解能力。

微课：编写用户信息管理程序

▌▌ 知识准备

4.2.1　数据管理

JDBC 提供了三种对象来实现查询语句的发送执行，分别是 Statement 对象、

PreparedStatement 对象和 CallableStatement 对象。正如前面所提到的，Statement 接口用于执行不带参数的简单 SQL 语句。PreparedStatement 接口和 CallableStatement 接口都继承了 Statement 接口。

创建一个 Statement 接口的实例方法很简单，只需调用类 Connection 中的 createStatement() 方法就可以了，其一般格式如下：

```
Connection con = DriverManager.getConnection(URL,"user","password")
Statement sm = con.createStatement();
```

创建了 Statement 接口的实例后，可调用其中的方法执行 SQL 语句，JDBC 中提供了三种执行方法，分别是 execute()方法，executeQuery()方法和 executeUpdate()方法。三种执行 SQL 语句方法的功能及适用 SQL 语句见表 4-2。

表 4-2　三种执行 SQL 语句方法的功能及适用 SQL 语句

方法名称	语句功能	适用 SQL 语句
execute()	用于不知道执行 SQL 语句后会产生什么结果或用于执行返回多个结果集；execute()方法的返回值是布尔值，当下一个结果为 ResultSet 时返回 true，否则返回 false	execute()方法的执行结果包括以下三种情况：包含多个 ResultSet（结果集）；多条记录被影响；既包含结果集，也有记录被影响
executeQuery()	用于产生单个结果集，利用 ResultSet 接口中提供的方法可以获取结果集中指定列值以进行输出或进行其他处理	SELECT
executeUpdate()	用于执行数据更新操作，executeUpdate 的返回值是一个整数，指示受影响的行数（即更新计数）。对于 CREATE TABLE 或 DROP TABLE 等不操作行的语句，executeUpdate()的返回值为零	INSERT、UPDATE 或 DELETE CREATE TABLE 或 DROP TABLE

PreparedStatement 接口作为 Statement 接口的子接口，它直接继承并重载了 Statement 的方法。PrepardStatement 接口有两大特点，首先，PreparedStatement 的对象中包含的 SQL 语句是预编译的，因此当需要多次执行同一条 SQL 语句时，利用 PreparedStatement 传送这条 SQL 语句可以大大应用扩展执行效率；其次，PreparedStatement 的对象所包含的 SQL 语句中允许有一个或多个输入参数。创建 PreparedStatement 类的实例时，输入参数用 "？" 代替。在执行带参数的 SQL 语句前，必须对"？"进行赋值，为了对"？"赋值，PreparedStatement 接口中增添了大量的 setXXX()方法，完成对输入参数赋值。

1）创建 PreparedStatement 对象。

与创建 Statement 接口的实例方法类似，创建 PreparedStatement 接口的对象也只需在建立连接后，调用 Connection 接口中的 prepareStatement()方法创建一个 PreparedStatement 的对象，其中包含一条带参数的 SQL 语句。一般格式如下：

```
PreparedStatement psm = con.prepareStatement("INSERT INTO users(u_name,
u_pass) VALUES(?,?)");
```

2）输入参数的赋值。

PreparedStatement 中提供了大量的 setXXX()方法对输入参数进行赋值。根据输入参数的 SQL 类型应选用合适的 setXXX()方法。例如：

```
psm.setString(1,"test");
psm.setString(2,"test");
```

上面两条语句的第一个参数表示参数序号，第二个参数表示参数取值。

除了 setInt()、setLong()、setString()、setBoolean()、setShort()和 setByte()等常见方法外，PreparedStatement 还提供了几种特殊的 setXXX()方法来进行赋值。例如，setNull(int ParameterIndex, int sqlType)方法是将参数值赋为 Null，其中 sqlType 是在 java.sql.Types 中定义的 SQL 类型号。将第一个输入参数的值赋为 Null 的语句为：

```
psm.setNull(1,java.sql.Types.INTEGER);
```

4.2.2　数据库元数据操作

元数据（metadata）是一种描述数据的数据。数据库中存在大量的元数据，用于描述它们的功能与配置，通常包括数据库元数据、结果集元数据和参数元数据。

（1）数据库元数据

每个数据库的元数据是不同的，可以通过 DatabaseMetaData 接口来获得。通过调用 Connection 对象的 getMetaData()方法，可以得到 DatabaseMetaData 类的实例，该实例包含约 100 个字段和方法，可以获得数据库的特定信息，如数据库中所有表格的列表、系统函数、关键字、数据库产品名及数据库支持的 JDBC 驱动器名称等。DatabaseMetaData 接口的常用方法见表 4-3。

表 4-3　DatabaseMetaData 接口的常用方法

方法名称	方法功能
ResultSet getTables(String catalog,String schemaPattern,String tableNamePattern, String[] types)	检索可在给定类别中使用的表的描述
String getSystemFunction()	检索可用于此数据库的系统函数
getSQLKeywords()	检索此数据库中除 SQL92 关键字的 SQL 关键字
getDatabaseProductName()	检索此数据库产品的名称
String getDriverName()	检索此 JDBC 驱动程序的名称

（2）结果集元数据

结果集中也有元数据，使用 ResultSetMetaData 接口可用于获取关于 ResultSet 对象中列的类型和属性信息，如每一列的数据类型、列标题及属性等。ResultSetMetaData 接口的常用方法见表 4-4。

表 4-4　ResultSetMetaData 接口的常用方法

方法名称	方法功能
int getColumnCount()	返回此 ResultSet 对象中的列数
String getColumnName(int column)	获取指定列的名称
String getColumnTypeName(int column)	检索指定列的数据库特定的类型名称
String getTableName(int column)	获取指定列的名称

（3）参数元数据

ParameterMetaData 接口可用于获取关于 PreparedStatement 对象中参数的类型和属性信

息。ParameterMetaData 接口的常用方法见表 4-5。

表 4-5 ParameterMetaData 接口的常用方法

方法名称	方法功能
int getParameterCount()	检索 PreparedStatement 对象中的参数的数量
getParameterTypeName(int param)	检索指定参数在特定数据库中的类型名称

▌任务实施

创建用户管理程序窗口，窗口包括所有用户数据列表，用于输入用户信息的文本框，以及"插入""修改""删除"等相关功能按钮，完成对 happychat 数据库 users 表中数据的增、删、改、查等操作。

4.2.3 编写程序

具体编写步骤如下。

1）在 Eclipse 环境中打开名称为 chap04 的项目。

2）在 chap04 项目中新建名称为 ManageUser 的类。

3）编写完成的 ManageUser.java 的程序代码如下。

```java
1   import javax.swing.*;
2   import java.awt.event.*;
3   import java.sql.*;
4   public class ManageUser extends JFrame implements ActionListener{
5       JPanel pnlMain;
6       JLabel lbltable,lblName,lblPass,lblGend,lblEmail;
7       JTable tblUsers;
8       JScrollPane scrollpane;
9       JTextField txtName,txtPass,txtGend,txtEmail;
10      JButton btnInsert,btnUpdate,btnDelete,btnExit,btnMore;
11      Connection conn;
12      ResultSet rs = null;
13      public ManageUser() {
14          super("用户数据管理");
15          pnlMain = new JPanel();
16          pnlMain.setLayout(null);
17          lbltable = new JLabel("用户列表");
18          lbltable.setBounds(200,10,70,25);
19          pnlMain.add(lbltable);
20          getUser();
21          scrollpane.setBounds(15,40,436,110);
22          pnlMain.add(scrollpane);
23          lblName = new JLabel("用户名:");
24          lblPass = new JLabel("密　码:");
25          txtName = new JTextField();
26          txtPass = new JTextField();
27          lblName.setBounds(25,170,50,25);
28          txtName.setBounds(85,170,120,25);
```

```
29        lblPass.setBounds(230,170,50,25);
30        txtPass.setBounds(300,170,120,25);
31        lblGend = new JLabel("性 别:");
32        lblEmail = new JLabel("电子邮箱:");
33        txtGend = new JTextField();
34        txtEmail = new JTextField();
35        lblGend.setBounds(25,200,50,25);
36        txtGend.setBounds(85,200,120,25);
37        lblEmail.setBounds(230,200,80,25);
38        txtEmail.setBounds(300,200,120,25);
39        btnInsert = new JButton("插入");
40        btnInsert.setBounds(55,250,60,25);
41        btnInsert.addActionListener(this);
42        btnUpdate = new JButton("修改");
43        btnUpdate.setBounds(150,250,60,25);
44        btnUpdate.addActionListener(this);
45        btnDelete = new JButton("删除");
46        btnDelete.setBounds(245,250,60,25);
47        btnDelete.addActionListener(this);
48        btnExit = new JButton("退出");
49        btnExit.setBounds(335,250,60,25);
50        btnExit.addActionListener(this);
51        btnMore = new JButton("查看数据库系统属性");
52        btnMore.setBounds(155,290,145,25);
53        btnMore.addActionListener(this);
54        pnlMain.add(lblName);pnlMain.add(txtName);
55        pnlMain.add(lblPass);pnlMain.add(txtPass);
56        pnlMain.add(lblGend);pnlMain.add(txtGend);
57        pnlMain.add(lblEmail);pnlMain.add(txtEmail);
58        pnlMain.add(btnInsert);pnlMain.add(btnUpdate);
59        pnlMain.add(btnDelete);pnlMain.add(btnExit);
60        pnlMain.add(btnMore);
61        setContentPane(pnlMain);
62        setSize(480,380);
63        setVisible(true);
64      }
65    public void actionPerformed(ActionEvent ae){
66      if (ae.getSource() == btnInsert)
67        insertUser();
68      if (ae.getSource() == btnUpdate)
69        updateUser();
70      if (ae.getSource() == btnDelete){
71        int intChoice=JOptionPane.showConfirmDialog(null,
72        "确定要删除该记录吗?","确认删除",JOptionPane.YES_NO_OPTION);
73        if (intChoice == JOptionPane.YES_OPTION)
74          deleteUser();
75      }
76      if (ae.getSource() == btnExit){
77        System.exit(0);
78      }
```

```
79          if (ae.getSource() == btnMore){
80              getSystem();
81          }
82      }
83      public Connection openDB(){
84          try {
85              String driver = "com.mysql.cj.jdbc.Driver";
86              String url = "jdbc:mysql://localhost:3306/happychat?"
87                  + "useSSL = false&allowPublicKeyRetrieval = true"
88                  + "&serverTimezone = UTC";
89              String user = "nnzhang";
90              String password = "java123";
91              Class.forName(driver);
92              conn = DriverManager.getConnection(url,user,password);
93              return conn;
94          }
95          catch(Exception e){
96              JOptionPane.showMessageDialog(null,"连接数据库失败!");
97              return null;
98          }
99      }
100     public void getUser(){
101         try{
102             Statement stmt = openDB().createStatement(
103                 ResultSet.TYPE_SCROLL_INSENSITIVE,
104                 ResultSet.CONCUR_UPDATABLE);
105             Rs = stmt.executeQuery("select * from users");
106             rs.last();
107             int rowCount = rs.getRow();
108             rs.beforeFirst();
109             String[][] userData = new String[rowCount][4];
110             int i = 0;
111             while(rs.next()){
112                 userData[i][0] = rs.getString("U_Name");
113                 userData[i][1] = rs.getString("U_Pass");
114                 userData[i][2] = rs.getString("U_Gender");
115                 userData[i][3] = rs.getString("U_Email");
116                 i++;
117             }
118             String[] strColumn = {"姓名","密码","性别","电子邮箱"};
119             tblUsers = new JTable(userData,strColumn);
120             scrollpane = new JScrollPane(tblUsers);
121             stmt.close();
122         }catch(Exception e){
123             JOptionPane.showMessageDialog(null,"信息获取失败!");
124         }
125     }
126     public void insertUser(){
127         try{
128             String sql = "Insert users(U_Name,U_Pass,U_Gender,"
```

```
129              + "U_Email)"+"values(?,?,?,?)";
130         PreparedStatement psm=openDB().prepareStatement(sql);
131         psm.setString(1,txtName.getText());
132         psm.setString(2,txtPass.getText());
133         psm.setString(3,txtGend.getText());
134         psm.setString(4,txtEmail.getText());
135         psm.executeUpdate();
136         JOptionPane.showMessageDialog(null,"用户添加成功!");
137         psm.close();
138       }
139     catch(Exception e){
140         JOptionPane.showMessageDialog(null,"用户添加失败!");
141       }
142   }
143   public void updateUser(){
144     try{
145       Statement sm = openDB().createStatement();
146       String strUpdate = "update users set U_pass = '"
147         + txtPass.getText() + "',U_Gender = '" + txtGend.getText()+
148         "',U_Email = '" + txtEmail.getText() + "' where U_Name = '" +
149         txtName.getText() + "'";
150       sm.executeUpdate(strUpdate);
151       JOptionPane.showMessageDialog(null,"用户修改成功!");
152       sm.close();
153     }
154     catch(Exception e){
155       JOptionPane.showMessageDialog(null,"用户修改失败!");
156     }
157   }
158   public void deleteUser(){
159     try{
160       Statement sm = openDB().createStatement();
161       sm.executeUpdate("delete from users where U_Name = '"
162         + txtName.getText() + "'");
163       JOptionPane.showMessageDialog(null,"用户删除成功! ");
164       sm.close();
165     }
166     catch(Exception e){
167       JOptionPane.showMessageDialog(null,"用户删除失败! ");
168     }
169   }
170   public void getSystem() {
171     try{
172       DatabaseMetaData mt = openDB().getMetaData();
173       String info = mt.getDatabaseProductName()
174         + "\n" + mt.getDriverName();
175       JOptionPane.showMessageDialog(null, info);
176     }catch(Exception e){
177       JOptionPane.showMessageDialog(null, "信息获取失败! ");
178     }
179   }
```

```
180        public static void main(String args[]){
181          new ManageUser();
182        }
183    }
```

【程序说明】

- 第 5～12 行：声明各种组件对象。
- 第 13～64 行：在构造方法中构造应用程序界面。
- 第 65～82 行：按钮动作事件处理，分别处理"插入""修改""删除""查看数据库系统属性"按钮。
- 第 66、67 行：选择"插入"按钮，通过调用 insertUser()方法将用户输入的信息保存至数据库。
- 第 68、69 行：选择"修改"按钮，通过调用 updateUser()方法将用户修改后的信息保存至数据库。
- 第 70～75 行：选择"删除"按钮，如果用户确认要删除指定记录，调用 deleteUser()方法删除指定记录。
- 第 76、77 行：选择"退出"按钮，退出系统。
- 第 79、80 行：选择"查看数据库系统属性"按钮，通过调用 getSystem()方法获取数据库管理系统名称和驱动程序名称。
- 第 83～99 行：连接并打开数据库方法 openDB()。
- 第 100～125 行：调用打开数据库方法 openDB()后获取 Users 表中的所有信息，以便在程序界面中显示。
- 第 111～117 行：利用 while 循环获取所有用户记录，并将其存储在一个二维数组中。
- 第 119 行：利用表格标题和用户信息数组初始化表格中的数据。
- 第 120 行：以表格为参数构造一个滚动面板对象。
- 第 126～142 行：定义 insertUser()方法将用户信息添加至数据库。
- 第 130～135 行：使用 PreparedStatement 将记录插入数据库。
- 第 143～157 行：定义 updateUser()方法完成用户信息修改，使用 Statement 对象的 executeUpdate()方法执行 update 语句完成记录修改。
- 第 158～169 行：定义 deleteUser()方法删除用户。
- 第 170～179 行：定义 getSystem()方法获取数据库管理系统名称和驱动程序名称。
- 第 172 行：构造一个 DatabaseMetaData 对象。
- 第 173、174 行：使用 getDatabaseProductName()方法获取数据库管理系统名称，使用 getDriverName()方法获取驱动程序名称。

4.2.4　编译并运行程序

保存并修正程序错误后，运行程序，窗口表格中显示的就是数据库中 users 表中所有的用户信息。在表格下方的文本框中输入一条新的用户记录，单击"插入"按钮，其窗口显示如图 4-8（a）所示，提示"用户添加成功！"。在数据库中查询 users 表，可以发现新的用户数据已经存储在数据表中，查询结果如图 4-8（b）所示。数据的修改、删除操作读者可自行验证。

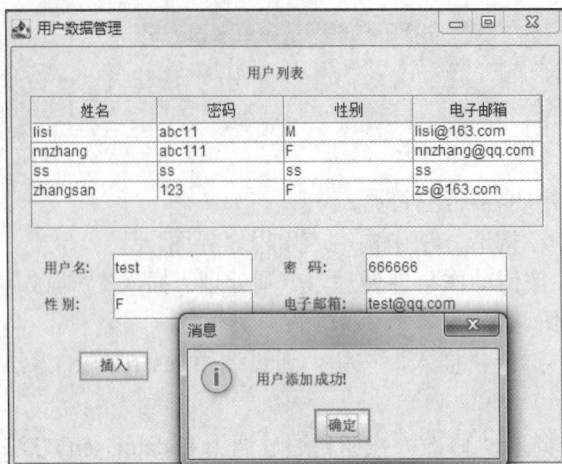

（a）添加用户

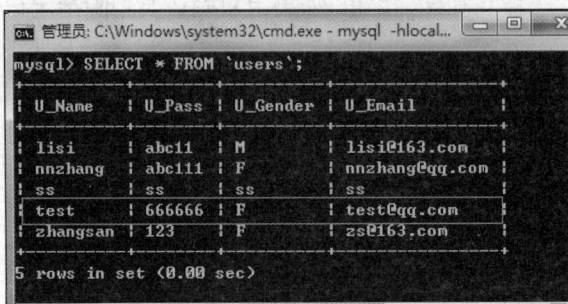

（b）数据库 users 表中的数据

图 4-8　ManageUser 运行结果

任务评价和拓展

【测一测】

1. JDBC 中，用于表示数据库连接的对象是（　　　）。
   A. PreparedStatement　　　　　　　B. DriverManager
   C. Connection　　　　　　　　　　D. Statement
2. SQL SELECT 语句中的 WHERE 用于说明（　　　）。
   A. 查询条件　　　　　　　　　　　B. 查询分组
   C. 查询排序　　　　　　　　　　　D. 查询数据
3. ResultSetMetaData rsmd = rs.getMetaData()是什么意思（　　　）。
   A. 取得列数　　　　　　　　　B. 得到结果集（rs）的结构，如字段数、字段名等
   C. 返回表名　　　　　　　　　D. 取得行数
4. 下面关于 PreparedStatement 的说法错误的是（　　　）。
   A. PreparedStatement 继承了 Statement
   B. PreparedStatement 可以有效防止 SQL 注入

C. PreparedStatement 不能用于批量更新操作

D. PreparedStatement 可以存储预编译的 Statement，从而提升执行效率

5. 下面关于 ResultSetMetaData 的说法错误的是（　　）。

A. getColumnCount()返回列的数目

B. getColumnTypeName()返回指定列的类型名称

C. getColumnType()返回字符串表示形式的指定列的类型

D. isNullable()指定列是否可为空

【练一练】

基于任务 4.1【练一练】所创建的 webshop 数据库和 goods 表，应用 GUI 技术和 JDBC 数据库编程技术，写一个不仅可以查询商品信息，还可以实现添加商品、修改商品和删除商品的程序。

任务 4.3　编写模拟车站售票程序

任务描述

目前，Windows 等操作系统均支持多线程进程的并发处理机制。操作系统支持多线程进程，能够减少程序并发时所付出的时空开销，使得并发粒度更细，并发性更好。本任务将编写程序实现模拟车站售票程序，通过多线程来模拟车站不同的售票窗口，所有窗口共享固定的总票数。本任务将带领你学习 Java 中多线程的概念及实现方法。通过本任务的学习，你将：

- 理解线程的概念，了解线程与进程的区别；
- 了解线程生命周期中的不同状态；
- 掌握 Thread 类及其常用方法、Runnable 接口及其常用方法；
- 能应用 Thread 类创建线程；
- 能应用 Runnable 接口创建线程；
- 进一步提高团队协作精神和勇于创新精神。

微课：编写模拟车站售票程序

知识准备

4.3.1　线程概述

在操作系统中，每一个独立运行的程序都可以称为一个进程，进程是操作系统资源分配和独立运行的基本单位。也就是说，一个进程既包括它要执行的指令，也包括执行指令时所需要的各种系统资源。在一个进程中可以有多个执行单元同时运行，这些执行单元可以看作是程序执行的一条条线索，被称为线程。Java 作为一门主流的程序设计语言，其重要特点就是多线程。

1. 线程相关概念

首先，看一下与线程相关的几个名词的基本含义。

1）进程：程序的动态执行过程，每个进程都有独立的代码和数据空间（进程上下文），进程切换的开销大。

2）线程：轻量的进程，同一类线程共享代码和数据空间，每个线程有独立的运行栈和程序计数器（PC），线程切换的开销小。

3）多进程：在操作系统中，同时运行的多个任务程序。

4）多线程：在同一应用程序中，同时执行的多个顺序流。

线程与进程相似，都是程序的一个顺序执行序列，但两者又有区别。进程是一个实体，每个进程有自己独立的状态，并有自己的专用数据段。创建进程时，必须建立和复制其专用数据段；线程则互相共享数据段，同一个程序中的所有线程只有一个数据段，所以，创建线程时不必重新建立和复制数据段。但是，由于多个线程共享一个数据段，所以，也出现了数据访问过程的互斥和同步问题，这使系统管理功能变得相对复杂。

概括来说，线程和进程区别表现在以下几个方面。

1）每个进程都有独立的代码和数据空间（进程上下文），进程切换开销大。多线程由于是共享一块内存空间和一组系统资源，有可能互相影响。

2）线程本身的数据通常只有寄存器数据，以及一个程序执行时使用的堆栈，所以线程的切换比进程切换的负担要小。

3）线程自身不能够自动运行，必须栖身于某一进程中，由进程触发。

对线程的支持是 Java 技术的一个重要特色（Java 语言把线程或执行环境当作一种拥有自己程序代码和数据的对 CPU 的封装单位，由虚拟机提供控制）。它提供了 thread 类、监视器和条件变量的技术。虽然 Macintosh、Windows 系列操作系统支持多线程，但若要用 C 或 C++编写多线程程序是很困难的，因为它们对数据同步的支持不充分。

线程包含虚拟 CPU、CPU 执行的代码（Code）和代码操作的数据（Data）3 个主要部分，其结构示意图如图 4-9 所示。在 Java 中，虚拟 CPU 部分体现于 Thread 类中，当一个线程被构造时，它由构造方法参数、执行代码、操作数据来初始化。但这三方面是各自独立的，一个线程所执行的代码与其他线程可以相同也可以不同；一个线程所访问的数据与其他线程可以相同也可以不同。

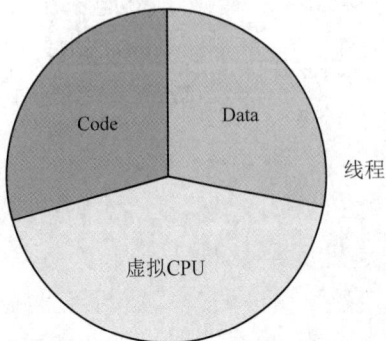

图 4-9　线程结构示意图

如果一个程序是单线程的，那么，任何时刻都只有一个执行点。这种单线程执行方法使系统的运行效率较低，而且，由于必须依靠中断来处理 I/O，当出现频繁 I/O 或有优先级较低的中断请求时，实时性就变得很差。多线程系统可以避免这个缺点。

2. 线程的状态

一个线程在它完整的生命周期中有 4 种状态：New（新建）、Runnable（运行）、Not

Running（不可运行）和 Dead（死亡）。

1）New 状态：当线程被创建并还未调用 start()方法时，线程处于 new 状态。

2）Runnable 状态：对于新创建的线程，调用 start()方法之后，会自动调用 run()方法，这时，线程进入 Runnable 状态。

3）Not Running 状态：某些原因，线程被临时暂停，则进 Not Running 状态。处于这种状态的线程，对于用户而言仍然有效，仍然可以重新进入 Runnable 状态。

4）Dead 状态：当线程不再需要时则进入 Dead 状态，死亡的线程不能再恢复和执行。让线程进入 Dead 状态可以有下面两种方法：一是 run()方法运行结束引起线程的自然死亡，这是线程死亡最普通的方式；二是调用 stop()方法，以异步的方式停止线程。

线程各状态及状态间的转换如图 4-10 所示。

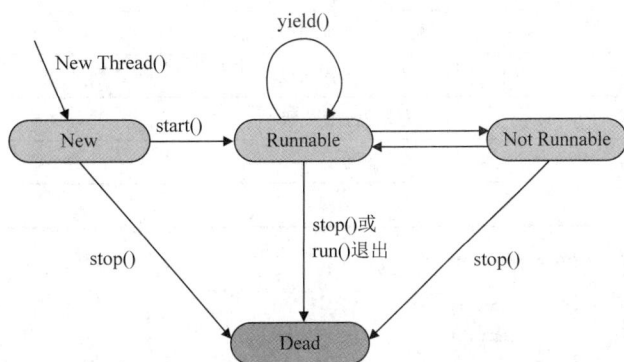

图 4-10　线程各状态及状态间的转换

4.3.2　实现多线程

Java 语言通过 Runnable 接口和 Thread 类、ThreadDeath 类、ThreadGroup 类、Object 类（所有这些类包含在 java.lang 包中）提供对线程的支持。通过编写继承 Thread 类和实现 Runnable 接口的方法可以编写多线程程序。

1. 继承 Thread 类创建线程

Thread 类是负责向其他类提供线程功能的最主要的类，为了让某一个类具备线程功能，可以简单地从 Thread 类派生一个类，并重写 run()方法。Thread 类是 Java 语言包中的一个可重用类，Thread 对象代表 Java 程序中单个的运行线程。run()方法是线程发生的地方，常常被称为线程体，该方法中包含运行时执行的代码。一个类继承 Thread 类，就继承 Thread 类的所有方法，只要重写其 run()方法，该类就可以以多线程的方式运行。

Thread 类是一个具体的类（非抽象类），封装了线程的行为。该类提供了丰富的线程控制方法，为灵活地控制线程提供了方便。要创建一个线程，程序员必须创建一个从 Thread 类继承的新类。程序员可以重写 Thread 类的 run()方法来完成有用的工作，但用户并不直接调用 run()方法，而是调用 Thread 的 start()方法来启动 run()方法。

Thread 类的构造方法有很多种，Thread 类的常用方法见表 4-6。

表 4-6　Thread 类的常用方法

方法名称	方法功能
Thread currentThread()	返回当前活动线程的引用
void yield()	使当前执行线程暂时停止执行而让其他线程执行
void sleep()	指定使当前活动线程睡眠的时间
void start()	开始运行当前线程
void stop()	强制停止运行当前线程
void run()	线程对象被调度后执行的操作，由系统自动调用
void destroy()	撤销当前线程
boolean isAlive()	测试当前线程是否在活动
void suspend()	临时挂起当前线程
void resume()	恢复运行挂起的线程
void setPriority()	设置线程的优先级
void setName()	设置线程名
String getName()	得到当前线程名

继承 Thread 实现线程的典型代码如下：

```
class MyThread extends Thread{
  public void run() {
    while(true) {//通过死循环打印输出
      System.out.println("线程 MyThread 的对象在运行！");
    }
  }
}
public class ThreadTest {
  public static void main(String[] args) {
    MyThread mythread = new MyThread();//创建线程 MyThread 的对象
    mythread.start();//启动线程
    while(true) {//通过死循环打印输出
      System.out.println("主线程 main()方法在运行！");
    }
  }
}
```

2. 实现 Runnable 接口创建线程

　　虽然通过继承 Thread 类可以创建线程类，但由于 Java 是单一继承语言，因此 Java 不直接支持多重继承。如果一个类已经从其他类派生而来，就不能使用继承 Thread 类的方式让该类成为线程类，即不能出现"extends JFrame,Thread"这种格式。

　　为了克服这种弊端，Java 语言提供了一个线程接口 Runnable 来创建线程。Runnable 接口只有一个 run()方法。run()方法完成由特定线程完成的功能，实现 Runnable 接口的类必须重写该方法。因此，多线程机制的另一种方式是实现 Runnable 接口。一个类声明实现 Runnable 接口就可以充当线程体。

通过实现 Runnable 接口可以突破 Java 单一继承机制,以更灵活的方式创建线程。实现 Runnable 接口相对于继承 Thread 类来说,有如下优点。

1)适合多个相同程序代码的线程去处理同一资源的情况。

2)可以避免由于 Java 单继承特性带来的局限。

3)有利于程序的健壮性,代码能够被多个线程共享。

4)要实现 Runable 接口,必须实现 run()方法,否则不能通过编译。继承 Thread 类的线程机制不一定要重写其 run()方法,线程类将自动调用其基类的 run()方法。

3. 主线程

当 Java 程序启动时,一个线程立即开始运行,这个线程通常称为主线程,因为它是程序启动后所执行的第一个线程。主线程是很重要的线程,因为主线程是产生其他子线程的线程;同时,主线程必须是最后一个结束执行的线程,它完成各种关闭其他子线程的操作。

尽管主线程在程序开始时自动创建,它也可以通过 Thread 类对象来控制。通过调用 currentThread()方法获得当前线程的引用。这是 Thread 类公共的静态的方法,它的一般格式如下:

```
static Thread  currentThread()
```

它的返回值为当前正在执行的线程对象的一个引用。一旦获得了对主线程的引用,就能像其他线程一样控制它。

任务实施

编写模拟车站售票程序,假设有 4 个售票窗口,可发售的总票数为 50 张,可以通过创建 4 个线程来模拟 4 个售票窗口,50 张票可以看作是共享资源,分别使用直接继承 Thread 类和实现 Runnable 接口的方式来实现多线程。注意对比分析两种方法实现模拟车站售票程序的运行结果有何不同。

4.3.3 编写程序

1. 继承 Thread 类实现多线程

具体编写步骤如下。

1)在 Eclipse 环境中打开名称为 chap04 的项目。

2)在 chap04 项目中新建名称为 SellTicket01 的类。

3)编写完成的 SellTicket01.java 的程序代码如下。

```
1  public class SellTicket01 {
2    public static void main(String[] args) {
3        TicketWindowEX tw1 = new TicketWindowEX();
4        tw1.setName("一号窗口");
5        TicketWindowEX tw2 = new TicketWindowEX();
6        tw2.setName("二号窗口");
7        TicketWindowEX tw3 = new TicketWindowEX();
8        tw3.setName("三号窗口");
9        TicketWindowEX tw4 = new TicketWindowEX();
```

```
10          tw4.setName("四号窗口");
11          tw1.start();
12          tw2.start();
13          tw3.start();
14          tw4.start();
15      }
16   }
17   class TicketWindowEX extends Thread {
18       private int tickets = 50;
19       public void run() {
20           while (tickets > 0) {
21               tickets--;
22               Thread th = Thread.currentThread();
23               String th_name = th.getName();
24               System.out.println(th_name
25                   + ": 卖出一张车票,还剩" + tickets + "张");
26           }
27       }
28   }
```

【程序说明】

- 第 3 行：创建第一个售票窗口的线程对象。
- 第 4 行：将线程对象命名为"一号窗口"。
- 第 6～10 行：创建其他售票窗口对应的线程对象，并对其命名。
- 第 11～14 行：启动线程。
- 第 17～28 行：定义继承自 Thread 的线程类。
- 第 18 行：定义 50 张车票。
- 第 20～26 行：利用 while 循环完成售票。
- 第 22 行：获取当前线程。
- 第 23 行：获取当前线程的名称。

2. 实现 Runnable 接口创建多线程

具体编写步骤如下。

1）在 Eclipse 环境中打开名称为 chap04 的项目。

2）在 chap04 项目中新建名称为 SellTicket02 的类。

3）编写完成的 SellTicket02.java 的程序代码如下。

```
1   public class SellTicket02 {
2     public static void main(String[] args) {
3       TicketWindowIM tw = new TicketWindowIM();
4       Thread tw1 = new Thread(tw,"一号窗口");
5       Thread tw2 = new Thread(tw,"二号窗口");
6       Thread tw3 = new Thread(tw,"三号窗口");
7       Thread tw4 = new Thread(tw,"四号窗口");
8       tw1.start();
9       tw2.start();
10      tw3.start();
```

```
11          tw4.start();
12      }
13  }
14  class TicketWindowIM implements Runnable {
15      private int tickets = 50;
16      public void run() {
17          while (tickets > 0) {
18              tickets--;
19              Thread th = Thread.currentThread();
20              String th_name = th.getName();
21              System.out.println(th_name
22                  + ": 卖出一张火车票,还剩" + tickets + "张");
23          }
24      }
25  }
```

【程序说明】

- 第 3 行：创建线程的任务类对象。
- 第 4～11 行：创建 4 个售票窗口对应的线程对象，启动线程。
- 第 14～25 行：创建线程类实现 Runnable 接口。

4.3.4　编译并运行程序

保存并修正程序错误后，运行由继承 Thread 类实现多线程的售票程序 SellTicket01，运行结果如图 4-11（a）所示；再运行实现 Runnable 接口创建多线程的售票程序 SellTicket02，运行结果如图 4-11（b）所示。

（a）SellTicket01 运行结果 　　　　　　　　（b）SellTicket02 运行结果

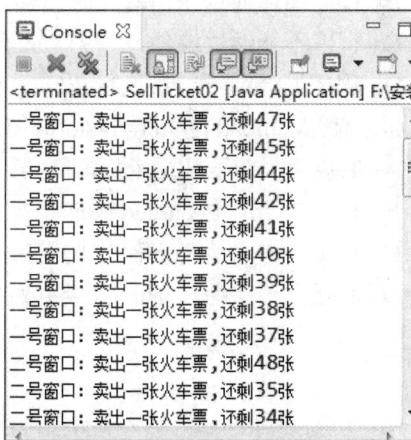

图 4-11　SellTicket 运行结果

从 SellTicket01 运行结果可以看出，每个售票窗口都出售了 50 张票，4 个售票线程并没有共享 50 张票，而是每个线程对象就是一个独立售票程序，每个程序都有 50 张票，它们相互独立地处理自己的资源。这显然与现实中的售票程序是不相符的，为了保证车票数量是共享的，就需要售票程序只能创建一个售票对象，然后创建多个线程去运行同一个售票对象的售票方法，使用实现 Runnable 接口的方式来创建多线程售票程序就可以达到这种效果。通过 SellTicket02 运行结果可以看出，4 个售票窗口共享 50 张车票资源。

通过本任务的两个程序不难看出，实现 Runnable 接口相对于继承 Thread 类而言，更适合多个相同程序代码的线程去处理同一个资源的情况。把线程与程序代码、数据有效地分离，也很好地体现了面向对象的设计思想。

▌任务评价和拓展

【测一测】

1. 下列叙述中，正确的是（　　）。
   A. 线程与进程在概念上是不相关的　　　B. 一个线程可包含多个进程
   C. 一个进程可包含多个线程　　　　　　D. Java 中的线程没有优先级
2. 阅读下面程序

```java
public class test implements Runnable {
  public static void main(String[] args) {
    test t = new test();
    t.start();
  }
  public void run() {}
}
```

下列关于上述程序的叙述正确的是（　　）。
   A. 程序不能通过编译，因为 start()方法在 Test 类中没有定义
   B. 程序编译通过，但运行时出错，提示 start()方法没有定义
   C. 程序不能通过编译，因为 run()方法没有定义方法体
   D. 程序编译通过，且运行正常
3. 如果使用 Thread t = new Test()语句创建一个线程，则下列叙述正确的是（　　）。
   A. Test 类一定要实现 Runnable 接口
   B. Test 类一定是 Thread 类的子类
   C. Test 类一定是 Runnable 的子类
   D. Test 类一定继承 Thread 类并且实现 Runnable 接口

【练一练】

1. 通过继承 Thread 类的方式创建两个线程，在 Thread 构造方法中指定线程的名字，并将这两个线程的名字打印出来。
2. 通过实现 Runnable 接口的方式创建一个新线程，要求 main 线程打印 50 次"main"，新线程打印 80 次"new"。

任务 4.4　编写模拟银行取款程序

任务描述

　　使用多线程的价值在于可以避免通过浪费 CPU 周期来提高效率，程序员应用多线程技术可以编写出非常有效的程序以最大限度地利用 CPU。但在实际使用过程中，如果并发执行的多个线程之间需要共享资源或交换数据，就可能出现相互之间的干扰或影响其他线程的执行结果，这就需要引入同步机制。本任务将编写模拟银行取款程序，使用多线程模拟多个用户对同一银行账户执行取款操作，当账户余额大于或等于取款金额，执行取款操作，否则取款失败。本任务将带领你学习线程控制、线程同步与线程死锁。通过本任务的学习，你将：

* 掌握调度线程的基本方法；
* 理解线程的优先级，了解线程同步的概念；
* 能熟练使用 synchronized 关键字解决程序中的同步问题；
* 进一步提高对并发处理机制的理解能力。

微课：编写模拟
银行取款程序

知识准备

4.4.1　线程控制

1. 使用 isAlive()和 join()方法

　　在多线程中为了保证主线程最后结束，可以通过在 main()方法中调用 sleep()方法，使主线程休眠足够长的时间（10000ms）以确保子线程先终止，但这并不是令人满意的解决方法，应该让主线程知道子线程是否终止。Thread 类提供了方法，通过它可以知道另一个线程是否终止。

　　第一种方法是在线程中调用 isAlive()方法。这个方法由 Thread 类定义，它的一般格式如下：

```
final Boolean isAlive()
```
如果它调用的线程仍在运行，isAlive()方法返回 true；否则，返回 false。

　　第二种方法是调用 join()方法等待另一个线程的结束，它的一般格式如下：

```
final void join() throws InterruptedException
```
这个方法一直等待，直到调用它的线程终止。

　　下面的代码使用了 join()方法来确保主线程最后结束，同时也说明了 isAlive()方法的用法：

```java
public class AliveAndJoin{
    public static void main(String args[]){
        MyThread mt1 = new MyThread("线程1");
        MyThread mt2 = new MyThread("线程2");
```

```
        System.out.println("IsAlive(线程 1):" + mt1.t.isAlive());
        System.out.println("IsAlive(线程 2):" + mt2.t.isAlive());
        try{
          System.out.println("等待线程结束.");
          mt1.t.join();
          mt2.t.join();
        }
        catch(InterruptedException e){
          System.out.println("Main thread Interrupted");
        }
        System.out.println("IsAlive(线程 1):" + mt1.t.isAlive());
        System.out.println("IsAlive(线程 2):" + mt2.t.isAlive());
        System.out.println("主线程正在退出...");
      }
    }
    class MyThread implements Runnable{
      String name;
      Thread t;
      MyThread(String th){
        name = th;
        t = new Thread(this,name);
        System.out.println("创建新线程:" + t);
        t.start();
      }
      public void run(){
        try{
          for(int i = 3; i >= 0; i--)
            Thread.sleep(1000);
        }
        catch(InterruptedException e){
          System.out.println(name + "中断");
        }
        System.out.println(name + "正在退出...");
      }
    }
```

程序运行结果如图 4-12 所示。

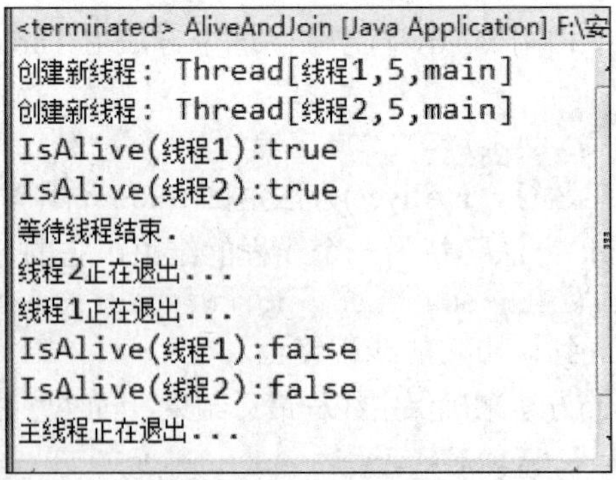
<terminated> AliveAndJoin [Java Application] F:\安
创建新线程: Thread[线程1,5,main]
创建新线程: Thread[线程2,5,main]
IsAlive(线程1):true
IsAlive(线程2):true
等待线程结束.
线程2正在退出...
线程1正在退出...
IsAlive(线程1):false
IsAlive(线程2):false
主线程正在退出...

图 4-12　运行结果

2. 线程的暂停和恢复

使用 sleep()方法可以使线程临时停止执行（即"休眠"）指定的时间。同样，有时要让线程停止无限长时间，通常直到符合某个条件为止，这可以使用在 Object 类中定义的 wait()方法完成。但是，在线程调用对象的 wait()方法之前，它要拥有这个对象的监控器，否则会抛出 IllegalMonitorStateException 异常。调用 wait()方法的线程处于暂停状态，此时调用 wait()方法的线程释放对对象监控器的控制，即其他线程可以取得这个对象的监控器。

wait()方法有两种形式：一是不带参数的 wait()方法；二是有一个参数指定等待的时间，这时的 wait()方法等同于 sleep()方法。

由于不带参数的 wait()方法使线程无限期地等待，因此要想办法恢复线程的执行。只要让另一个进入同一对象监控器的线程调用 notify()方法或 notifyAll()方法，就可以唤醒处于暂停状态的线程，这两个方法都在 Object 类中定义。与 wait()方法一样，如果线程不拥有对象监控器而调用 notify()方法或 notifyAll()方法，则会抛出 IllegalMonitorStateException 异常。notify()方法或 notifyAll()方法将唤醒被 wait()方法暂停的线程。

notify()方法和 notifyAll()方法是有差别的。调用 notify()方法时，从等待（暂停）队列中随机唤醒一个线程，使其离开等待队列恢复运行，由于无法使用 notify()方法恢复特定线程，因此只能在只要唤醒一个等待线程而不管唤醒哪一个等待线程时使用；调用 notifyAll()方法时，所有在等待队列中的线程全部被唤醒，等待控制同步锁。另外，调用 notify()方法和 notifyAll()方法时并不能使等待线程立即恢复执行，还要取得同步对象监控器，只有获得同步对象监控器的线程才能执行，哪个线程先执行和线程的优先级有关。

这些方法在 Object 中的定义如下：

```
public final void wait() throws InterruptedException
public final void wait(long timeout) throws
InterruptedException
public final void notify()
public final void notifyAll()
```

sleep()方法与 wait()方法一样，都能使线程由运行状态转换到不可运行状态，但这两个方法是有区别的，wait()方法在放弃 CPU 资源的同时交出了资源管理的控制权，而 sleep()方法无法做到这一点。

3. 线程的优先级

Java 提供一个线程调度器来监控程序中启动后进入就绪状态的所有线程。线程调度策略为固定优先级调度（抢先式），级别相同时由操作系统按照时间片来分配，线程的级别可以由线程的优先级来表示。

（1）线程的优先级表示

每一个线程都有一个优先级，缺省情况下线程的优先级为 5，最高的优先级为 10，最低的优先级为 1。线程的优先级用数字来表示，范围为 1~10，即 Thread.MIN_PRIORITY 到 Thread.MAX_PRIORITY。一个线程的缺省优先级是 5，即 Thread.NORM_PRIORITY。优先级高的线程先执行，优先级低的线程后执行。当线程中运行的代码创建一个新线程对象时，这个新线程拥有与创建它的线程一样的优先级。使用下述方法可以对优先级进行操作：

```
    int getPriority();  //得到线程的优先级
    void setPriority(int newPriority);  //当线程被创建后，可通过此方法改变线程的
                                          优先级
```

（2）当前线程放弃 CPU 的情况

在下面几种情况下，当前线程会放弃 CPU。

1）线程调用了 yield()方法，suspend()方法或 sleep()方法。

2）由于当前线程进行 I/O 访问、外存读写、等待用户输入等操作，导致线程阻塞。

3）为等候一个条件变量，线程调用 wait()方法。

线程调度的一般代码如下：

```
public class CallThread{
    public static void main(String args[]){
        Thread t1 = new ChildThread("线程1:");
        t1.setPriority(Thread.MIN_PRIORITY);  //设置线程为最低优先级
        t1.start( );
        Thread t2 = new ChildThread("线程2:");
        t2.setPriority(Thread.NORM_PRIORITY); //设置线程为普通优先级
        t2.start( );
        Thread t3 = new ChildThread("线程3:");
        t3.setPriority(Thread.MAX_PRIORITY);  //设置线程为最高优先级
        t3.start( );
    }
}
```

说　明

- 并不是在所有系统中运行 Java 程序时都采用时间片策略调度线程，所以一个线程在空闲时应主动放弃 CPU，以使其他同优先级和低优先级的线程得到执行。
- 通过合理的线程调度可以更合理、更有效地使用 CPU 的资源。
- CallThread.java 的详细代码请参阅所附资源。

4.4.2　线程同步

前面所提到的线程都是独立的，而且异步执行，也就是说每个线程都包含运行时所需要的数据或方法，而不需要外部的资源或方法，也不必关心其他线程的状态或行为。但是经常有一些同时运行的线程需要共享数据，此时就需考虑其他线程的状态和行为，否则就不能保证程序运行结果的正确性。

在任务 4.3 的模拟车站售票程序中就极有可能出现意外的运行结果，如可能出现一张票被多次打印，或是打印的票号为 0 甚至是负数。出现这种情况就是由于多个售票线程共同操作车票资源。为解决这种操作的不完整性问题，在 Java 语言中，引入了对象互斥锁的概念，来保证共享数据操作的完整性。每个对象都对应一个可称为"互斥锁"的标记，这个标记用来保证在任一时刻，只能有一个线程访问该对象。关键字 synchronized 来与对象的互斥锁联系以实现同步。当某个对象用 synchronized 修饰时，表明该对象在任一时刻只能由一个线程访问。当多个线程对同一数据或对象进行读写操作时，就需要协调它们对数

据的访问，这种协调机制就称为线程的同步。

除了可以对代码块进行同步外，也可以对函数实现同步，只要在需要同步的函数定义前加上 synchronized 关键字即可。凡是带有 synchronized 关键字的方法或者代码段，系统运行时会为分配一个线程，这样可以保证在同一时间，只有一个线程享有这一资源。

下面的代码对任务 4.3 的线程类 TicketWindowIM 进行了修改，在售票过程 while 中添加线程 sleep()方法，模拟出在售票过程中出现的延迟现象，同时没有对线程共享资源 tickets 加入"互斥锁"的标记，就出现了票数为负数的异常情况，程序运行结果如图 4-13 所示。

```java
class TicketWindowIM implements Runnable {
    private int tickets = 5;
    public void run() {
        while (tickets > 0) {
            try {
                Thread.sleep(10);//线程休眠10ms
            }catch(InterruptedException e) {
                e.printStackTrace();
            }
            tickets--;
            Thread th = Thread.currentThread();
            String th_name = th.getName();
            System.out.println(th_name +
                ": 卖出一张火车票,还剩" + tickets + "张");
        }
    }
}
```

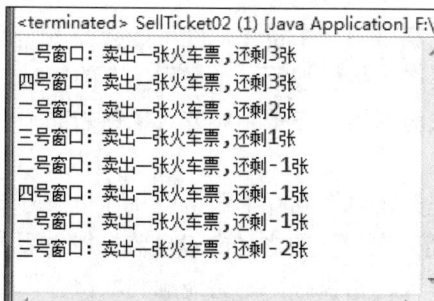

```
<terminated> SellTicket02 (1) [Java Application] F:\
一号窗口：卖出一张火车票,还剩3张
四号窗口：卖出一张火车票,还剩3张
二号窗口：卖出一张火车票,还剩2张
三号窗口：卖出一张火车票,还剩1张
二号窗口：卖出一张火车票,还剩-1张
四号窗口：卖出一张火车票,还剩-1张
一号窗口：卖出一张火车票,还剩-1张
三号窗口：卖出一张火车票,还剩-2张
```

图 4-13　运行结果

可以使用 synchronized 关键字来修饰处理共享资源的代码块，以保证用于处理共享资源的代码在任何时刻只能有一个线程访问。加入线程同步的 TicketWindowIM 线程类如下所示。程序运行结果如图 4-14 所示。

```java
class TicketWindowIM implements Runnable {
    private int tickets = 5;
    public void run() {
        while (true) {
            synchronized (this) { //定义同步代码块
                try {
                    Thread.sleep(10);// 线程休眠10 毫秒
                } catch (InterruptedException e) {
```

```
                    e.printStackTrace();
                }
            if (tickets > 0) {
                tickets--;
                Thread th = Thread.currentThread();
                String th_name = th.getName();
                System.out.println(th_name +
                        ": 卖出一张火车票,还剩" + tickets + "张");
            } else
                break;
            }
        }
    }
}
```

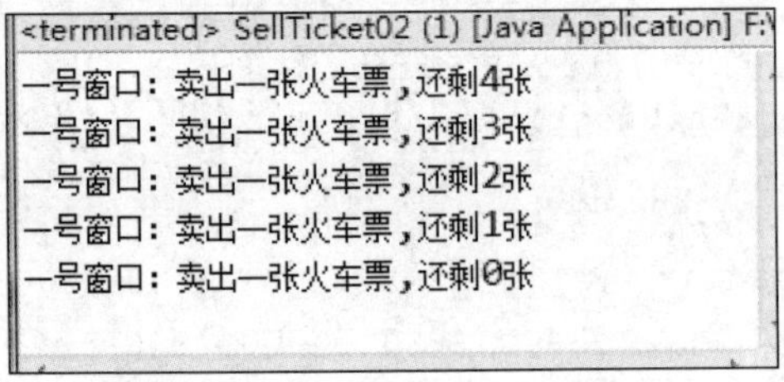

```
<terminated> SellTicket02 (1) [Java Application] F:
一号窗口：卖出一张火车票,还剩4张
一号窗口：卖出一张火车票,还剩3张
一号窗口：卖出一张火车票,还剩2张
一号窗口：卖出一张火车票,还剩1张
一号窗口：卖出一张火车票,还剩0张
```

图 4-14　运行结果

4.4.3　线程死锁

如果程序中有多个线程竞争同一个资源，就可能会产生死锁。当一个线程等待由另一个线程持有的锁，而后者正在等待已被第一个线程持有的锁时，就会发生死锁。死锁就是多个线程互相等待对方释放对象锁，在得到对方对象锁之前不释放自己的对象锁，造成多个线程无法继续执行的情况。

例如，在一个将钱从支票账号转到存折账号或从存折账号转到支票账号的线程中，假设第一个线程在 run()方法期间取得支票账号的对象监控器之后和取得存折账号的对象监控器之前中断。这里第二个线程开始执行，则它能顺利取得存折账号的对象监控器，但在想取得支票账号的对象监控器时被挂起。这时每个线程都成功地取得了一个对象监控器，都要无限期等待另一个对象监控器，从而形成死锁。死锁是一种很难调试的错误。

死锁条件在多线程应用程序中很常见，通常会使程序"挂起"，有两种常用解决死锁的方法：高级同步和锁排序。

如果线程只取得一个锁而未取得另一个锁，并且两个线程取得对象锁的顺序正好相反时，则可能形成死锁。在高级同步中，只要选择一个对象，同步一些操作中涉及的对所有共享资源的访问。

死锁条件发生在两个线程要按不同的顺序取得对象监控器的情形中。第一个线程要先取得支票账号对象监控器，然后取得存折账号对象监控器；而第二线程要先取得存折账号对象监控器，然后取得支票账号对象监控器。取得对象监控器的顺序差别是造成死锁的根本原因。只要保证所有线程按相同顺序取得对象监控器，就可以消除死锁问题。

　　为此，可以用 if 语句根据一些比较的结果确定取得锁的顺序。换句话说，锁住两个对象时，要有某种方法比较这两个对象，确定先取得哪个对象监控器。先取低类型值的对象监控器还是先取高类型值的对象监控器的顺序并不重要，重要的是保证两个线程按相同的顺序取得对象监控器就可以避免死锁。

任务实施

　　编写一个模拟银行取款的程序，假设有多个用户都去银行用同一账户取款，要求每个用户取完钱，银行账户余额相应减少，当余额不足时，要提示取款失败。采用多线程模拟多用户取款过程，注意账号余额的修改与锁定。

4.4.4　编写程序

　　具体编写步骤如下。

1）在 Eclipse 环境中打开名称为 chap04 的项目。

2）在 chap04 项目中新建名称为 getMoneyTest 的类。

3）编写完成的 getMoneyTest.java 的程序代码如下。

```java
 1  class Account{
 2    String accID;
 3    double balance;
 4    Account(String accid, double balance){
 5      this.accID = accid;
 6      this.balance = balance;
 7    }
 8  }
 9  class getMoney extends Thread{
10    private Account account;
11    private double moneySum;
12    getMoney(String user,Account account,double moneySum){
13      super(user);
14      this.account = account;
15      this.moneySum = moneySum;
16    }
17    public void run() {
18      synchronized(account) {
19        if(account.balance >= moneySum) {
20          account.balance -= moneySum;
21          System.out.println(getName() +
22              "取钱成功，取出金额: " + moneySum);
23          System.out.println("账户当前余额为: " +
24              account.balance);
25          try {
26            Thread.sleep(10);
27          }catch (InterruptedException e) {
28            e.printStackTrace();
```

```
29              }
30          }
31          else {
32              System.out.println("当前账户余额不足，" +
33                  getName() + "取钱失败！");
34          }
35      }
36  }
37 }
38 public class getMoneyTest {
39   public static void main(String[] args) {
40     Account acc = new Account("20210207",1200);
41     getMoney user1 = new getMoney("zhangsan",acc,500);
42     getMoney user2 = new getMoney("lisi",acc,600);
43     getMoney user3 = new getMoney("wangwu",acc,300);
44     user1.start();
45     user2.start();
46     user3.start();
47   }
48 }
```

【程序说明】

- 第 1～8 行：定义银行账户类，包括账号编号和账号余额两个属性。
- 第 9～37 行：定义取款线程类，实现用户去银行取款的功能。
- 第 11 行：取款类属性，取款账户。
- 第 12 行：取款金额。
- 第 17～36 行：重写 Thread 类中的 run()方法实现取款操作。
- 第 18 行：定义同步代码块。
- 第 19～24 行：当账户余额大于或等于取款金额时，执行取款操作，输出相关信息。
- 第 40 行：创建一个银行账户。
- 第 41～46 行：创建 3 个线程用同一账户取钱。

4.4.5 编译并运行程序

保存并修正程序错误后，程序运行结果如图 4-15 所示。

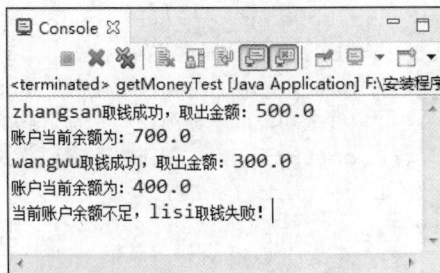

图 4-15 getMoneyTest 运行结果

知识链接：并发处理编程规约

1）获取单例对象需要保证线程安全，其中的方法也要保证线程安全。

说明：资源驱动类、工具类、单例工厂类都需要注意。

2）创建线程或线程池时需指定有意义的线程名称，方便出错时回溯。

3）线程资源必须通过线程池提供，不允许在应用中自行显式创建线程。

说明：线程池的好处是减少在创建和销毁线程上所消耗的时间以及系统资源的开销，解决资源不足的问题。如果不使用线程池，有可能造成系统创建大量同类线程而导致消耗完内存或者"过度切换"的问题。

4）线程池不允许使用 Executors 去创建，而是通过 ThreadPoolExecutor 的方式去创建，这样的处理方式让学生更加明确线程池的运行规则，规避资源耗尽的风险。

5）SimpleDateFormat 是线程不安全的类，一般不要定义为 static 变量，如果定义为 static 变量，必须加锁，或者使用 DateUtils 工具类。

6）必须回收自定义的 ThreadLocal 变量，尤其在线程池场景下，线程经常会被复用，如果不清理自定义的 ThreadLocal 变量，可能会影响后续业务逻辑和造成内存泄漏等问题。尽量在代理中使用 try-finally 块进行回收。

（摘自：阿里巴巴集团技术团队编写的《Java 开发手册》）

任务评价和拓展

【测一测】

1. 线程调用 sleep()方法后，该线程将进入以下哪种状态（　　）。

    A. 就绪状态　　　　B. 运行状态　　　　C. 阻塞状态　　　　D. 死亡状态

2. 在以下哪种情况下，线程进入就绪状态（　　）。

    A. 线程调用了 sleep()方法时　　　　B. 线程调用了 join()方法

    C. 线程调用了 yield()方法时　　　　D. 线程调用了 notify()方法

3. 阅读下面程序

```
public class Test implements Runnable {
    public static void main(String[] args) {
        _____
        t.start();
    }
    public void run() {
        System.out.println("Hello!");
    }
}
```

在上述程序下划线处应填入（　　）。

    A. Test t=new Test();　　　　　　　　B. Thread t=new Thread();

    C. Thread t=new Thread(new Test());　　D. Test t=new Thread();

【练一练】

应用多线程技术，模拟实现生产者和消费者问题。生产者负责生产产品，并将产品存放到仓库；消费者从仓库中获取产品并消费。当仓库满时，生产者必须停止生产，直到仓库有位置存放产品；当仓库空时，消费者必须停止消费，直到仓库中有产品。

任务 4.5 编写简单聊天室程序

任务描述

网络编程是 Java 最擅长的方向之一，使用 Java 进行网络编程时，由虚拟机实现底层复杂的网络协议，Java 程序只需要调用 Java 标准库提供的接口，就可以简单高效地编写网络程序。本任务将编写一个简单聊天室程序，将多线程和数据报编程相结合，程序中包含一个信息发送线程和一个信息接收线程，能够实现信息的发送和接收功能，并且要能够将信息显示出来。本任务将帮助你了解网络编程模式及 TCP/IP（transmission control protocol/Internet protocol，传输控制协议/网际协议）相关概念，学习用户数据报协议（user datagram protocol，UDP）网络编程的基本方法和步骤。通过本任务的学习，你将：

- 了解网络编程模式及 TCP/IP 相关概念；
- 掌握 URL 类和 URLConnection 类的使用；
- 理解数据报编程的基本步骤；
- 掌握 DatagramSocket 类和 DatagramPacket 类的使用；
- 会使用 UDP 编写简单的网络通信程序；
- 进一步增强自主、开放的学习能力。

微课：编写简单聊
天室程序

知识准备

4.5.1 网络编程基础

1. 网络编程模式

目前较为流行的网络编程模型有两种：一是客户机/服务器（client/server）结构，简称 C/S 结构；二是浏览器/服务器（browser/server）结构，简称 B/S 结构。这里的 C/S 结构是指前端的客户机部分（通常是指终端用户）以及后端的服务器部分。客户机在需要服务时向服务器提出申请，服务器一般作为守护进程始终运行，监听网络端口，一旦有客户请求，就会启动一个服务进程来响应该客户，同时自己继续监听服务端口，使后来的客户也能及时得到服务。在 C/S 系统中，其中提出服务请求的一方，称为"客户机"，而提供服务的一方称为"服务器"。典型的客户机/服务器结构如图 4-16 所示。

B/S 结构采用了人们普遍使用的浏览器作为客户机。B/S 结构是随着 Internet 技术的兴起，对 C/S 体系结构的一种变化或改进的结构。在 B/S 体系结构下，用户界面完全通过

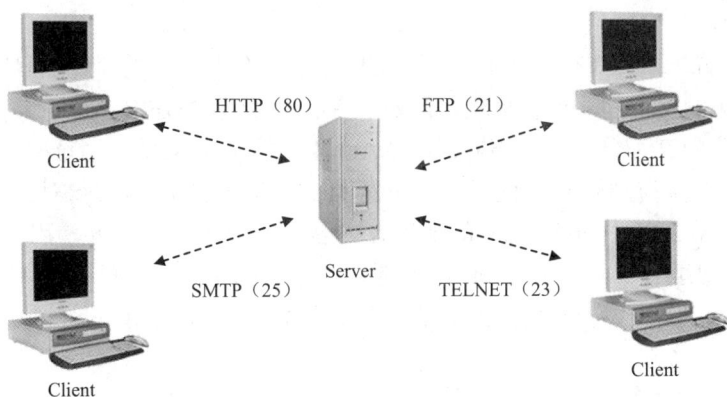

图 4-16　客户机/服务器结构

WWW 浏览器实现，一部分事务逻辑在前端实现，但是主要事务逻辑在服务器端实现。B/S 结构利用不断成熟和普及的浏览器技术实现原来需要复杂专用软件才能实现的强大功能，并节约了开发成本，是一种全新的软件系统构造技术。

2. TCP/IP 和 InetAddress 类

（1）TCP/IP

所谓通信协议，就是客户端计算机与服务器端计算机在通过网络进行通信时应该遵循的规则和约定。计算机网络形式多样，内容繁杂，网络上的计算机要互相通信，必须遵循一定的协议。

目前使用最广泛的网络协议是 Internet 上所使用的 TCP/IP。TCP 是一种面向连接的保证可靠传输的协议；IP 是一种面向无连接的协议。通过 TCP 传输，得到的是一个顺序的、无差错的数据流。发送方和接收方成对的两个 Socket（即端口）之间必须建立连接，以便在 TCP 的基础上进行通信。当一个 Socket（通常都是 Server Socket）等待建立连接时，另一个 Socket 可以要求进行连接，一旦这两个 Socket 连接起来，它们就可以进行双向数据传输，双方都可以进行发送或接收操作。

UDP 是一种面向无连接的协议。每个数据报都是一个独立的信息，包括完整的源地址或目的地址，它在网络上以任何可能的路径传往目的地，因此能否到达目的地、到达目的地的时间以及内容的正确性都是不能被保证的。

使用 UDP 时，每个数据报中都给出了完整的地址信息，因此无须建立发送方和接收方的连接。对于 TCP，由于它是一个面向连接的协议，在 Socket 之间进行数据传输之前必然要建立连接，所以在 TCP 中多了一个连接建立的时间。

使用 UDP 传输数据时是有大小限制的，每个被传输的数据报必须限定在 64KB 之内。TCP 没有这方面的限制，一旦连接建立起来，双方的 Socket 就可以按统一的格式传输大量的数据。UDP 是一个不可靠的协议，发送方发送的数据报并不一定以相同的次序到达接收方。TCP 是一个可靠的协议，它确保接收方完全正确地获取发送方发送的全部数据。

（2）IP 地址和 InetAddress 类

在 TCP/IP 中 IP 层主要负责网络主机的定位和数据传输的路由，由 IP 地址可以唯一地确定 Internet 上的一台主机。

Internet 上的计算机都有一个地址，这个地址是一个点分十进制数字，称为 IP 地址，它唯一地标识了网络上的一台计算机。最初所有的 IP 地址都是由 32 位二进制来表示，这种地址的格式称为 IPv4（Internet protocol，version 4），IPv4 表示的 IP 地址格式如 192.168.0.3 和 172.16.12.178。随着 Internet 的发展，IPv4 格式的地址已不能满足需要，因此一种称为 IPv6（Internet protocol，version 6）的地址方案已经开始使用，IPv6 使用 128 位二进制值来表示一个 IP 地址。目前，Internet 中 IP 地址使用的都是 IPv4 协议，但随着时间的推移 IPv6 协议将会取代 IPv4 协议成为 IP 地址的主要方案，幸运的是 IPv6 协议是向下兼容 IPv4 协议的。

在 Internet 上都是通过 IP 地址来访问主机，但数字格式的 IP 地址不容易记忆，所以通常利用域名来访问 Internet 上的主机，如通过 www.hnrpc.com 访问湖南铁道职业技术学院的网站。TCP/IP 协议中提供 DNS（域名服务），实现将 IP 地址解释为相应域名的服务。

另外，在进行网络通信时同一机器上的不同进程使用端口进行标识。如 80、21、23 和 25 等，其中 1～1024 为系统保留的端口号。

java.net 包中的 InetAddress 类创建的对象包含一个 Internet 主机地址的域名和 IP 地址。InetAddress 类没有提供构造方法，因此不能用 new()方法来创建它的对象，只能调用静态方法 getLocalHost()、getByName()、getByAddress()等来获得 InetAddress 类的属性。InetAddress 类的常用方法见表 4-7。

表 4-7　InetAddress 类的常用方法

方法名称	方法功能
String getHostAddress()	获取 InetAddress 所含的 IP 地址
String getHostName()	获取 InetAddress 所含的域名
static InetAddress getLocalHost()	获取本地机的地址
String getByName()	通过域名获取 IP 地址或通过 IP 地址获取域名
getAddress()	返回 IP 地址的字节形式
getAllByName()	返回指定主机名的 IP 地址
getbyAddress()	返回指定字节数组的 IP 地址形式
hastCode()	返回 InetAddress 对象的哈希码
toString()	返回地址转换成的字符串

下面的程序通过输入的主机名称得到一个 InetAddress 对象，调用 getHostAddress()方法获得指定主机的 IP 地址信息，运行结果如图 4-17 所示。

```
import java.net.*;
import java.util.Scanner;
public class ServerInfo {
  public static void main(String[] args) {
    System.out.println("请输入主机名称:");
    Scanner sc = new Scanner(System.in);
    String sHost = sc.nextLine();
    try{
```

```
        InetAddress ia = InetAddress.getByName(sHost);
        System.out.println("主机:" + ia);
        System.out.println("主机名称为:" + ia.getHostName());
        System.out.println("IP 地址为:" + ia.getHostAddress());
    }catch(UnknownHostException uhe){
        System.err.println("名称有误或网络不通!");
    }
  }
}
```

```
<terminated> ServerInfo [Java Application] F:\安装程序\E
请输入主机名称:
J-ZHANG
主机:J-ZHANG/172.16.12.12
主机名称为:J-ZHANG
IP地址为:172.16.12.12
```

图 4-17　运行结果

4.5.2　URL 编程

Java 语言提供了 java.net.URL 类和 java.net.URLConection 类。这两个类提供了一种简便的方法编写网络程序，实现一些较高级的协议访问 Internet。

1. URL 的概念

URL 即统一资源定位器，是 Internet 的关键部分，它表示 Internet 上某一资源的地址。它提供了人和机器的导航，其功能是指向计算机里的资源(即定位)。URL 可以分成 3 部分：通信协议、计算机地址和文件。URL 常见的通信协议有 3 种：http、ftp 和 file。通过 URL 可以访问 Internet 上的各种网络资源，如最常见的 WWW 和 FTP 站点。浏览器通过解析给定的 URL 可以在网络上查找相应的文件或其他资源。

URL 是指通过一个资源对象在 Internet 上确切的位置来标识资源的规范。统一资源名 URN 是一个引用资源对象的方法，它不需要指明到达对象的完整路径，而是通过一个别名来引用资源。统一资源名 URN 和统一资源定位符 URL 的关系类似于主机名和 IP 地址。尽管 URN 很有前途，但由于实现起来更为困难，多数软件都不支持 URN，目前 URL 规范已被广泛应用。

URL 类封装了使用统一资源定位器访问 WWW 资源的方法。这个类可以生成一个寻址或指向某个资源的对象。URL 类对象指向 WWW 资源（Web 页、文本文件、图形文件、声频片段等）。

2. URL 的组成

（1）URL 的基本格式

URL 的一般格式如下：

```
protocol://hostname:port/resourcename#anchor
```

URL 中各组成部分含义见表 4-8。

表 4-8　URL 各组成部分含义

符号	含义
protocol	协议，包括 http、ftp、gopher、news、telnet 等
hostname	主机名，指定 DNS 服务器能访问的 WWW 上的计算机名称，如 www.sun.com
port	端口号，可选，表示所连的端口，只在要覆盖协议的缺省端口时才有用，如果忽略端口号，将连接到协议缺省的端口，如 http 协议的缺省端口为 80
resourcename	资源名，是主机上能访问的目录或文件
anchor	标记，可选，它指定在资源文件中的有特定标记的位置

常见的 URL 的形式如下：

- http://www.hnrpc.com/index.htm。
- http://www.hnrpc.com:85/oa/index.htm。
- http://local/demo/information#myinfo。
- ftp://local/demo/readme.txt。

第二个 URL 把标准 Web 服务器端口 80 改成不常用的 85 端口，第三个 URL 加上符号 "#"，用于指定在文件 information 中标记为 myinfo 的部分。

（2）URL 构造方法和常用方法

URL 类的构造方法和常用方法见表 4-9。

表 4-9　URL 类的构造方法和常用方法

方法名称	方法功能
URL(String url)	建立指向 url 资源的 URL 对象
URL(URL baseURL,String relativeURL)	通过 URL 基地址和相对于该基地址的资源名建立 URL 对象
URL(String protocol,String host,String file)	通过给定的协议、主机和文件名建立 URL 对象
URL(String protocol,String host,int port,String file)	通过给定的协议、主机、端口号和文件名建立 URL 对象
getPort()	获得端口号
getProtocol()	获得协议
getHost()	获得主机名
getFile()	获得文件名
getRef()	获得连接
getDefaultPort()	获得默认的端口号
getUserInfo	获得用户信息
getContent()	不必显式指定寻找的资源类型，就可以取回资源并返回相应的形式（如 GIF 或 JPEG 图形资源会返回一个 Image 对象）
openStream()	打开一个输入流，返回类型是 InputStream，这个输入流的起点是 URL 实体对象内容所代表的资源位置处，终点则是使用了该 URL 实体对象及 openStream()方法的程序。在输入流建好之后，就可以从输入流中读取数据了，而这些信息数据的实际来源，则是作为输入流起点的网上资源文件

3. 通过 URLConnection 连接 WWW

利用 URL 类只能简单地读取网址中的信息，如果还要向服务器发送信息，就要使用 java.net 包的 URLConnection 类。通过建立 URLConnection 对象可以自动完成通信的连接过程，通信需要的一些附加信息也由系统提供，大大简化了编程工作。

对一个已建立的 URL 对象调用 openConnection()方法，就可以返回一个 URLConnection 对象，一般格式如下：

```
URL url=new URL("http://www.163.com");
URLConnection myurl=url.openConnection();
```

建立了 myurl 对象也就是在本机和网址"www.163.com"之间建立了一条 HTTP 协议的连接通路，就像在 Web 浏览器中输入网址连接网站一样。

URLConnection 类的常用方法见表 4-10。

表 4-10 URLConnection 类的常用方法

方法名称	方法功能
void setAllowUserInteraction(boolean flag)	访问网站时是否出现交互界面，flag 为 true 表示出现
void setDoInput(boolean flag)	如果要从 URLConnection 读出信息，则将 flag 设为 true
void setDoOutput(boolean flag)	如果要从 URLConnection 发送信息，则将 flag 设为 true
URL getURL()	获得 URLConnection 对象对应的 URL 对象
Object getContent()	获得 URL 的内容，返回一个 Object 对象
InputStream getInputStream()	获得可以从 URL 网址读取数据的输入流
OutputStream getOutputStream()	获得可以向 URL 网址发送数据的输出流
String getContentType()	获得 URL 内容的数据类型
int getContentLength()	获得 URL 内容的长度
String getHeaderFieldKey(int)	获得某个报头字段的名称
String getHeaderField(String or int)	获得某个报头字段的内容

使用 URLConnection 实现网络连接的典型代码如下：

```java
import java.net.*;
import java.io.*;
public class URLInfo{
    public static void main(String args[]) throws Exception{
        try{
            URL url=new URL("https://www.163.com");
            URLConnection urlconn=url.openConnection();
            String sInput = "";
            InputStreamReader isr = new InputStreamReader(urlconn.
getInputStream());
            BufferedReader br = new BufferedReader(isr);
            String sInfo;
            while ((sInfo = br.readLine()) != null) {
                System.out.println(sInfo);
            }
```

```
        System.out.println(sInput);
        br.close();
      }
    catch(Exception e){
        System.out.println(e);
      }
    }
  }
```

上述代码的运行结果如图 4-18 所示。

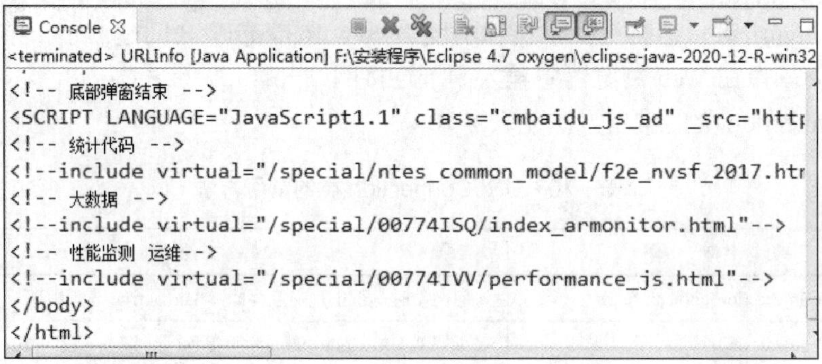

图 4-18　运行结果

URL 和 URLConnection 的用法基本相同。两者最大的区别在于：
- URLConnection 类提供了对 MIME 首部的访问及 HTTP 的响应；
- URLConnection 可运行用户配置发向服务器的请求参数；
- URLConnection 可以获取从服务器发来的数据，同时也可以向服务器发送数据。

4.5.3　数据报编程

Java 平台也支持 UDP 用户数据报协议编程方式。UDP 可以发送数据报，且它的开销相对较少。UDP 的缺点是它不保证数据发送的可靠性，数据接收到的顺序可能和发送的顺序不同，甚至还可能完全丢失数据报。程序员必须负责整理和验证这些数据和请求重发。UDP 特别适合容忍数据报部分丢失，而对实时性要求更高的应用程序，例如，语音传输等。UDP 并不刻意追求数据包会完全发送出去，也不能担保它们抵达的顺序与它们发出时一样，因此，这是一种"不可靠协议"。由于其速度比 TCP 快得多，所以还是能够在很多应用中使用。UDP 也有自己的端口，和 TCP 端口是相互独立的。

Java 对数据报的支持与它对 TCP 套接字的支持大致相同，java.net 包提供了DatagrameSocket 和 DatagramPacket 这两个类实现基于 UDP 的网络程序设计。使用DatagramSocket 类来表示无连接的 Socket，接收和发送数据报。接收和要发送的数据报内容保存在 DatagramPacket 对象中。

基于 UDP 通信的基本模式如下。

1）将数据打包，形成数据包（类似于将信件装入信封），然后将数据包发往目的地（类似于寄信）。

2）接收别人发来的数据包（类似于收信），然后查看数据包中的内容（类似于阅读信件内容)。

1. 发送数据包

1)使用 DatagramPacket 类将数据打包,DatagramPacket 类提供了两种构造方法创建待发送的数据包:

```
DatagramPacket(byte data[],int length,InetAddress address,int port)
```

其含义是将 data 数组中长度为 length 的内容发送到地址为 address、端口为 port 的主机上。

```
DatagramPacket(byte data[],int offset,int length,InetAddress address,
int port):
```

其含义是将 data 数组中从 offset 位置开始、长度为 length 的内容发送到地址为 address、端口为 port 的主机上。

说　明

- 使用 int getPort()方法获取发送数据包目标端口。
- 使用 InetAddress getAddress()获取发送数据包的目标地址。
- 使用 byte[] getData()获取发送数据包中的数据。

2)使用 DatagramSocket 构造一个对象,负责发送数据包。DatagramSocket 提供了两种构造方法发送数据包:

```
DatagramSocket()
```

其含义是构造默认的 DatagramSocket 对象。

```
DatagramSocket(int port)
```

其含义是构造指定端口号的 DatagramSocket 对象。

2. 接收数据包

1)使用 DatagramSocket 类创建一个对象,使得接收端指定的端口号与发送端指定的端口号一致以等待接收数据包。

2)调用 receive(DatagramPacket pack)接收数据包。

▌ 任务实施

编写一个聊天室程序,将多线程和数据报编程相结合,程序中包含一个信息发送线程和信息接收线程,设置好指定的发送和接收端口号,能够实现信息的发送和接收功能,并且要能够将信息显示出来。

4.5.4　编写程序

具体编写步骤如下。

1)在 Eclipse 环境中打开名称为 chap04 的项目。

2)在 chap04 项目中新建名称为 HappyChar 的类。

3)编写完成的 HappyChar.java 的程序代码如下。

```
1 import java.util.*;
```

```java
import java.net.*;
class SendThread implements Runnable {
    private int sPort;
    public SendThread(int port) {
        this.sPort = port;
    }
    public void run() {
        try {
            DatagramSocket ds = new DatagramSocket();
            Scanner sc = new Scanner(System.in);
            while (true) {
                String dt = sc.nextLine();
                byte[] buf = dt.getBytes();
                DatagramPacket dp = new DatagramPacket(buf,
                  buf.length,
                  InetAddress.getByName("172.16.12.12"),sPort);
                ds.send(dp);
            }
        } catch (Exception e) {
            e.printStackTrace();
        }
    }
}
class ReceiveThread implements Runnable {
    private int rPort;
    public ReceiveThread(int port) {
        this.rPort = port;
    }
    public void run() {
        try {
            DatagramSocket ds = new DatagramSocket(rPort);
            byte[] buf = new byte[1024];
            DatagramPacket dp = new DatagramPacket(buf,
                buf.length);
            while (true) {
                ds.receive(dp);
                String ss = new String(dp.getData(),0,
                    dp.getLength());
                System.out.print("收到" +
                    dp.getAddress().getHostName() + "信息: ");
                System.out.println(ss);
            }
        } catch (Exception e) {
            e.printStackTrace();
        }
    }
}
public class HappyChar {
    public static void main(String[] args) {
        Scanner sc = new Scanner(System.in);
```

```
52          System.out.println("---欢迎光临 Happy 聊天室---");
53          System.out.println("请输入信息发送端口：");
54          int sport = sc.nextInt();
55          System.out.println("请输入信息接收端口：");
56          int rport = sc.nextInt();
57          SendThread send = new SendThread(sport);
58          new Thread(send,"发送端").start();
59          ReceiveThread receive = new ReceiveThread(rport);
60          new Thread(receive,"发送端").start();
61      }
62  }
```

【程序说明】

- 第 3~24 行：自定义发送信息的线程类。
- 第 4 行：发送数据的端口号。
- 第 5~7 行：构造方法，设置端口号。
- 第 10 行：构造一个 DatagramSocket 对象。
- 第 13 行：键盘输入要发送的信息。
- 第 14~17 行：将信息封装到 DatagramPacket 对象中。
- 第 18 行：发送信息。
- 第 25~48 行：自定义接收信息的线程类。
- 第 26 行：接收信息的端口号。
- 第 34 行：创建 DatagramPacket 对象。
- 第 37 行：接收信息。
- 第 38~42 行：显示接收的信息。
- 第 53~56 行：在 main()方法中输入发送和接收信息的端口号。
- 第 57、58 行：利用输入的发送端口号构造信息发送线程并启动。
- 第 59、60 行：利用输入的接收端口号构造信息接收线程并启动。

4.5.5　编译并运行程序

保存并修正程序错误后，打开 Eclipse 中的"Run Configurations"对话框，单击对话框左上角的"New lauch configuration"按钮为 HappyChar 程序配置两个运行环境，再新建一个"console"窗口，将两个"console"窗口分开显示，第一个窗口的发送端口号为第二个窗口的接收端口号，第一个窗口的接收端口号为第二个窗口的发送端口号，便可开始聊天。程序运行结果如图 4-19 所示。

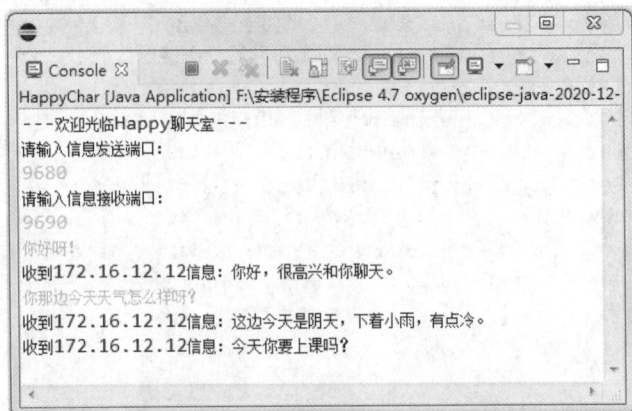

（a）

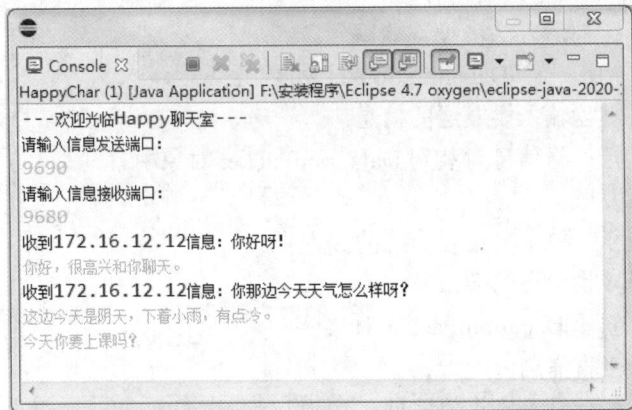

（b）

图 4-19　HappyChar 运行结果

知识链接:《中国互联网络发展状况统计报告》

《中国互联网络发展状况统计报告》（以下简称《报告》）始于 1997 年 11 月，是由中国互联网络信息中心发布的最权威的互联网发展数据的报告之一，翔实记录了我国互联网行业现状，系统反映了我国网络强国建设历程，已成为我国政府部门、行业机构、业界专家等了解中国互联网发展状况的重要参考。

2023 年 3 月 2 日，中国互联网络信息中心发布了第 51 次《报告》。《报告》显示，截至 2022 年 12 月，中国网民规模为 10.67 亿，互联网普及率达到 75.6%。传统领域应用线上化进程不断加快，其中，线上办公市场快速发展，用户规模已达 5.40 亿，占网民整体的 50.6%。此外，在线教育、互联网医疗等数字化服务供给持续加大，我国农村地区在线教育和互联网医疗用户分别占农村网民整体的 31.8%和 21.5%，较上年分别增长 2.7 和 4.1 个百分点。

在网络基础资源方面，中国域名总数达 3440 万个，中国 IPv6 活跃用户数达 7.28 亿；在信息通信业方面，中国 5G 基站总数达 231 万个，占移动基站总数的 21.3%；在物联网发展方面，中国移动网络的终端连接总数已达 35.28 亿户，移动物联网连接数达到 18.45 亿户，万物互联基础不断夯实。

《报告》还提到，工业互联网网络体系建设也在加速推进，具有影响力的工业互联网平台达 240 个；"5G+工业互联网"发展促进了传统工业技术升级换代，加速人、机、物全面连接的新型生产方式落地普及。

任务评价和拓展

【测一测】

1. 在 URL 中不包括下列（　　）部分。

    A. protocol   B. hostname

    C. port   D. computername

2. 在 Java 网络编程中，要获取本机的地址可以使用下列（　　）方法。

    A. getHostName()   B. getLocalHost()

    C. getByName()   D. getHostAddress()

3. 使用 UDP 协议通信时，需要使用哪个类把要发送的数据打包？（　　）

    A. Socket   B. DatagramSocket

    C. DatagramPacket   D. ServerSocket

【练一练】

使用 UDP 协议编写一个网络程序，设置接收端程序监听端口为 9010，发送端发送的数据为 "Hello Java"。

任务 4.6　编写图片上传程序

任务描述

传输层有两个协议：UDP 和 TCP。UDP 是一个无连接的协议，完成进程间通信和错误校验两项功能，提供不可靠的服务；而 TCP 是一个面向有连接的协议，提供可靠的服务。本任务将编写一个图片上传程序，分为服务端程序和客户端程序两个部分，具体功能包括：①在客户端程序完成服务端 IP 地址和端口号的配置；②通过单击"选择文件"按钮获取需上传的图片文件；③单击上传按钮，图片文件即可上传至服务端指定文件夹；④一个服务端可应对多个客户端的上传需求。本任务将带领你学习 Socket 编程和多线程 TCP 程序的实现。通过本任务的学习，你将：

- 了解 Socket 网络编程的基本方法和步骤；
- 掌握 Socket 类和 ServerSocket 类的使用；
- 能够编写多线程的 TCP 网络通信程序；
- 进一步加深对 Java 网络编程技术的理解。

微课：编写图片上
传程序

■ 知识准备

4.6.1 Socket 编程

1. Socket 概述

Socket 为网络通信程序提供了一套丰富的方法，应用程序可以利用 Socket 提供的 API 实现底层网络通信。套接字相对 URL 而言是在较低层次上进行通信。

套接字是 TCP/IP 中的基本概念，它的含义类似日常使用的插座，主要用来实现将 TCP/IP 包发送到指定的 IP 地址。通过 TCP/IP Socket 可以实现可靠、双向、一致、点对点、基于流的主机和 Internet 之间的连接。使用 Socket 可以用来连接 Java 的 I/O 系统到其他程序，这些程序可以在本地计算机上，也可以在 Internet 的远程计算机上。

利用套接字实现数据传送的基本原理是：服务器程序启动后，服务器应用程序侦听特定端口，等待客户的连接请求。当一个连接请求到达时，客户和服务器建立一个通信连接。在连接过程中，客户被分配一个本地端口号并与一个 Socket 连接，客户通过写 Socket 来通知服务器，通过读 Socket 来获取信息。类似地，服务器也获取一个本地端口号，它需要一个新的端口号来侦听原始端口上的其他连接请求。服务器也给其本地端口连接一个 Socket 并通过读写与客户通信。

应用程序一般仅在同一类的套接字之间通信。只要底层的通信协议允许，不同类型的套接字之间也可以通信。

套接字包括流套接字和数据报套接字两种类型。其中，流套接字提供双向的、有序的、无重复并且无记录边界的数据流服务，TCP 是一种流套接字协议。数据报套接字也支持双向的数据流，但并不保证是可靠、有序、无重复的。数据报套接字的一个重要特点是它保留了记录边界，UDP 即是一种数据报套接字协议。

2. Socket 类和 ServerSocket 类

（1）Socket 类和 ServerSocket 类的构造方法

在套接字通信中客户端的程序使用 Socket 类建立与服务器套接字连接，Socket 类的构造方法见表 4-11。

表 4-11　Socket 类的构造方法

方法名称	方法功能
Socket()	建立未连接的 Socket
Socket(SocketImpl impl)	通过 SocketImpl 类对象建立未连接的 Socket
Socket(String host,int port)	建立 Socket 并连接到指定的主机和端口号

续表

方法名称	方法功能
Socket(InetAddress address,int port)	建立 Socket 并连接到指定的 IP 和端口号
Socket(String host,int port,InetAddress localAddr, int localPort)	建立一个约束于给定 IP 地址和端口的流式 Socket 并连接到指定的主机和端口
Socket(InetAddress address,int port, InetAddress localAddr, int localPort)	建立一个约束于给定 IP 地址和端口的流式 Socket 并连接到指定的主机和端口
Socket(String host,int port,boolean stream)	建立一个 Socket 并连接到指定的 IP 地址和端口号,其通信方式由 stream 给出
Socket(InetAddress address,int port,boolean stream)	建立一个 Socket 并将它连接到指定的 IP 地址和端口号,其通信方式由 stream 给出

在套接字通信中客户端的程序使用 Socket 类建立与服务器套接字连接,即客户向服务器发出连接请求。因此服务器必须建立一个等待接收客户请求的服务器套接字,以响应客户端的请求。服务器端程序使用 ServerSocket 类建立接收客户套接字的服务器套接字。ServerSocket 类的构造方法和常用方法见表 4-12。

表 4-12 ServerSocket 类的构造方法和常用方法

方法类型	方法名称	方法功能
构造方法	ServerSocket(int port)	在本地机上的指定端口(int)处创建服务器套接字,客户使用此端口与服务器通信。如果端口指定为 0,那么在本地机上的任何端口处创建服务器套接字
	ServerSocket(int port,int backlog)	在本地机上的指定端口(int)处创建服务器套接字,第二个参数指出在指定端口处服务器套接字支持的客户连接的最大数
	ServerSocket(int port,int backlog, InetAddress bindAddr)	在指定端口(int)处创建服务器套接字。第三个参数用来创建多个宿主机上服务器套接字。服务器套接字只接收指定 IP 地址上的客户请求
常用方法	Socket accept()	在服务器套接字监听客户连接并接收它。此后,客户建立与服务器的连接,此方法返回客户的套接字
	void close()	关闭服务器套接字
	String toString()	返回作为串的服务器套接字的 IP 地址和端口号

客户端和服务器端通过套接字进行通信时,要进行读写端口和取地址操作。读写端口和取地址的方法见表 4-13。

表 4-13 读写端口和取地址的方法

方法名称	方法功能
InetAddress getInetAddress()	返回该套接字所连接的地址
Int getPort()	返回该套接字所连接的远程端口
synchronized void close()	关闭套接字
InputStream getInputStream()	获得从套接字读入数据的输入流
OutputStream getOutputStream()	获得向套接字进行写操作的输出流

(2)Socket 程序通信过程

客户端 Socket 的工作过程通常包含以下 4 个基本的步骤。

1）创建 Socket。根据指定的 IP 地址或端口号构造 Socket 类对象，如服务器端响应，则建立客户端到服务器的通信线路。

2）打开连接到 Socket 的输入/输出流。使用 getInputStream()方法获得输入流，使用 getOutputStream()方法获得输出流。

3）按照一定的协议对 Socket 进行读/写操作。通过输入流读取服务器放入线路的信息（但不能读取自己放入通信线路的信息），通过输出流将信息写入线路。

4）关闭 Socket。断开客户端到服务器的连接，释放线路。

对于服务器而言，将上述第一步改为构造 ServerSocket 类对象，监听客户端的请求并进行响应，基于 Socket 的 C/S 通信如图 4-20 所示。

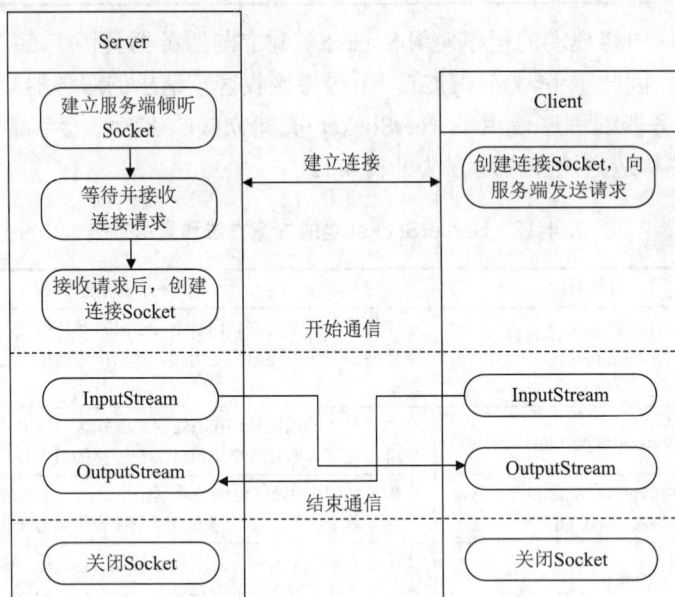

图 4-20　基于 Socket 的 C/S 通信

4.6.2　多线程的 TCP 程序

1. 简单的 TCP 网络程序

前面已经了解了 Socket 类和 ServerSocket 类的基本用法，也掌握了 Socket 程序通信的基本过程，下面通过一个例程来进一步掌握和熟悉这两个类的使用方法。先来看一下简单的 TCP 网络程序，服务端和一个客户端进行通信。

首先，完成服务端程序 ServerToSingle.java 的编写，代码如下：

```java
import java.io.*;
import java.net.*;
public class ServerToSingle{
    public static void main(String args[]) throws Exception{
        ServerSocket serversocket = new ServerSocket(9008);
        System.out.println("服务端已经启动.....");
```

```
        Socket server = serversocket.accept();
        String sMsg;
        BufferedReader sin = new BufferedReader(new InputStreamReader
(System.in));
        BufferedReader is = new BufferedReader(new
            InputStreamReader(server.getInputStream()));
        PrintWriter os = new PrintWriter(server.getOutputStream());
        System.out.println("[客户端]:"+is.readLine());
        sMsg = sin.readLine();
        while(!sMsg.equals("bye")){
           os.println(sMsg);
           os.flush();
           System.out.println("[服务端]:" + sMsg);
           System.out.println("[客户端]:" + is.readLine());
           sMsg = sin.readLine();
        }
        System.out.println("通话结束!");
        os.close();
        is.close();
        server.close();
        serversocket.close();
    }
}
```

ServerToSingle.java 创建了一个服务端程序，用于接收客户端发送的数据，程序首先创建了一个 ServerSocket 对象，并指定了通信端口号。然后调用该对象的 accept()方法等待客户端的连接，直到有客户端连接时，该方法会返回一个 Socket 类型的对象用于表示客户端，通过该 Socket 对象获取与客户端关联的输出流，并与客户端发生通信。下面完成客户端程序 Client.java 的编写：

```
    import java.io.*;
    import java.net.*;
    public class Client{
       public static void main(String args[]) throws Exception{
          Socket client = new Socket("127.0.0.1",9008);
          BufferedReader sin = new BufferedReader(new InputStreamReader
(System.in));
          BufferedReader is = new BufferedReader(new
              InputStreamReader(client.getInputStream()));
          PrintWriter os = new PrintWriter(client.getOutputStream());
          String sMsg;
          sMsg = sin.readLine();
          while(!sMsg.equals("bye")){
            os.println(sMsg);
            os.flush();
            System.out.println("[客户端]:"+sMsg);
            System.out.println("[服务端]:"+is.readLine());
               sMsg = sin.readLine();
          }
          System.out.println("通话结束!");
          os.close();
```

```
        is.close();
        client.close();
    }
}
```

保存并修正上述程序错误后，为了更好地查看程序的运行效果，可以打开两个命令行窗口，分别运行服务端程序和客户端程序，服务端程序要先于客户端程序运行。程序运行结果如图 4-21 和图 4-22 所示。

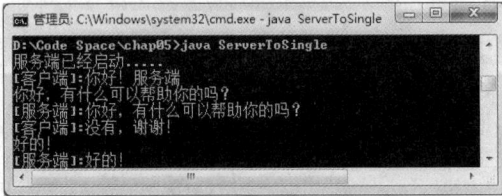

图 4-21　服务端程序运行结果　　　　　　图 4-22　客户端程序运行结果

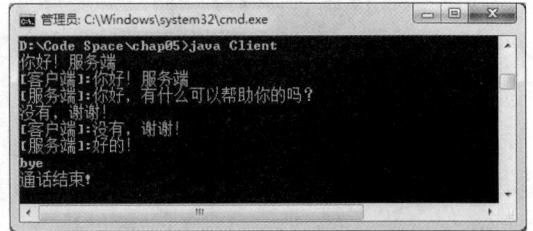

上述例程实现了一个服务端和指定客户端的通信，但这种通信是一对一的，即一个服务端程序只能与一个客户进行通信。如果要实现一对多的通信，即一个服务端程序和多个客户进行通信，在服务端需要借助于线程来实现对多个客户请求的响应。

2. 多线程的 TCP 网络程序

在网络编程的实际应用中，往往是在服务器上运行一个永久的程序，它可以接收来自其他多个客户端的请求，提供相应的服务。为了实现在服务器方给多个客户提供服务的功能，需要对上述例程中服务端程序 ServerToSingle.java 进行改造，在服务端利用多线程响应多客户请求。服务端总是在指定的端口上监听是否有客户请求，一旦监听到客户请求，服务端就会启动一个专门的服务线程来响应该客户的请求，而服务端本身在启动完线程之后马上又进入监听状态，等待下一个客户的到来。下面对服务端程序 ServerToSingle.java 进行改进，改进后的服务端程序 ServerToMulti.java 如下：

```java
import java.io.*;
import java.net.*;
public class ServerToMulti{
    static int iClient = 1;
    public static void main(String args[]) throws IOException{
        ServerSocket serversocket = null;
        serversocket = new ServerSocket(9008);
        System.out.println("服务端已经启动");
        while(true){
            ServerThread st = new ServerThread(serversocket.accept(),iClient);
            st.start();
            iClient++;
        }
    }
}
```

```java
class ServerThread extends Thread{
    Socket server;
    int iCounter;
    public ServerThread(Socket socket,int num){
        server = socket;
        iCounter = num;
    }
    public void run(){
        try{
            String msg;
            BufferedReader sin = new BufferedReader(new
                    InputStreamReader(System.in));
            BufferedReader is = new BufferedReader(new
                    InputStreamReader(server.getInputStream()));
            PrintWriter os = new PrintWriter(server.getOutputStream());
            System.out.println("[客户端 " + iCounter+"]:" + is.readLine());
            msg = sin.readLine();
            while(!msg.equals("bye")){
                os.println(msg);
                os.flush();
                System.out.println("[服务端]:" + msg);
                System.out.println("[客户端" + iCounter + "]:" + is.readLine());
                msg = sin.readLine();
            }
            System.out.println("通话结束!");
            os.close();
            is.close();
            server.close();
        }catch(IOException e){
            System.out.println("Error:" + e);
        }
    }
}
```

　　保存并修正程序错误后，打开三个命令行窗口，首先运行服务端程序，再依次启动两个客户端程序，客户端程序无须修改，可直接使用前面例程中的 Client.java，客户端程序运行后，便可与服务端进行通信，程序运行结果如图 4-23 和图 4-24 所示。

（a）客户端（1）　　　　　　　　　　（b）客户端（2）

图 4-23　客户端

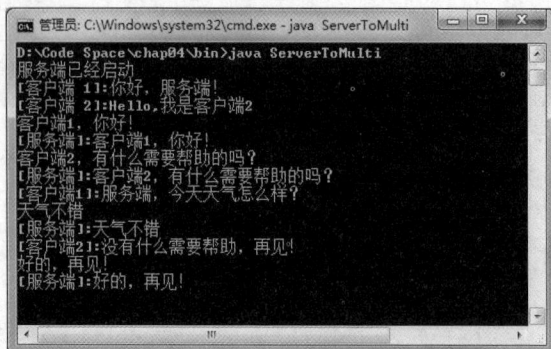

图 4-24　服务端

■■ **任务实施** ■■■

使用 Socket 编程的知识，编写一个图片上传程序，分为服务端程序和客户端程序两部分，服务端程序在本地磁盘 D 盘创建一个名为 upload 的文件夹，用于保存客户端上传的图片文件，上传图片文件的命名由客户端 IP 地址和上传序号组成。在客户端程序完成服务端 IP 地址和端口号的配置，然后选取需上传的图片文件，单击上传按钮，即可完成上传任务。使用多线程以满足一个服务端应对多个客户端的上传需求。

4.6.3　编写程序

1. 编写服务端程序

具体编写步骤如下。

1）在 Eclipse 环境中打开名称为 chap04 的项目。

2）在 chap04 项目中新建名称为 uploadServer 的类。

3）编写完成的 uploadServer.java 的程序代码如下。

```java
 1  import java.io.*;
 2  import java.net.*;
 3  public class uploadServer {
 4    public static void main(String[] args) throws Exception {
 5      ServerSocket serverSocket = new ServerSocket(9090);
 6      while (true) {
 7        Socket s = serverSocket.accept();
 8        new Thread(new UploadServerThread(s)).start();
 9      }
10    }
11  }
12  class UploadServerThread implements Runnable {
13   private Socket socket;
14     public UploadServerThread(Socket socket) {
15       this.socket = socket;
16     }
17     public void run() {
18       String ip = socket.getInetAddress().getHostAddress();
```

```
19          int count = 1;
20          try {
21            InputStream in = socket.getInputStream();
22            File pFile = new File("d:\\upload\\");
23            if (!pFile.exists()) {
24              pFile.mkdir();
25            }
26            File file = new File(pFile,ip + "(" + count + ").jpg");
27            while (file.exists()) {
28              file=new File(pFile,ip + "(" + (count ++) + ").jpg");
29            }
30            FileOutputStream fos = new FileOutputStream(file);
31            byte[] buf = new byte[1024];
32            int len = 0;
33            while ((len = in.read(buf)) != -1) {
34              fos.write(buf,0,len);
35            }
36            OutputStream out = socket.getOutputStream();
37            out.write("图片上传成功".getBytes());
38            fos.close();
39            socket.close();
40          } catch (Exception e) {
41            throw new RuntimeException(e);
42          }
43        }
44      }
```

【程序说明】

- 第 5 行：创建 serverSocket 对象在 9090 端口处监听客户端。
- 第 7 行：使用 serverSocket 的 accept()方法在服务器端监听客户端发出请求的 Socket 对象。
- 第 8 行：当和客户端建立连接后，单独开启一个线程处理和客户端的通信。
- 第 12~44 行：服务端线程类的定义。
- 第 13 行：Socket 类型的私有成员。
- 第 14~16 行：构造方法。
- 第 18 行：获取客户端的 IP 地址。
- 第 21 行：获取由 Socket 读入数据的输入流。
- 第 22~24 行：创建上传图片目录的 File 对象，如果该目录不存在，就在服务端创建目录。
- 第 26~29 行：将客户端 IP 地址和上传序号作为上传图片的文件名。
- 第 30~35 行：创建 FileOutputStream 对象，利用 while 循环完成上传文件的写入。
- 第 36、37 行：上传成功后向客户端发送"图片上传成功"。
- 第 38、39 行：关闭资源。

2. 编写客户端程序

具体编写步骤如下。

1）在 Eclipse 环境中打开名称为 chap04 的项目。

2）在 chap04 项目中新建名称为 uploadClient 的类。

3）编写完成的 uploadClient.java 的程序代码如下。

```java
1   import javax.swing.*;
2   import java.awt.event.*;
3   import java.io.*;
4   import java.net.Socket;
5   public class uploadClient extends JFrame
6           implements ActionListener{
7       private static final long serialVersionUID = 1L;
8       JPanel pnlMain;
9       JButton btnBrowse,btnUpload;
10      JFileChooser fc;
11      JLabel lblIP,lblPort,lblinfo;
12      JTextField txtIP,txtPort,txtFile;
13      String file;
14      public uploadClient(){
15          super("文件上传客户端");
16          fc = new JFileChooser();
17          pnlMain = new JPanel();
18          pnlMain.setLayout(null);
19          lblIP = new JLabel("服务器地址：");
20          lblIP.setBounds(30,15,80,25);
21          txtIP = new JTextField(14);
22          txtIP.setBounds(110,15,150,25);
23          lblPort = new JLabel("服务器端口号：");
24          lblPort.setBounds(17,50,90,25);
25          txtPort = new JTextField(14);
26          txtPort.setBounds(110,50,150,25);
27          btnBrowse = new JButton("选取文件...");
28          btnBrowse.setBounds(100,90,100,25);
29          txtFile = new JTextField(50);
30          txtFile.setEditable(false);
31          txtFile.setBounds(7,125,270,25);
32          btnUpload = new JButton("上传");
33          btnUpload.setBounds(100,160,100,25);
34          lblinfo = new JLabel();
35          lblinfo.setBounds(122,190,100,25);
36          btnBrowse.addActionListener(this);
37          btnUpload.addActionListener(this);
38          setContentPane(pnlMain);
39          pnlMain.add(lblIP);pnlMain.add(txtIP);
40          pnlMain.add(lblPort);pnlMain.add(txtPort);
41          pnlMain.add(txtFile);
42          pnlMain.add(btnBrowse);
43          pnlMain.add(btnUpload);
44          pnlMain.add(lblinfo);
45          setSize(300,260);
46          setVisible(true);
```

```
47          }
48      public void actionPerformed(ActionEvent ae) {
49          if (ae.getSource() == btnBrowse){
50              int iRetVal = fc.showOpenDialog(this);
51              if (iRetVal == JFileChooser.APPROVE_OPTION){
52                  txtFile.setText(fc.getSelectedFile().toString());
53                  file = fc.getSelectedFile().toString();
54              }
55          }
56          if(ae.getSource() == btnUpload) {
57              try {
58                  String ip = txtIP.getText();
59                  int port = Integer.parseInt(txtPort.getText());
60                  Socket socket = new Socket(ip,port);
61                  OutputStream out = socket.getOutputStream();
62                  FileInputStream fis = new FileInputStream(file);
63                  byte[] buf = new byte[1024];
64                  int len;
65                  while ((len = fis.read(buf)) != -1) {
66                      out.write(buf,0,len);
67                  }
68                  socket.shutdownOutput();
69                  InputStream in = socket.getInputStream();
70                  byte[] bufMsg = new byte[1024];
71                  int num = in.read(bufMsg);
72                  String Msg = new String(bufMsg, 0, num);
73                  lblinfo.setText(Msg);
74                  fis.close();
75                  socket.close();
76              }catch (Exception e) {
77                  throw new RuntimeException(e);
78              }
79          }
80      }
81      public static void main(String args[]){
82          new uploadClient();
83      }
84  }
```

【程序说明】

- 第 8～13 行：声明程序所需的组件和变量。
- 第 14～47 行：在构造方法中构造客户端程序界面。
- 第 48～80 行：按钮动作事件处理，分别处理"选取文件"和"上传"按钮事件。
- 第 50 行：使用 JFileChooser 类的 showOpenDialog(this)打开文件对话框。
- 第 51～54 行：将在文件对话框中选取的文件名显示在文本框中。
- 第 58、59 行：获取在文本框中填写的服务端 IP 地址和端口号。
- 第 60 行：创建客户端 Socket。
- 第 61 行：获取 Socket 的输出流对象。
- 第 65～67 行：循环读取数据。

- 第 68 行：关闭客户端输出流。
- 第 70～73 行：定义一个字节数组，接收服务端的信息，并在标签组件中显示。
- 第 74、75 行：关闭资源。

4.6.4 编译并运行程序

保存并修正程序错误后，首先运行服务端程序，然后再运行客户端程序，在客户端界面输入服务端的 IP 地址和端口号，单击"选取文件"按钮，打开文件对话框，选择要上传的图片文件，单击"上传"按钮。图 4-25（a）和图 4-25（b）分别打开了两个客户端程序，选取了不同的图片文件，上传成功后，客户端即可收到服务端发送的"图片上传成功"信息，在服务端机器路径"D:\upload"文件夹下即可看到上传的图片文件，如图 4-26 所示。

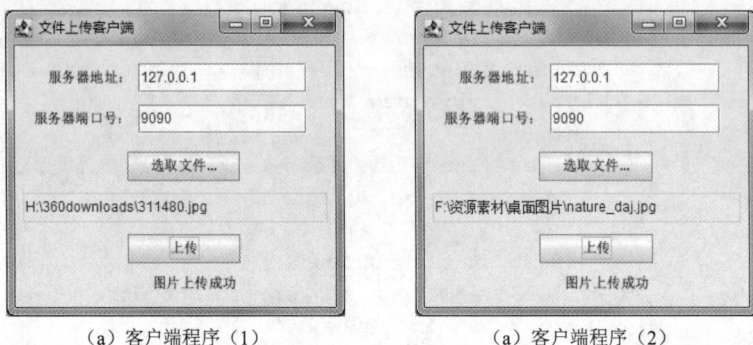

（a）客户端程序（1）　　　　　（a）客户端程序（2）

图 4-25　客户端程序

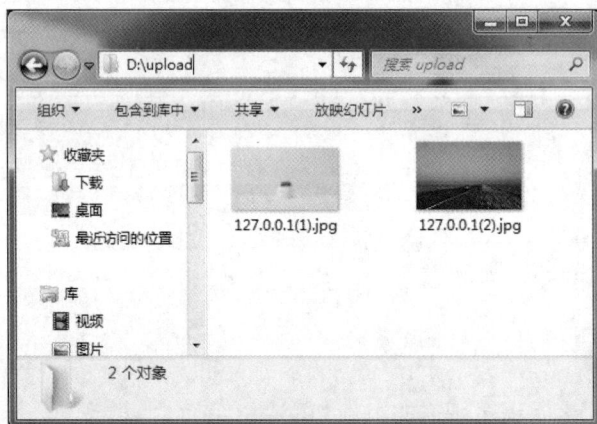

图 4-26　服务端 upload 文件夹

▎▎ 任务评价和拓展

【测一测】

1. 下列数据通信协议中面向连接可靠的协议是（　　　）。

    A. IP　　　　　　　　B. TCP　　　　　　　　C. UDP　　　　　　　　D. 以上都不是

2．在基于 Socket 的 C/S 通信中，服务器端监听客户端请求可以使用（　　）方法。

    A．getPort()　　　　　B．getInputStream()　　C．accept()　　　　D．close()

3．以下说法错误的是（　　）。

    A．TCP 连接中必须要明确客户端与服务器端。

    B．TCP 协议是面向连接的通信协议，它提供了两台计算机间可靠无差错的数据传输

    C．UDP 协议是面向无连接的协议，可以保证数据的完整性

    D．UDP 协议消耗资源小，通信效率高，通常被用于音频、视频和普通数据的传输

4．以下用于实现 TCP 通信的客户端程序的类是（　　）。

    A．ServerSocket　　B．Socket　　　　　　C．Client　　　　　D．Server

【练一练】

采用 Socket 通信实现简单聊天程序，结合 Java GUI 技术实现服务端和客户端的图形用户界面。

模　块　小　结

模块 4 主要学习了 Java 数据库编程技术、Java 多线程编程技术和 Java 网络编程技术。本模块的核心知识点包括：①掌握 JDBC 数据库编程的基本步骤；②掌握使用 JDBC 实现对数据进行增、删、改、查的方法；③理解线程的概念，掌握创建线程的方式；④理解线程的优先级，了解线程同步的概念；⑤掌握网络编程的相关概念；⑥掌握 UDP 网络程序和 TCP 网络程序的编写。本模块的技能点见表 4-14，大家可依据自己的掌握情况进行自我评价并在小组内展开相互评价，然后可将此表反馈给老师。

表 4-14　学习情况评价表

序号	知识与技能	自我评价					小组评价					老师评价				
		A	B	C	D	E	A	B	C	D	E	A	B	C	D	E
1	能够在 Java 程序中完成 MySQL 数据库的连接并查询数据															
2	能够对 MySQL 数据库里的数据进行增、删、改操作															
3	能够使用 Thread 类创建线程															
4	能够使用 Runnable 接口创建线程															
5	能熟练使用 synchronized 关键字解决程序中的同步问题															
6	会使用 UDP 编写网络通信程序															
7	会编写 TCP 网络通信程序															
8	能够编写多线程网络通信程序															

说明：评价等级分为 A、B、C、D、E 五个等级。能够熟练、独立完成为 A 等；能顺利完成，但需要花费较长时间为 B 等；能独立完成 75% 以上内容为 C 等；能独立完成 60% 以上内容为 D 等；大部分内容都无法独立完成为 E 等。

参 考 文 献

黑马程序员，2017. Java 基础案例教程[M]. 北京：人民邮电出版社.

李刚，2019. 疯狂 Java 讲义[M]. 5 版. 北京：电子工业出版社.

刘志成，2010. Java 程序设计实例教程[M]. 北京：人民邮电出版社.

明日科技，2021. Java 从入门到精通[M]. 6 版. 北京：清华大学出版社.

苏守宝，刘晶，徐华丽，等，2016. Java 面向对象程序设计[M]. 北京：科学出版社.

杨冠宝，2020. 阿里巴巴 Java 开发手册[M]. 2 版. 北京：电子工业出版社.

HORSTMANN C S，2019. Java 核心技术 卷 I 基础知识[M]. 林琪，苏钰涵，等译. 11 版. 北京：机械工业出版社.